# はじめに

　我が国においては、科学技術創造立国の理念の下、産業競争力の強化を図るべく「知的創造サイクル」の活性化を基本としたプロパテント政策が推進されております。

　「知的創造サイクル」を活性化させるためには、技術開発や技術移転において特許情報を有効に活用することが必要であることから、平成９年度より特許庁の特許流通促進事業において「技術分野別特許マップ」が作成されてまいりました。

　平成１３年度からは、独立行政法人工業所有権総合情報館が特許流通促進事業を実施することとなり、特許情報をより一層戦略的かつ効果的にご活用いただくという観点から、「企業が新規事業創出時の技術導入・技術移転を図る上で指標となりえる国内特許の動向を分析」した「特許流通支援チャート」を作成することとなりました。

　具体的には、技術テーマ毎に、特許公報やインターネット等による公開情報をもとに以下のような分析を加えたものとなっております。
・体系化された技術説明
・主要出願人の出願動向
・出願人数と出願件数の関係からみた出願活動状況
・関連製品情報
・課題と解決手段の対応関係
・発明者情報に基づく研究開発拠点や研究者数情報　など

　この「特許流通支援チャート」は、特に、異業種分野へ進出・事業展開を考えておられる中小・ベンチャー企業の皆様にとって、当該分野の技術シーズやその保有企業を探す際の有効な指標となるだけでなく、その後の研究開発の方向性を決めたり特許化を図る上でも参考となるものと考えております。

　最後に、「特許流通支援チャート」の作成にあたり、たくさんの企業をはじめ大学や公的研究機関の方々にご協力をいただき大変有り難うございました。

　今後とも、内容のより一層の充実に努めてまいりたいと考えておりますので、何とぞご指導、ご鞭撻のほど、宜しくお願いいたします。

独立行政法人工業所有権総合情報館

理事長　藤原　讓

| プログラム制御技術 | エグゼクティブサマリー |

# グローバル化の進むプログラム制御

## ■ プログラム制御技術の特定

　プログラマブル・ロジック・コントローラ（PLC）は、「各種機器やプロセスの制御をするために論理判断シーケンス、時限、計数、数値演算などの機能を満足するための命令を内蔵したプログラム可能な制御装置」と定義される。プログラマブル・シーケンス・コントローラ（PSC）、プログラマブルコントローラ（PC）、シーケンサ、シーケンスコントローラ（SC）とも呼ばれているが、以下 PLC と略称する。

## ■ PLC の歴史

　電磁リレーを使用したシーケンス制御に変わって、ソフト対応でプログラムの作成・変更が容易な、シーケンス・コントローラの開発は、1968 年に、ゼネラルモータ社から提示された条件に基づいて成されたと言われている。ゼネラルモータ社は、数社に条件を出したが、デジタルエクイップメント社が、ミニコンを用いて達成したと言われている。

## ■ PLC の基本構成

　PLC の基本構成は、基本ユニット（CPU、ROM、RAM）、入力ユニット、出力ユニット、モニタユニット、電源ユニット、およびプログラム作成ユニットで構成される。
　CPU は、ROM に記憶してあるシステムプログラムおよび RAM に記憶してあるユーザプログラムに基づいて入出力ユニットから必要な信号を取り込み、所定の演算を行って、その結果を出力ユニットに出力する。

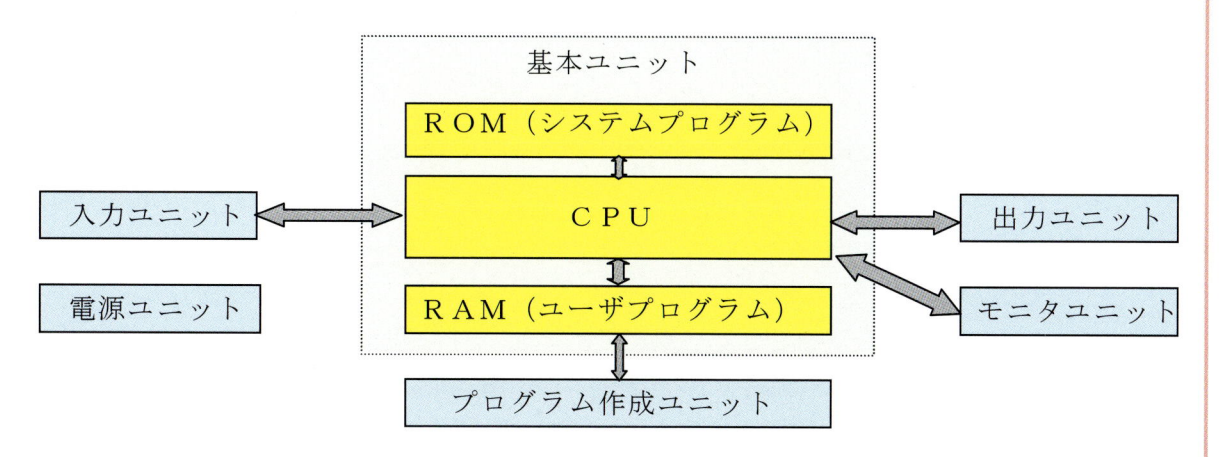

```
                    基本ユニット
    ┌─────────────────────────────┐
    │   ROM（システムプログラム）   │
    │            ↕                │
入力ユニット ←→ │         CPU           │ ←→ 出力ユニット
電源ユニット    │            ↕           │ ←→ モニタユニット
    │    RAM（ユーザプログラム）    │
    └─────────────────────────────┘
              ↕
        プログラム作成ユニット
```

モニタユニット　　　　　：マン・マシンインターフェースで主に動作状況表示
プログラム作成ユニット：ユーザプログラムを作成し、そのプログラムを RAM に書き込む

プログラム制御技術　　エグゼクティブサマリー

# 開発のキーワードはグローバル化

## ■ PLCの開発のキーワード

現在のPLCの開発のキーワードは、グローバル化である。これはより多くの設備をPLCを用いて統合制御しようとするものであり、工場設備全体を、究極的には複数の工場からなる会社設備全体を統合制御しようとするものである。このためのPLC技術は、次の技術要素から構成される。

| 技術要素 | 概要 |
| --- | --- |
| (1) グローバル化・高速化技術 | グローバルシステムとPLCの高速化 |
| (2) ネットワーク化技術 | グローバルシステムを構築するためのネットワーク化 |
| (3) プログラム作成技術 | シーケンスプログラムの開発、変更、デバッグ、入力関連技術 |
| (4) 小型化技術 | I/O点数増大に対処するハードのコンパクト、高密度化 |
| (5) RUN中変更技術 | シーケンスプログラム、構成を稼動中に変更するための技術 |
| (6) 監視・安全技術 | 稼動状況を監視し、安全運転するための技術 |
| (7) 信頼性技術 | PLCの運転を安定に行うための可用性向上、障害解析、保守関連技術 |
| (8) 表示技術 | 稼動状態、プログラム状態を視覚的に表示する技術 |
| (9) 特殊機能技術 | グローバル化に対応するための、上記(1)〜(8)以外の特殊機能（割込み、ジャンプ、タイマなど） |
| (10) 生産管理との連携技術 | PLCと生産管理との連携に関するもの |

## ■ プログラム制御技術の課題と解決手段概要

グローバル化・高速化技術の課題は性能向上であるが、手順の最適化、演算処理の分担化およびパイプライン処理などによって、高速化を図る解決手段の出願が多い。

ネットワーク化技術では、通信の安定化などの課題について、通信制御の解決手段、またI/Oの遠隔化などの課題については、バス構成、メモリの活用を解決手段とした出願が多い。

## ■ 出願人の動向

出願件数の上位5社は三菱電機、オムロン、富士電機、東芝、日立製作所の順である。さらに松下電工、横河電機、キーエンス、豊田工機を加えたPLCの製造メーカー9社では全体の55%出願している。

自動車メーカーやソリューションビジネス提供企業の出願はプログラム作成技術関連に多い。

## プログラム制御技術　　主要技術要素

# プログラム制御に関する技術要素

PLCのグローバル化技術を構成する技術要素の特許出願（1990年～2001年9月までに公開された出願で係属中および権利存続中のもの）は合わせて約1,700件である。この中ではプログラム作成技術が29％、ネットワーク化技術21％、グローバル化・高速化技術13％、監視・安全技術10％、信頼性技術、表示技術が各7％を占めている。プログラミング作成の負荷が高くなっており、その効率化を図るものや、グローバル化を支える高速化、ネットワーク化に出願が集中している。監視・安全や表示および信頼性向上のための出願も比較的多く出願されている。

**技術要素ごとの出願件数と各技術要素の関連**

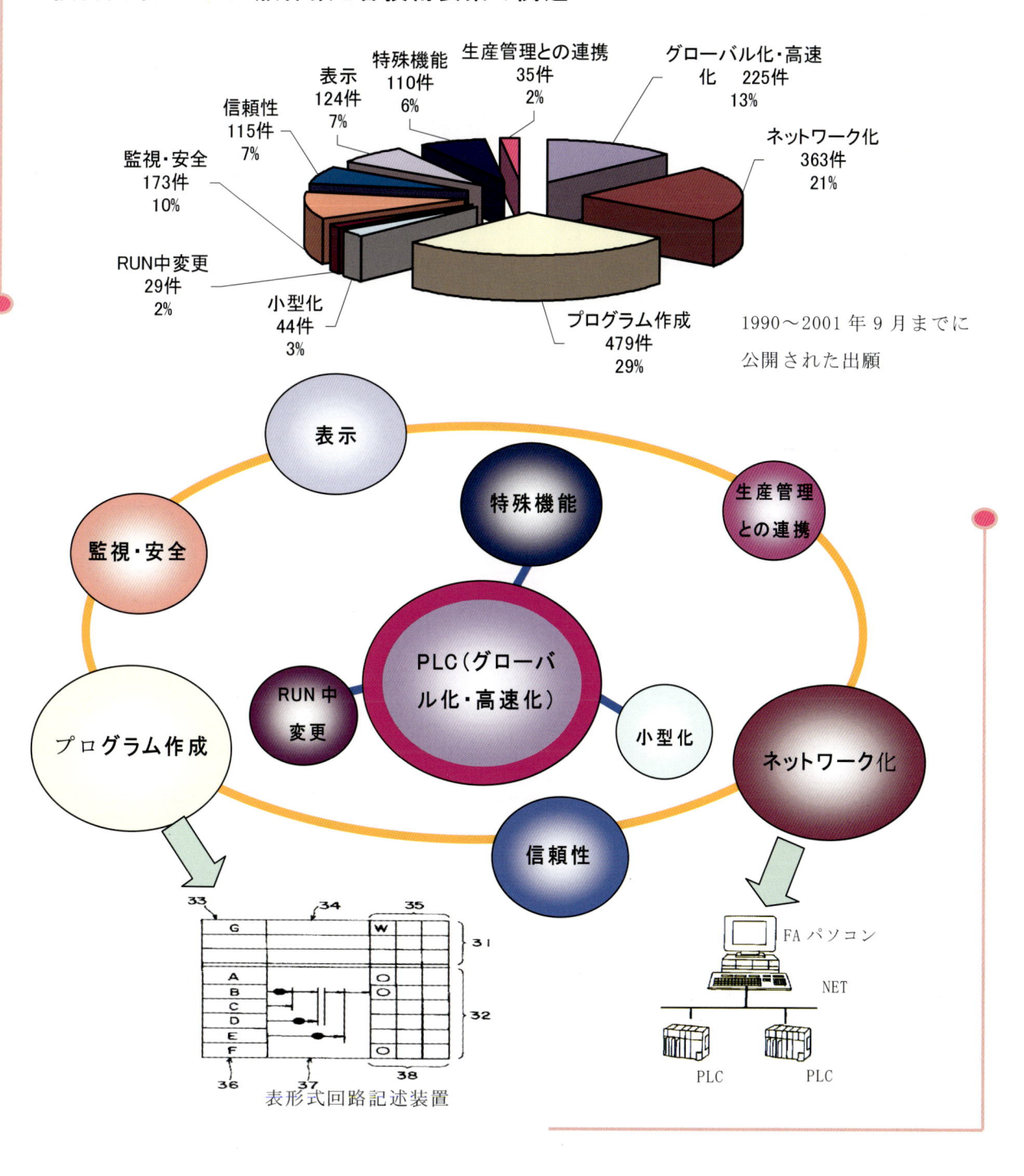

- 信頼性 115件 7％
- 監視・安全 173件 10％
- RUN中変更 29件 2％
- 小型化 44件 3％
- 表示 124件 7％
- 特殊機能 110件 6％
- 生産管理との連携 35件 2％
- グローバル化・高速化 225件 13％
- ネットワーク化 363件 21％
- プログラム作成 479件 29％

1990～2001年9月までに公開された出願

中心：PLC（グローバル化・高速化）

関連要素：表示、特殊機能、生産管理との連携、ネットワーク化、信頼性、小型化、RUN中変更、プログラム作成、監視・安全

表形式回路記述装置

FAパソコン — NET — PLC、PLC

## プログラム制御技術　技術の動向

# 安定傾向にある発明者数と特許出願

> プログラム制御技術に関する出願件数と発明者数の1990年以降の年次推移を下図に示す。
> 1993年以降発明者数は300人前後、出願件数は200件前後で安定している。発明者数については91年まで増加し、その後減少した。出願件数については90年から93年まで減少傾向を示している。

### 出願年−発明者数と出願件数の推移

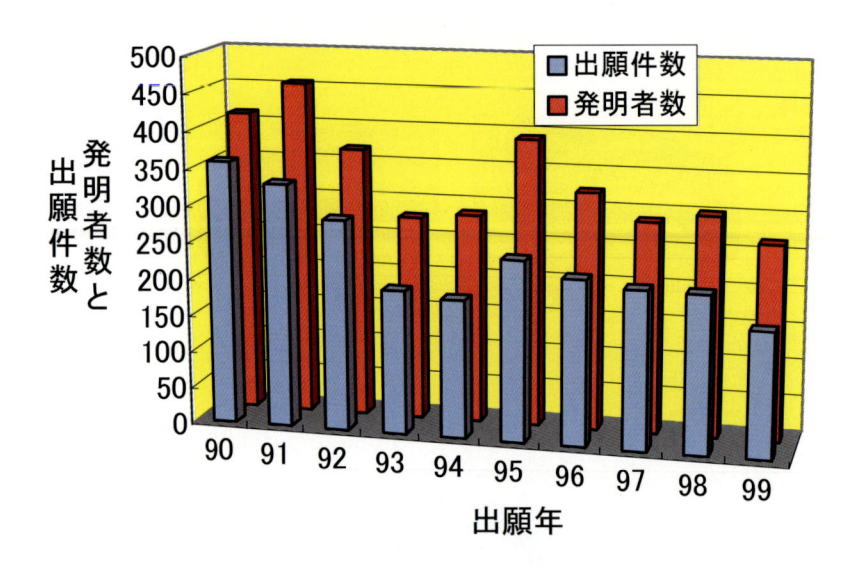

### 発明者数−出願件数の推移

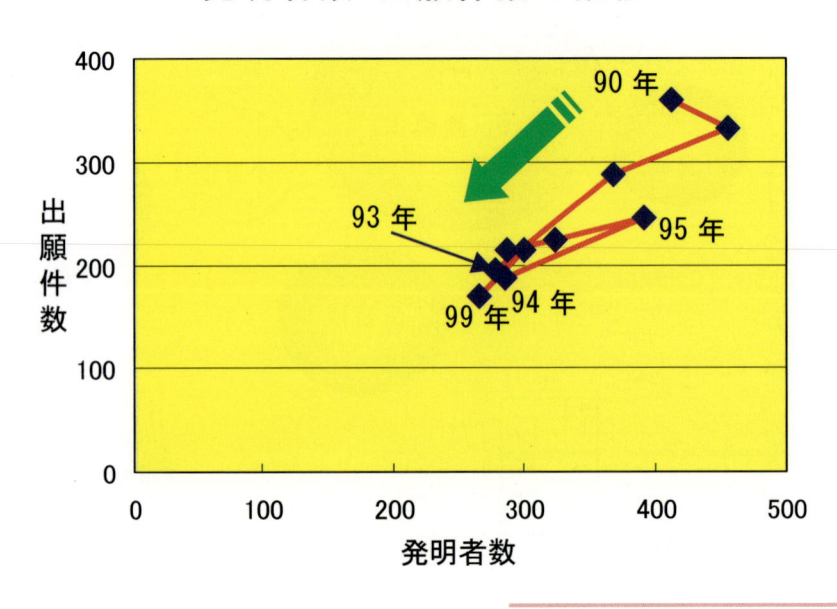

## プログラム制御技術
### 課題・解決手段対応の出願人

# グローバル化を支える基幹技術要素

図は、グローバル化のための基幹技術である「ネットワーク化」技術の技術開発の課題と解決手段に対応した出願人、または権利保有者の分布を表したものである。

通信の安定化などの課題に対して、通信制御の送信権制御を解決手段としたもの、また、I/Oの遠隔化などの課題に対して、バス構成や通信制御の送信権制御を解決手段としたものに多くの企業が特許（出願）を有している。

| 技術要素と課題 | 解決手段 | バス構成 | プロトコル変換など 仕様・設定 | プロトコル変換など 変更・変換 | メモリの活用 プログラム |
|---|---|---|---|---|---|
| ネットワーク化 | 通信の安定化など | 三菱電機 1件<br>富士電機 1件<br>デンソー 1件<br>その他 2件 | 三菱電機 1件<br>オムロン 1件 | | 東芝 1件<br>日立製作所 1件<br>横河電機<br>その他 |
| ネットワーク化 | システム構成の変化に対応 | 安川電機 1件 | オムロン 1件<br>松下電工 1件 | | |
| ネットワーク化 | 複数の通信仕様に対応 | | オムロン 3件<br>シャープ 1件<br>横河電機<br>その他 | | |
| ネットワーク化 | 高速化 | | | | |

| 技術要素と課題 | 解決手段 | バス構成 | 通信制御 送信権制御 | 通信制御 同期化・待機化 | 通信制御 送受信データの削減 | 通信制御 アドレス設定・割付 | 通信制御 マッピング・リンク管理 |
|---|---|---|---|---|---|---|---|
| 複数PLC間・マルチCPU間通信 | 分散化制御・通信の安定化 | ファナック 1件<br>マツダ 1件<br>北日本電線 1件 | 日立製作所<br>トヨタ自動車<br>豊田工機 | 明電舎 2件<br>三菱電機 1件<br>オムロン 1件<br>日立製作所 1件<br>本田技研工業 1件<br>シャープ 1件<br>横河電機 1件<br>オムロン 2件<br>富士電機 1件 | 日立製作所 1件<br>富士電機 1件<br>安川電機 1件<br>光洋精工 1件 | オムロン 1件<br>富士通テン 1件<br>クボタ 1件 | 三菱電機 1件 |
| 複数PLC間・マルチCPU間通信 | システム構成の変化に対応 | 安川電機 1件<br>トヨタ自動車 1件<br>ジューキ 1件<br>ザ・ホックスボロカンパニー(US) 1件 | 三菱電機<br>安川電機<br>豊田工機 | 安川電機 1件 | | 松下電工 1件 | |
| 複数PLC間・マルチCPU間通信 | 複数の通信仕様に対応 | | オムロン<br>富士電機<br>松下電工 | | | | |
| 複数PLC間・マルチCPU間通信 | 高速化 | | 富士電機<br>安川電機 | 三菱電機 7件<br>豊田工機 1件<br>オムロン 1件<br>富士電機 1件<br>その他 2件 | 安川電機 4件<br>東芝 2件<br>三菱電機 1件<br>富士電機 1件<br>日立製作所 1件<br>FFC 1件<br>その他 2件 | | オムロン 2件<br>理化工業 1件<br>オークマ 1件 | オムロン 2件<br>日立製作所 1件<br>安川電機 1件<br>松下電工 1件<br>豊田工機 1件<br>トヨタ自動車 1件<br>その他 1件 |
| PLC構成ユニット間通信 | ユニット機種の認識・通信の安定化など | オムロン 1件<br>松下電器産業 1件 | 富士電機<br>安川電機 | | | | |
| PLC構成ユニット間通信 | I/Oの遠隔化など | オムロン 8件<br>松下電工 3件<br>日産自動車 3件<br>日立製作所 2件<br>明電舎 2件<br>横河電機 2件<br>三菱電機 1件<br>東芝 1件<br>その他 5件 | オムロン<br>三菱電機<br>富士電機<br>松下電工<br>モトローラ<br>富士電機<br>安川電機<br>FFC | 三菱電機 1件<br>オムロン 1件<br>富士電機 1件<br>安川電機 1件<br>富士通 1件<br>FFC 1件 | | 日立製作所 1件<br>東芝 1件 | 三菱電機 3件<br>松下電工 1件<br>トヨタ自動車 1件 |
| PLC構成ユニット間通信 | プログラムローディングの安定化 | 日立製作所 1件<br>デンソー 1件<br>シャープ 1件<br>ブリジストン 1件 | 富士電機 | | | | |
| PLC構成ユニット間通信 | 高速化 | 東芝 1件 | | 三菱電機 1件<br>三菱電機 3件<br>オムロン 1件<br>富士電機 1件<br>その他 6件 | | | 松下電工 1件 |
| | | | | オムロン 2件<br>三菱電機 2件<br>横河電機 2件<br>東芝 1件<br>富士電機 1件<br>安川電機 1件<br>豊田工機 1件<br>電源社 1件 | オムロン 2件<br>三菱電機 1件<br>富士電機 1件<br>安川電機 1件<br>キーエンス 1件<br>オークマ 1件 | オムロン 2件<br>東芝 1件<br>横河電機 1件 | オムロン 2件<br>理化工業 1件<br>三菱電機 2件<br>日立製作所 1件<br>日産自動車 1件<br>昭和鉄工 1件<br>SGS (FR) 1件 | 三菱電機 1件<br>オムロン 1件<br>安川電機 1件<br>オリンパス光学 1件 |
| | | | 東芝 1件<br>日東精工 1件 | | | 富士電機 1件 | |
| | | | | | 東芝 1件 | | |

## プログラム制御技術

### 技術開発の拠点の分布

## 国内外ともに幅広い開発拠点分布

主要企業20社の開発拠点を発明者の居住でみると、日本では北海道、本州、九州および四国に開発拠点があり、都道府県別では北の北海道から、南の熊本県までとなっている。

一方、海外では米国およびイギリスなどにも開発拠点があり、全世界規模で開発が行われている。

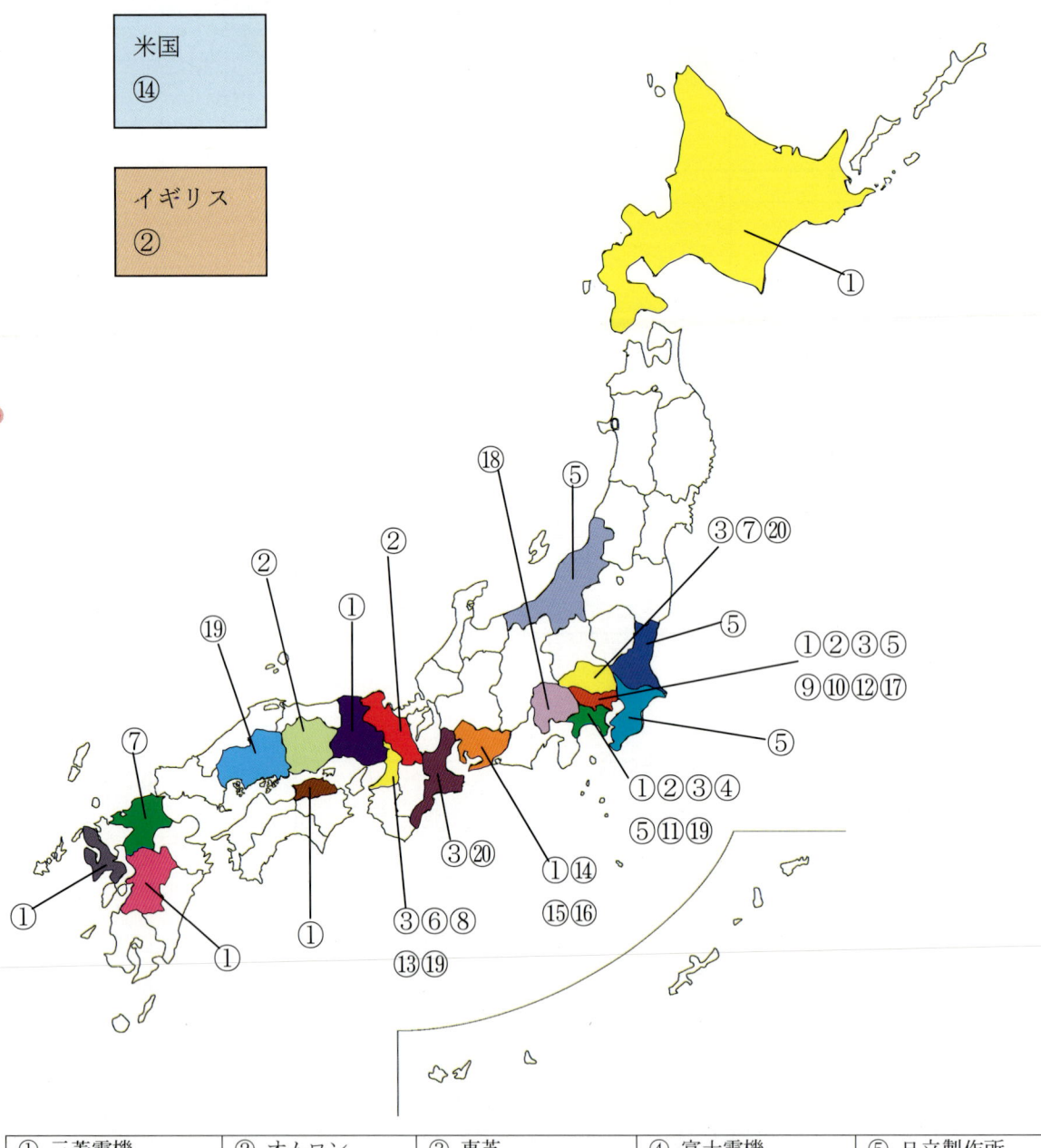

米国
⑭

イギリス
②

| ① 三菱電機 | ② オムロン | ③ 東芝 | ④ 富士電機 | ⑤ 日立製作所 |
| ⑥ 松下電工 | ⑦ 安川電機 | ⑧ デジタル | ⑨ 横河電機 | ⑩ 明電舎 |
| ⑪ 日産自動車 | ⑫ エフエフシー | ⑬ キーエンス | ⑭ デンソー | ⑮ 豊田工機 |
| ⑯ トヨタ自動車 | ⑰ キヤノン | ⑱ ファナック | ⑲ 松下電器産業 | ⑳ 本田技研工業 |

vi

## プログラム制御技術 — 主要企業の状況

# 主要企業20社の出願状況

主要企業のプログラム制御技術全体および技術要素ごとの特許（出願）件数（係属中および権利存続中特許）を下表に示す。

プログラム制御技術全体での出願件数では、三菱電機、オムロン、東芝、富士電機、日立製作所が多く保有している。

この5社に松下電工、横河電機、キーエンス、豊田工機を加えたPLCの製造メーカー9社で全体の55％の特許（出願）を保有している。これに続いて、I/O、ロボット、制御機器メーカーの特許（出願）が多い。

自動車などのメーカー、およびソリューションビジネス提供企業は、プログラム作成関連の特許（出願）が比較的多い。

| no. | 企業名 | 全体（件） | グローバル化・高速化技術 | ネットワーク化技術 | プログラム作成技術 | 小型化技術 | RUN中変更技術 | 監視・安全技術 | 信頼性技術 | 表示技術 | 特殊機能技術 | 生産管理との連携技術 |
|---|---|---|---|---|---|---|---|---|---|---|---|---|
| 1 | 三菱電機 | 194 | 27 | 53 | 52 | 1 | 4 | 22 | 8 | 14 | 10 | 3 |
| 2 | オムロン | 184 | 27 | 60 | 43 | 4 | 5 | 14 | 8 | 8 | 13 | 2 |
| 3 | 東芝 | 136 | 12 | 21 | 30 | 4 | 3 | 18 | 32 | 8 | 6 | 2 |
| 4 | 富士電機 | 121 | 16 | 23 | 49 | 2 | 1 | 11 | 4 | 6 | 8 | 1 |
| 5 | 日立製作所 | 106 | 12 | 16 | 38 | 2 | 5 | 13 | 6 | 9 | 5 | |
| 6 | 松下電工 | 100 | 26 | 15 | 17 | 6 | 1 | 9 | 2 | 15 | 9 | |
| 7 | 安川電機 | 57 | 6 | 20 | 7 | | | 7 | 7 | 3 | 6 | 1 |
| 8 | デジタル | 44 | | 14 | 22 | 2 | | | | 6 | | |
| 9 | 横河電機 | 43 | 7 | 16 | 5 | 2 | | 6 | 1 | 3 | 2 | 1 |
| 10 | 明電舎 | 38 | 9 | 7 | 9 | 1 | | 4 | 4 | 2 | 2 | |
| 11 | 日産自動車 | 34 | 2 | 5 | 18 | | | 2 | | 2 | 1 | 2 |
| 12 | エフ エフ シー | 32 | 2 | 8 | 16 | 1 | | | | 2 | 3 | |
| 13 | キーエンス | 30 | 2 | 5 | 9 | 1 | 2 | 1 | 2 | 7 | 1 | |
| 14 | デンソー | 27 | 5 | 3 | 10 | 1 | | 2 | 1 | 2 | 3 | |
| 15 | 豊田工機 | 26 | 3 | 7 | 9 | 1 | | 3 | | | | |
| 16 | トヨタ自動車 | 21 | 3 | 5 | 6 | | | | 1 | 4 | 2 | |
| 17 | キヤノン | 19 | 1 | 3 | 5 | 1 | | 4 | 1 | 1 | | 3 |
| 18 | ファナック | 19 | 6 | | 2 | | 7 | | 2 | 1 | 1 | |
| 19 | 松下電器産業 | 19 | 8 | 3 | 1 | | 1 | 2 | | 1 | 3 | |
| 20 | 本田技研工業 | 18 | 1 | 2 | 6 | 1 | | 2 | | 4 | 1 | 1 |

## プログラム制御技術　　主要企業

# 三菱電機 株式会社

| 出願状況 | ネットワーク化技術の技術開発課題と解決手段 |
|---|---|
| 三菱電機の係属中および権利存続中特許件数は194件であり、1位である。<br>　ネットワーク化技術では、課題が通信の安定化などに対して、解決手段が通信制御で12件、メモリの活用で7件ある。課題がI/Oの遠隔化などでは、通信制御およびメモリの活用がそれぞれ7件ある。 | （棒グラフ：縦軸 件数、横軸 課題（通信の安定化など、システム構成の変化に対応、複数の通信仕様に対応、高速化、I/Oの遠隔化など）、奥行き 解決手段（通信制御、メモリーの活用、プロトコル変換など、バス構成）） |

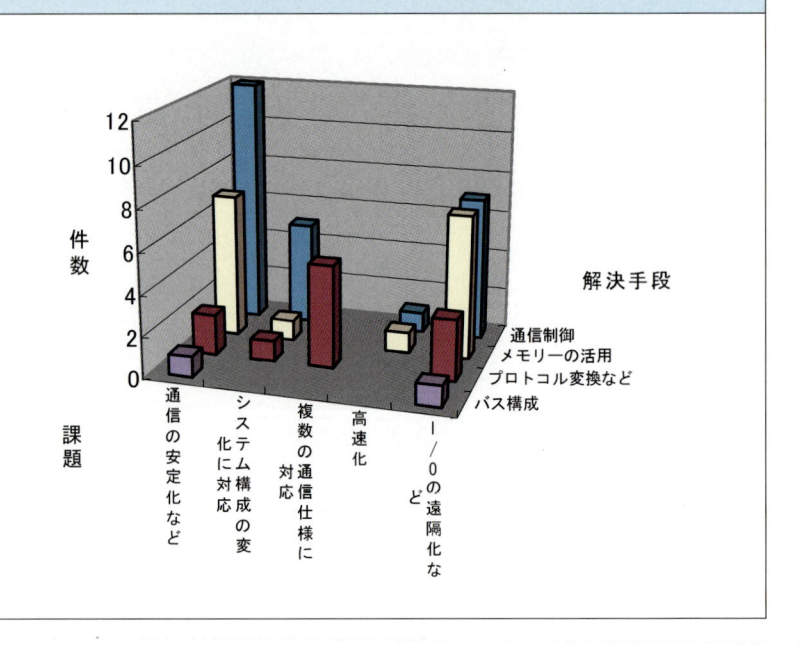

### 保有特許例

**特許第2792778号（グローバル化・高速化技術）**
【プログラマブルコントローラ】ハードウェアを追加し、転送命令等の高速化

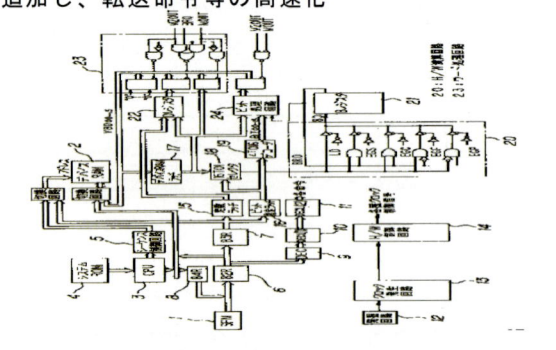

**特許第2901454号（プログラム作成技術）**
【プログラマブルコントローラ】シーケンス命令ごとのシミュレーション実施可

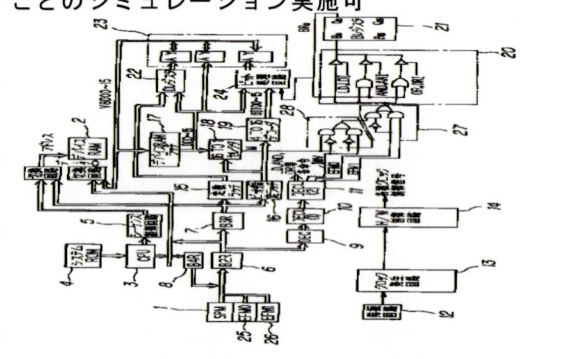

**特許第3092645号（表示技術）**
【プログラマブルコントローラの実行状態モニタ方法およびその装置】

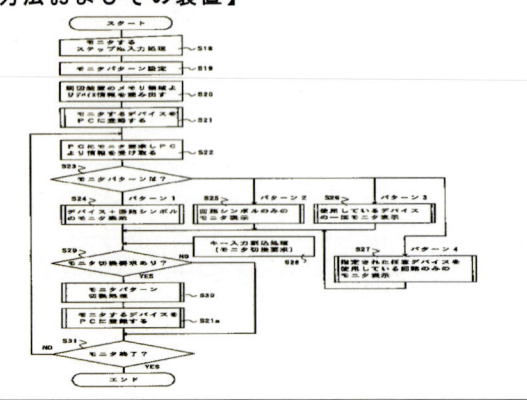

**特許第2542465号（特殊機能技術）**
【シーケンス制御方法】特殊機能部対応命令サポート

1：CPUユニット
11：プログラムメモリ
12：デバイスメモリ
2：プログラム装置
3：通信ケーブル
4：入出力ユニット
4A：特殊機能ユニット
41：2ポートメモリ

## プログラム制御技術　　主要企業

# オムロン　株式会社

| 出願状況 | ネットワーク化技術の技術開発課題と解決手段 |
|---|---|
| オムロンの係属中および権利存続中特許件数は184件であり、2位である。<br><br>ネットワーク化技術では、課題が通信の安定化などに対して、解決手段をメモリの活用および通信制御としたものがそれぞれ8件ある。課題がI/Oの遠隔化などでは、解決手段を通信制御で9件、バス構成で8件およびメモリの活用で7件ある。 | 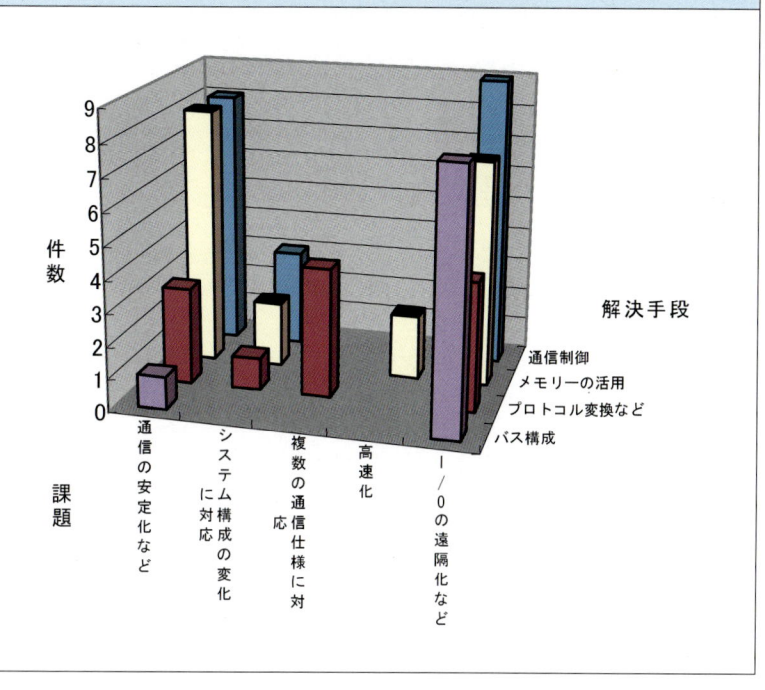 （3Dグラフ：課題別・解決手段別の件数。課題＝通信の安定化など／システム構成の変化に対応／複数の通信仕様に対応／高速化／I/Oの遠隔化など。解決手段＝通信制御／メモリーの活用／プロトコル変換など／バス構成） |

### 保有特許例

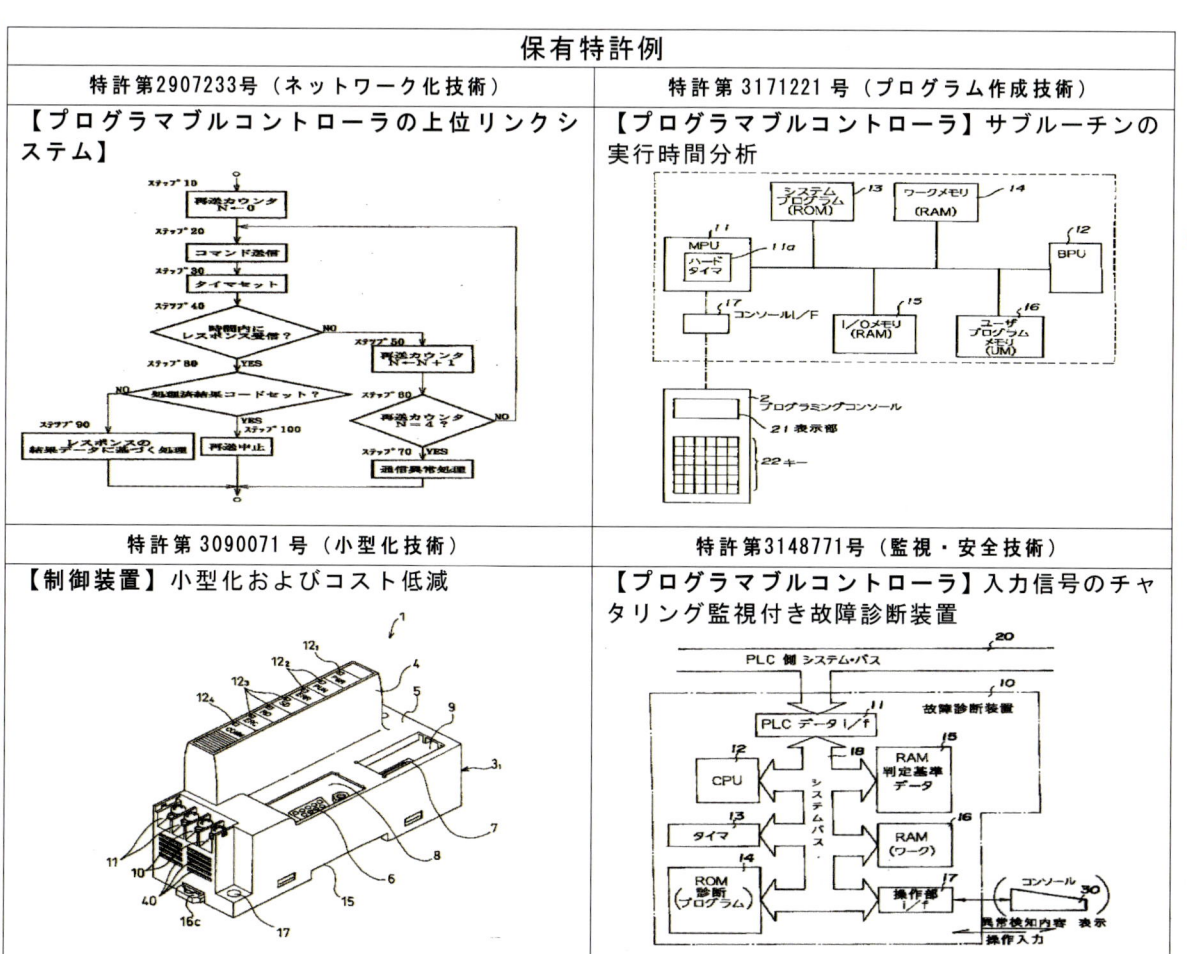

| 特許第2907233号（ネットワーク化技術） | 特許第3171221号（プログラム作成技術） |
|---|---|
| 【プログラマブルコントローラの上位リンクシステム】<br>（フローチャート図） | 【プログラマブルコントローラ】サブルーチンの実行時間分析<br>（ブロック図：MPU、ハードタイマ、システムプログラム(ROM)、ワークメモリ(RAM)、BPU、コンソールI/F、I/Oメモリ(RAM)、ユーザプログラムメモリ(UM)、プログラミングコンソール、表示部、キー） |
| 特許第3090071号（小型化技術） | 特許第3148771号（監視・安全技術） |
| 【制御装置】小型化およびコスト低減<br>（装置外観図） | 【プログラマブルコントローラ】入力信号のチャタリング監視付き故障診断装置<br>（ブロック図：PLC側システム・バス、PLCデータI/f、故障診断装置、CPU、タイマ、ROM(診断プログラム)、RAM判定基準データ、RAM(ワーク)、操作部、コンソール） |

## プログラム制御技術　主要企業

# 株式会社　東芝

| 出願状況 | ネットワーク化技術の技術開発課題と解決手段 |
|---|---|
| 東芝の係属中および権利存続中特許件数は136件であり、3位である。<br>　ネットワーク化技術では、課題が通信の安定化などに対して、解決手段をメモリの活用で4件、通信制御で3件ある。課題がシステム構成の変化に対応では、解決手段をメモリの活用としたものが4件ある。 | 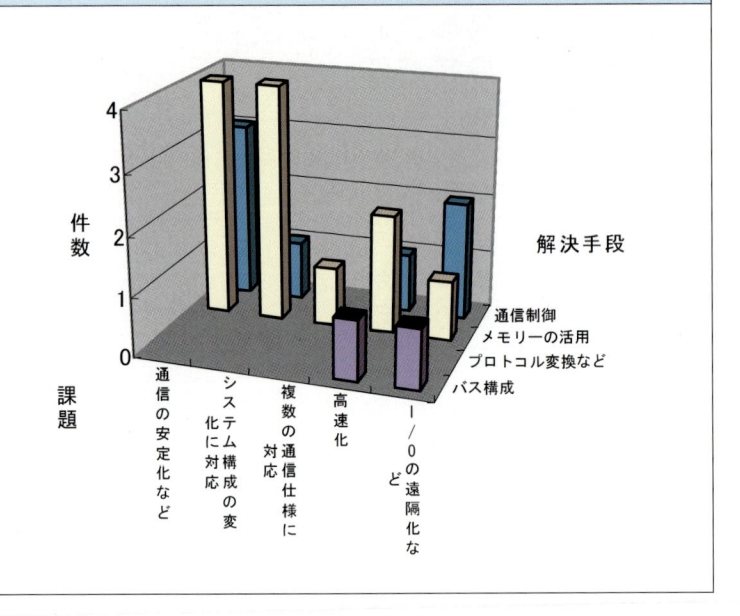 課題別・解決手段別の件数を示す3D棒グラフ<br>解決手段：通信制御、メモリーの活用、プロトコル変換など、バス構成<br>課題：通信の安定化など、システム構成の変化に対応、複数の通信仕様に対応、高速化、I/Oの遠隔化など |

### 保有特許例

**特許第3075825号（ネットワーク化技術）**
【並列実行型プログラマブルコントローラ装置】

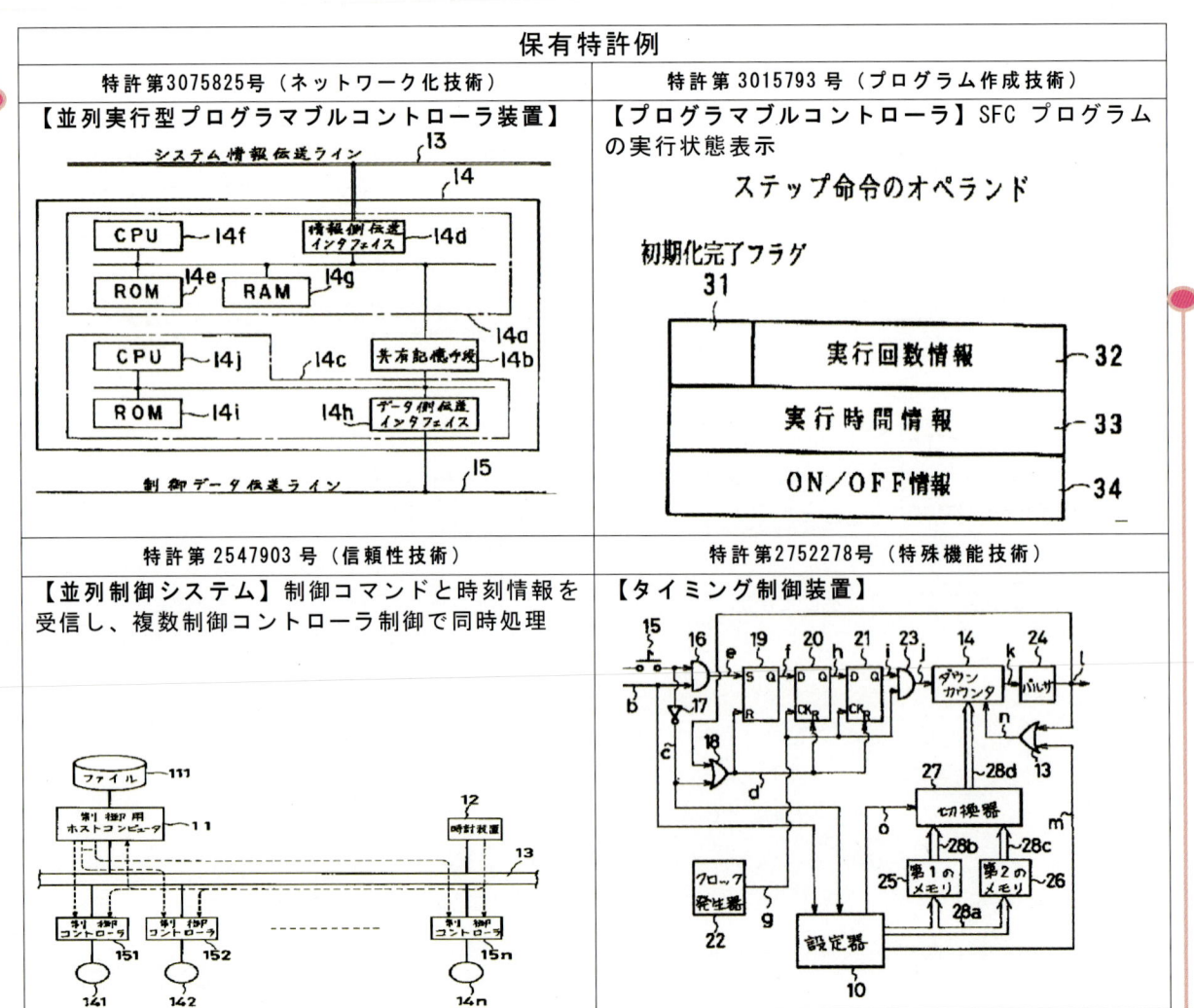

**特許第3015793号（プログラム作成技術）**
【プログラマブルコントローラ】SFCプログラムの実行状態表示

ステップ命令のオペランド
- 初期化完了フラグ 31
- 実行回数情報 32
- 実行時間情報 33
- ON/OFF情報 34

**特許第2547903号（信頼性技術）**
【並列制御システム】制御コマンドと時刻情報を受信し、複数制御コントローラ制御で同時処理

**特許第2752278号（特殊機能技術）**
【タイミング制御装置】

## プログラム制御技術　主要企業

# 富士電機　株式会社

## 出願状況

富士電機の係属中および権利存続中特許件数は121件であり、4位である。

ネットワーク化技術では、通信の安定化の課題に対して、通信制御で5件、プロトコル変換などで3件がある。課題がI/Oの遠隔化に対して、メモリの活用で3件および通信制御で2件ある。

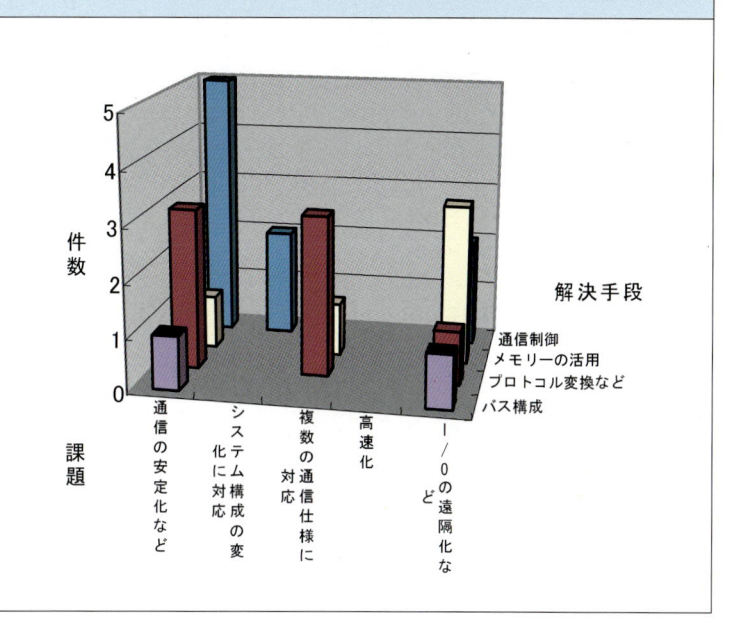

## ネットワーク化技術の技術開発課題と解決手段

（グラフ：課題別・解決手段別件数。解決手段＝通信制御／メモリーの活用／プロトコル変換など／バス構成。課題＝通信の安定化など／システム構成の変化に対応／複数の通信仕様に対応／高速化／I/Oの遠隔化など）

## 保有特許例

### 特許第2943434号（グローバル化・高速化技術）
**【プログラマブルコントローラ】** SFCのアクションの実行/非実行を判定し、アドレス移行。

本発明のブロック図

（ブロック図：プログラマブル・コントローラ 1 — 記憶手段 2、アドレス移行手段 3）

### 特許第2761788号（ネットワーク化技術）
**【プログラム変換装置およびプログラム転送装置】**

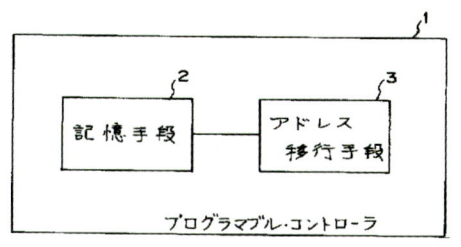

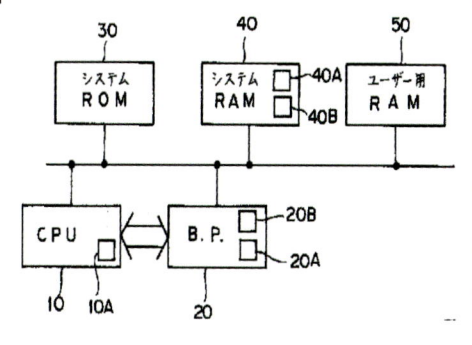

（ブロック図：システムROM 30、システムRAM 40（40A, 40B）、ユーザー用RAM 50、CPU 10（10A）、B.P. 20（20A, 20B））

### 特許第2911667号（プログラム作成技術）
**【プログラマブルコントローラのプログラム作成器】**

（フローチャート：A．編集プログラム（スタート→機能定義指令S1→編集画面表示S2→実行かS3→YES S4／NO→取消かS5→YES S6／NO→システムプログラム表示禁止のフラグをセット／システムプログラム表示禁止のフラグをリセット→ストップ）、B．一覧表示プログラム（スタート→表示指令S11→ファイル上のデータ参照S12→表示可能なシステムがあるかS13→YES S14／NO→表示可能なシステムプログラムとユーザプログラムを識別して一覧表示／ユーザプログラム一覧のみ表示 S15→ストップ））

### 特許第2589623号（生産管理との連携技術）
**【バッチ式プラントの運転管理システム】**

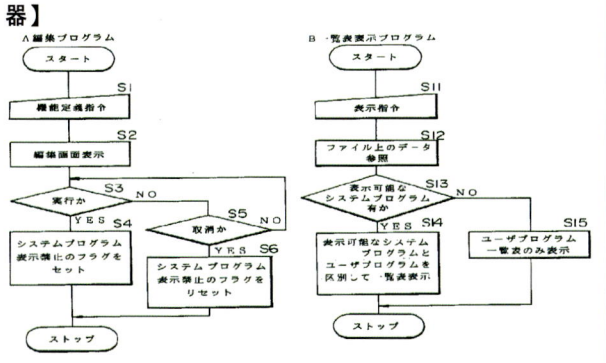

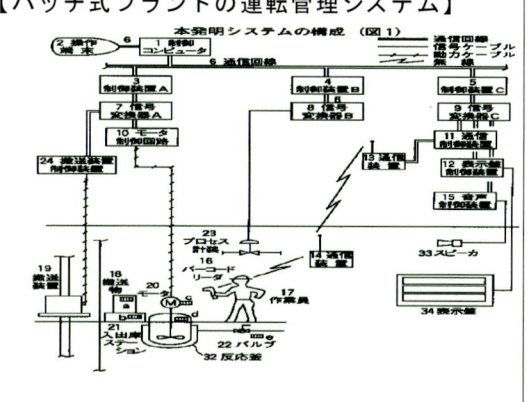

本発明システムの構成（図1）

（システム構成図）

xi

# プログラム制御技術　主要企業

## 株式会社　日立製作所

### 出願状況

　日立製作所の係属中および権利存続中特許件数は106件であり、5位である。

　ネットワーク化技術では、課題が通信の安定化などに対して、解決手段を通信制御で4件、およびメモリの活用で3件ある。I/Oの遠隔化などの課題に対しては、バス構成およびメモリの活用による解決手段がそれぞれ2件ある。

### ネットワーク化技術の技術開発課題と解決手段

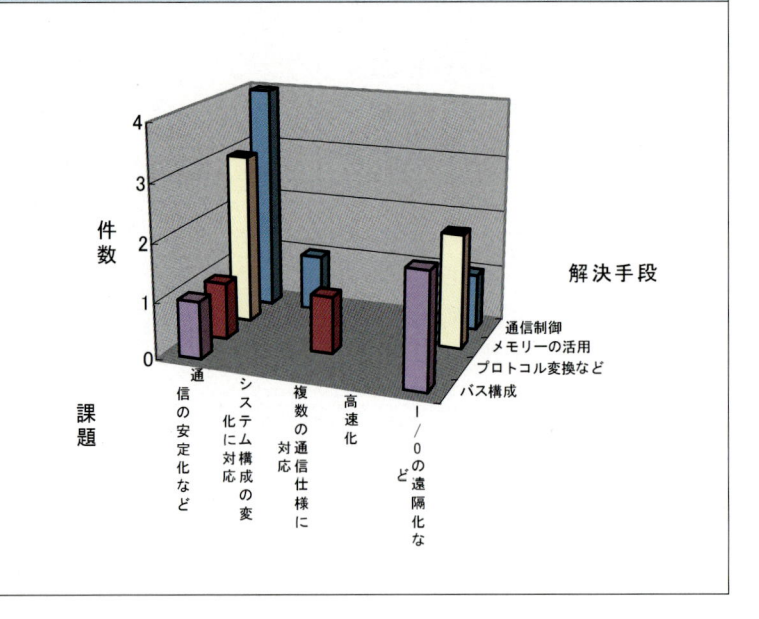

### 保有特許例

| 特許第3126006号（グローバル化・高速化技術） | 特許第3095276号（グローバル化・高速化技術） |
|---|---|
| 【プログラマブルコントローラ】シーケンスプログラムの並行実行による高速化 | 【プログラマブルコントローラ】スキャン回数を小さくし、高速データ転送 |
| 特許第2846760号（RUN中変更技術） | 特許第3038279号（表示技術） |
| 【プログラマブルコントローラのプログラム変更方法】RUN中のプログラム変更 | 【プログラマブルコントローラシステム】複数CPUのシーケンスプログラムを一本化して表示 |

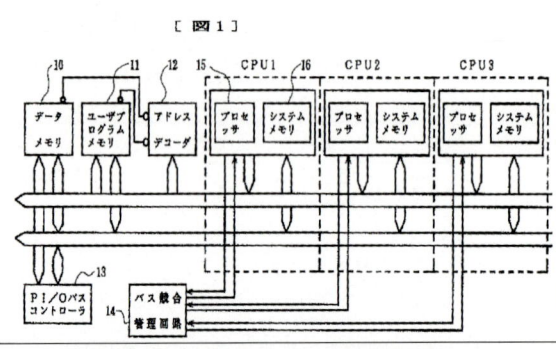

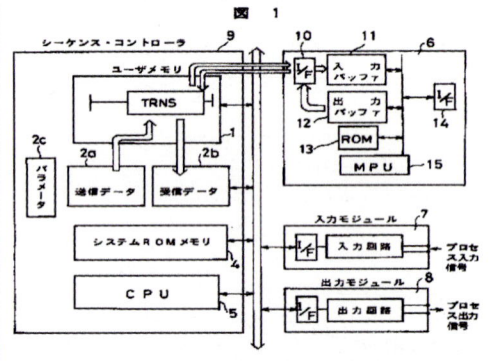

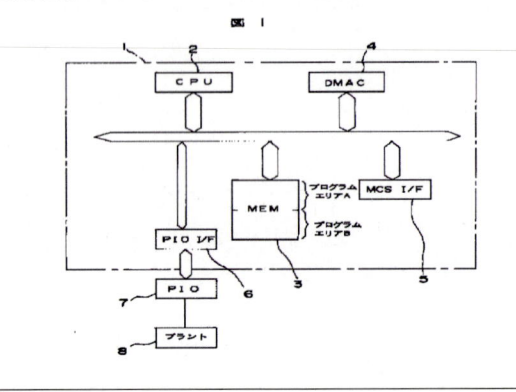

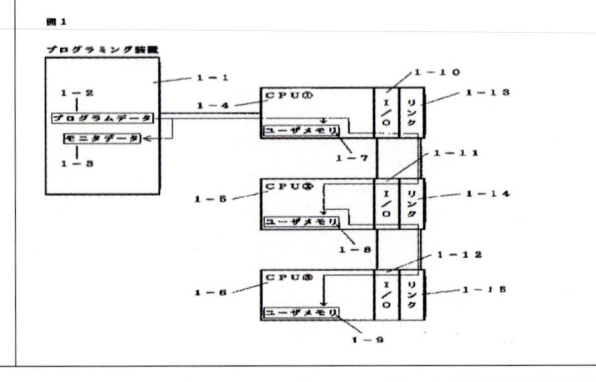

# 目次

プログラム制御技術

**1. プログラム制御技術の概要**
- 1.1 プログラム制御技術 ................................. 3
  - 1.1.1 プログラム制御技術の特定 ........................ 3
  - 1.1.2 PLC の歴史 ..................................... 3
  - 1.1.3 PLC の基本構成 .................................. 3
  - 1.1.4 開発のキーワードはグローバル化 .................... 4
  - 1.1.5 技術の概要 ..................................... 5
    - (1) グローバル化・高速化技術 ....................... 5
    - (2) ネットワーク化技術 ............................. 7
    - (3) プログラム作成技術 ............................. 8
    - (4) 小型化技術 .................................... 8
    - (5) RUN 中変更技術 ................................. 9
    - (6) 監視・安全技術 ................................ 9
    - (7) 信頼性技術 .................................... 9
    - (8) 表示技術 ...................................... 9
    - (9) 特殊機能技術 .................................. 10
    - (10) 生産管理との連携技術 ......................... 10
- 1.2 プログラム制御技術の特許情報へのアクセス .......... 12
  - 1.2.1 関連 FT ....................................... 12
  - 1.2.2 特許電子図書館（IPDL）の利用 .................. 14
  - 1.2.3 民間情報サービスの利用 ........................ 14
- 1.3 技術開発活動の状況 ................................ 15
  - 1.3.1 テーマ全体の出願人数－出願件数の推移 ........... 15
  - 1.3.2 技術要素ごとの出願人数－出願件数の推移 ......... 16
    - (1) グローバル化・高速化技術 ...................... 16
    - (2) ネットワーク化技術 ............................ 17
    - (3) プログラム作成技術 ............................ 18
    - (4) 小型化技術 ................................... 19
    - (5) RUN 中変更技術 ................................ 20

# 目次

  (6) 監視・安全技術 ................................................. 21
  (7) 信頼性技術 ..................................................... 22
  (8) 表示技術 ....................................................... 23
  (9) 特殊機能技術 ................................................... 24
  (10) 生産管理との連携技術 ........................................... 25
 1.4 技術開発の課題と解決手段 ............................................ 26
  1.4.1 グローバル化・高速化技術 ..................................... 26
  1.4.2 ネットワーク化技術 ........................................... 26
  1.4.3 プログラム作成技術 ........................................... 26
  1.4.4 小型化技術 ................................................... 30
  1.4.5 RUN中変更技術 ................................................ 30
  1.4.6 監視・安全技術 ............................................... 30
  1.4.7 信頼性技術 ................................................... 34
  1.4.8 表示技術 ..................................................... 34
  1.4.9 特殊機能技術 ................................................. 34
  1.4.10 生産管理との連携技術 ........................................ 34

2．主要企業等の特許活動
 2.1 三菱電機 ............................................................ 46
  2.1.1 企業の概要 ................................................... 46
  2.1.2 プログラム制御技術に関連する製品・技術 ....................... 47
  2.1.3 技術開発課題対応保有特許の概要 ............................... 47
  2.1.4 技術開発拠点 ................................................. 60
  2.1.5 研究開発者 ................................................... 60
 2.2 オムロン ............................................................ 62
  2.2.1 企業の概要 ................................................... 62
  2.2.2 プログラム制御技術に関連する製品・技術 ....................... 63
  2.2.3 技術開発課題対応保有特許の概要 ............................... 63
  2.2.4 技術開発拠点 ................................................. 70
  2.2.5 研究開発者 ................................................... 70

## 目次

- 2.3 東芝 ............................................................. 71
  - 2.3.1 企業の概要 ................................................. 71
  - 2.3.2 プログラム制御技術に関連する製品・技術 ........ 72
  - 2.3.3 技術開発課題対応保有特許の概要 ................. 72
  - 2.3.4 技術開発拠点 ............................................... 79
  - 2.3.5 研究開発者 .................................................. 79
- 2.4 富士電機 ...................................................... 80
  - 2.4.1 企業の概要 ................................................. 80
  - 2.4.2 プログラム制御技術に関連する製品・技術 ........ 81
  - 2.4.3 技術開発課題対応保有特許の概要 ................. 81
  - 2.4.4 技術開発拠点 ............................................... 91
  - 2.4.5 研究開発者 .................................................. 91
- 2.5 日立製作所 ................................................... 92
  - 2.5.1 企業の概要 ................................................. 92
  - 2.5.2 プログラム制御技術に関連する製品・技術 ........ 93
  - 2.5.3 技術開発課題対応保有特許の概要 ................. 93
  - 2.5.4 技術開発拠点 ............................................. 100
  - 2.5.5 研究開発者 ................................................ 100
- 2.6 松下電工 .................................................... 102
  - 2.6.1 企業の概要 ............................................... 102
  - 2.6.2 プログラム制御技術に関連する製品・技術 ...... 103
  - 2.6.3 技術開発課題対応保有特許の概要 ............... 103
  - 2.6.4 技術開発拠点 ............................................. 110
  - 2.6.5 研究開発者 ................................................ 110
- 2.7 安川電機 .................................................... 111
  - 2.7.1 企業の概要 ............................................... 111
  - 2.7.2 プログラム制御技術に関連する製品・技術 ...... 112
  - 2.7.3 技術開発課題対応保有特許の概要 ............... 112
  - 2.7.4 技術開発拠点 ............................................. 115
  - 2.7.5 研究開発者 ................................................ 115

# 目次

## 2.8 デジタル .......... 116
- 2.8.1 企業の概要 .......... 116
- 2.8.2 プログラム制御技術に関連する製品・技術 .......... 117
- 2.8.3 技術開発課題対応保有特許の概要 .......... 117
- 2.8.4 技術開発拠点 .......... 121
- 2.8.5 研究開発者 .......... 121

## 2.9 横河電機 .......... 122
- 2.9.1 企業の概要 .......... 122
- 2.9.2 プログラム制御技術に関連する製品・技術 .......... 123
- 2.9.3 技術開発課題対応保有特許の概要 .......... 123
- 2.9.4 技術開発拠点 .......... 127
- 2.9.5 研究開発者 .......... 127

## 2.10 明電舎 .......... 128
- 2.10.1 企業の概要 .......... 128
- 2.10.2 プログラム制御技術に関連する製品・技術 .......... 129
- 2.10.3 技術開発課題対応保有特許の概要 .......... 129
- 2.10.4 技術開発拠点 .......... 130
- 2.10.5 研究開発者 .......... 130

## 2.11 日産自動車 .......... 131
- 2.11.1 企業の概要 .......... 131
- 2.11.2 プログラム制御技術に関連する製品・技術 .......... 132
- 2.11.3 技術開発課題対応保有特許の概要 .......... 132
- 2.11.4 技術開発拠点 .......... 134
- 2.11.5 研究開発者 .......... 134

## 2.12 エフ　エフ　シー .......... 135
- 2.12.1 企業の概要 .......... 135
- 2.12.2 プログラム制御技術に関連する製品・技術 .......... 136
- 2.12.3 技術開発課題対応保有特許の概要 .......... 136
- 2.12.4 技術開発拠点 .......... 139
- 2.12.5 研究開発者 .......... 139

## 目次

- 2.13 キーエンス ... 140
  - 2.13.1 企業の概要 ... 140
  - 2.13.2 プログラム制御技術に関連する製品・技術 ... 141
  - 2.13.3 技術開発課題対応保有特許の概要 ... 141
  - 2.13.4 技術開発拠点 ... 143
  - 2.13.5 研究開発者 ... 143
- 2.14 デンソー ... 144
  - 2.14.1 企業の概要 ... 144
  - 2.14.2 プログラム制御技術に関連する製品・技術 ... 145
  - 2.14.3 技術開発課題対応保有特許の概要 ... 145
  - 2.14.4 技術開発拠点 ... 147
  - 2.14.5 研究開発者 ... 147
- 2.15 豊田工機 ... 148
  - 2.15.1 企業の概要 ... 148
  - 2.15.2 プログラム制御技術に関連する製品・技術 ... 149
  - 2.15.3 技術開発課題対応保有特許の概要 ... 149
  - 2.15.4 技術開発拠点 ... 151
  - 2.15.5 研究開発者 ... 151
- 2.16 トヨタ自動車 ... 152
  - 2.16.1 企業の概要 ... 152
  - 2.16.2 プログラム制御技術に関連する製品・技術 ... 153
  - 2.16.3 技術開発課題対応保有特許の概要 ... 153
  - 2.16.4 技術開発拠点 ... 156
  - 2.16.5 研究開発者 ... 156
- 2.17 キヤノン ... 157
  - 2.17.1 企業の概要 ... 157
  - 2.17.2 プログラム制御技術に関連する製品・技術 ... 158
  - 2.17.3 技術開発課題対応保有特許の概要 ... 158
  - 2.17.4 技術開発拠点 ... 160
  - 2.17.5 研究開発者 ... 160
- 2.18 ファナック ... 161
  - 2.18.1 企業の概要 ... 161
  - 2.18.2 プログラム制御技術に関連する製品・技術 ... 162
  - 2.18.3 技術開発課題対応保有特許の概要 ... 162
  - 2.18.4 技術開発拠点 ... 164
  - 2.18.5 研究開発者 ... 164

# 目次

## Contents

2.19 松下電器産業 ................................................. 165
　2.19.1 企業の概要 ............................................... 165
　2.19.2 プログラム制御技術に関連する製品・技術 ...... 166
　2.19.3 技術開発課題対応保有特許の概要 ............... 166
　2.19.4 技術開発拠点 ........................................... 168
　2.19.5 研究開発者 .............................................. 168
2.20 本田技研工業 ................................................. 169
　2.20.1 企業の概要 .............................................. 169
　2.20.2 プログラム制御技術に関連する製品・技術 ...... 170
　2.20.3 技術開発課題対応保有特許の概要 ............... 170
　2.20.4 技術開発拠点 ........................................... 172
　2.20.5 研究開発者 .............................................. 172

3．主要企業の技術開発拠点
　3.1 グローバル化・高速化技術 .............................. 176
　3.2 ネットワーク化技術 ...................................... 178
　3.3 プログラム作成技術 ...................................... 180
　3.4 小型化技術 .................................................. 182
　3.5 RUN 中変更技術 ........................................... 183
　3.6 監視・安全技術 ............................................ 184
　3.7 信頼性技術 .................................................. 186
　3.8 表示技術 ..................................................... 187
　3.9 特殊機能技術 ............................................... 188
　3.10 生産管理との連携技術 .................................. 190

資料
　1．工業所有権総合情報館と特許流通促進事業 .......... 193
　2．特許流通アドバイザー一覧 .............................. 196
　3．特許電子図書館情報検索指導アドバイザー一覧 .... 199
　4．知的所有権センター一覧 ................................. 201
　5．平成 13 年度 25 技術テーマの特許流通の概要 ........ 203
　6．特許番号一覧 ................................................. 219

# 1. プログラム制御技術の概要

1.1 プログラム制御技術
1.2 プログラム制御技術の特許情報へのアクセス
1.3 技術開発活動の状況
1.4 技術開発の課題と解決手段

> 特許流通
> 支援チャート

# 1. プログラム制御技術の概要

プログラム制御技術のうち、シーケンス制御におけるプログラムの作成、変更が容易なプログラマブル・ロジック・コントローラについて検討した。近年、プログラマブル・ロジック・コントローラはグローバル化、ネットワーク化について注目されている。

## 1.1 プログラム制御技術

### 1.1.1 プログラム制御技術の特定

プログラム制御は、次の2つの制御を含んでいる。その1つは、あらかじめ定められたプログラムに従って、制御目標値を変化させ、この目標値に向けて制御を行う制御であり、ほかの1つは、あらかじめ定められたシーケンスプログラムに従って制御の各段階を逐次進行させるシーケンス制御である。本書で取り上げる技術は、後者すなわちシーケンス制御であり、なかでも特にソフト対応でプログラムの作成・変更が容易な、プログラマブル・ロジック・コントローラ (Programmable Logic Controller) （以下 PLC と略称する。）である。これはプログラムをシーケンシャルに制御することから、プログラマブル・シーケンス・コントローラ (Programmable Sequence Controller) とも言われている。

### 1.1.2 PLC の歴史

ソフト対応でプログラムの作成・変更が容易な、シーケンス・コントローラの開発は、1968 年に、ゼネラルモータ社から提示された条件に基づいて成されたと言われている。
ゼネラルモータ社は、数社に条件を提示したが、デジタルエクイップメント社が、ミニコンを用いて達成したと言われている。

### 1.1.3 PLC の基本構成

PLC の基本構成は図 1.1.3-1 に示すように基本ユニット、入力ユニット、出力ユニット、モニタユニット、電源ユニット、およびプログラム作成ユニットで構成してある。基本ユニットは CPU、ROM、RAM から成り、ROM には PLC がその機能を満足するように作動するのに必要なシステムプログラムが記憶してあり、RAM にはユーザプログラムが記憶してある。CPU は ROM に記憶してあるシステムプログラムおよび RAM に記憶してあるユーザプログラムに基づいて入力ユニットから必要な信号を取り込み、所定の演算を行って、その

結果を出力ユニットに出力する。

　入力ユニットは CPU の演算に必要なリレー接点、近接スイッチ、センサ出力などの入力信号を、必要に応じてその出力レベルを変換したり、信号形態を変えたりして基本ユニットに取り込む。出力ユニットは基本ユニットが演算した結果の出力を、必要に応じてその出力レベルを変換したり、信号形態を変えたりして、リレー、アクチュエータなどに出力する。入出力点数は次第に増加する傾向にある。

　プログラム作成ユニットはユーザプログラムを作成し、そのプログラムを RAM に書き込む。

　モニタユニットはマン・マシンインターフェースであり、主に全体の作動状況を表示する。

　電源ユニットは各ユニットに電力を供給するものである。省電力の見地から単位入出力点数あたりの消費電力は年代とともに低下してきている。

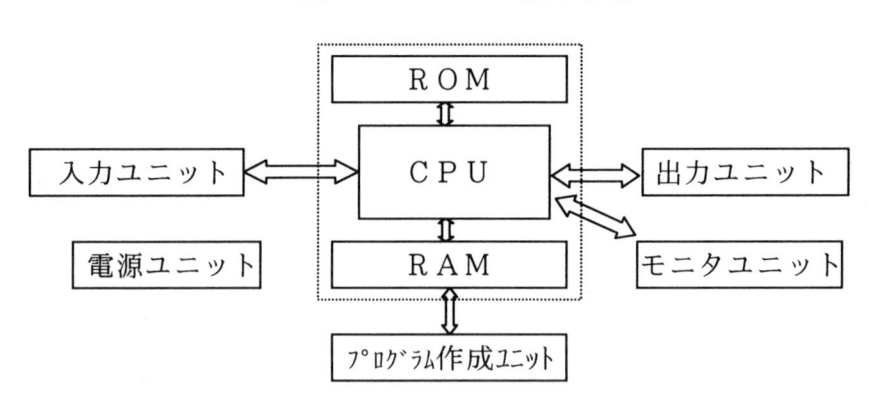

図 1.1.3-1 PLC の基本構成

### 1.1.4 開発のキーワードはグローバル化

　現在の PLC の開発のキーワードは、グローバル化である。これはより多くの設備を PLC を用いて統合制御しようとするものであり、工場設備全体を、究極的には複数の工場からなる会社設備全体を統合制御しようとするものである。

　このための PLC 技術は、次の技術要素から構成される。

　(1)グローバル化・高速化技術：グローバルシステムと PLC の高速化
　(2)ネットワーク化技術：グローバルシステムを構築するためのネットワーク化
　(3)プログラム作成技術：シーケンスプログラムの開発、変更、デバック入力関連技術
　(4)小型化技術：I/O 点数増大に対処するハードのコンパクト、高密度化
　(5)RUN 中変更技術：シーケンスプログラム構成を稼動中に変更するための技術
　(6)監視・安全技術：稼動状況を監視し、安全運転するための技術
　(7)信頼性技術：PLC の運転を安定に行うための可用性向上、障害解析、保守関連技術
　(8)表示技術：稼動状態、プログラム状態を視覚的に表示する技術
　(9)特殊機能技術：グローバル化に対応するための上記(1)～(8)以外の特殊機能(割込み、ジャンプ、タイマなど)
　(10)生産管理との連携技術：PLC と生産管理との連携に関するもの

この内(1)のグローバル化・高速化技術はグローバルシステムと PLC の高速化に関するものである。この2つは本来別個のように考えられるが、PLC の演算の高速化やスキャンタイムの高速化はグローバル化対応技術として必須である。それゆえ、この2つの技術は一つのものとして扱っている。

また(10)は PLC の生産管理との連携に関するものであるから本来(1)のグローバルシステム構成の中に含まれるものである。しかしながら、この技術は将来の大きなテーマになるもので、(1)とは切り離し、別個に扱っている。

### 1.1.5 技術の概要

#### (1) グローバル化・高速化技術

工場設備全体、あるいは会社設備全体を統合制御しようとすると、多くの場合そのシステムは大掛かりなものになる。このような大掛かりなシステムを単一の PLC で統合制御することは、設備費の面からも、メンテナンスの面からも得策ではない。また PLC の I/O 点数には上限があり、入出力点数が不足する場合が多い。そこで図 1.1.5-1 に示すように、複数の PLC の何れかをマスタ PLC とし、他の PLC をスレーブ PLC として、統括制御するもの、図 1.1.5-2 に示すように複数の PLC を FA パソコンで統合制御するシステム、さらにこの図に示してあるシステムを複数セット LAN で接続したより大掛りなものが提案されている。

図 1.1.5-1 PLC のマスタ・スレーブ制御方式

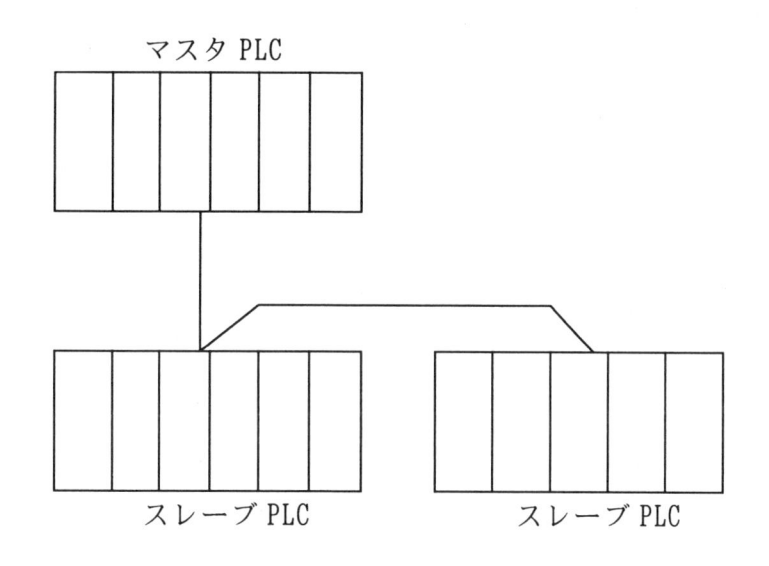

図 1.1.5-2 ホストコンピュータ統合制御方式

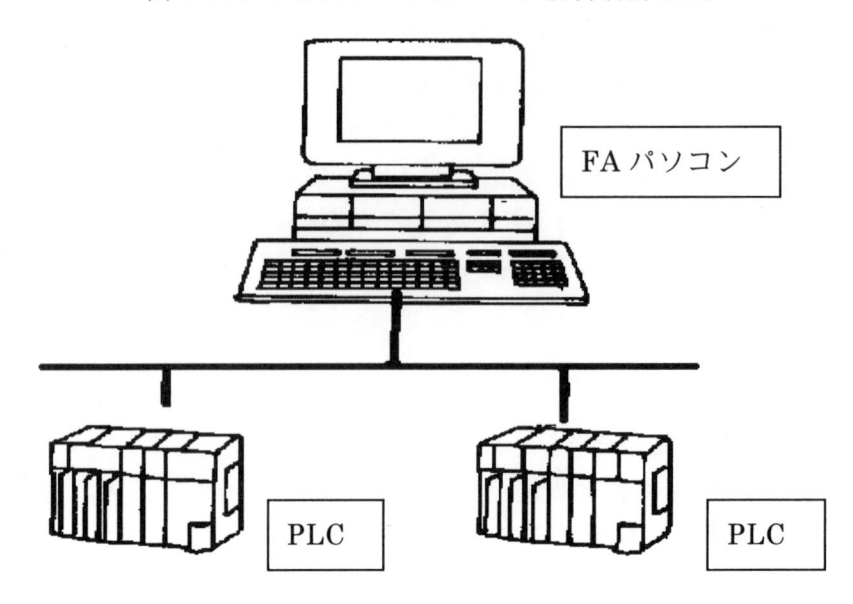

　統合制御を行うためのプログラム構成は、多くの場合統合制御プログラムと個別制御プログラムとに分けて構成される。

　追従制御、位置決め制御、速度制御、数値制御機能などを PLC で、あるいは PLC と一緒に統合制御する技術があり、これらの多くは PLC の CPU とは別個に CPU を有している。

　グローバル化対応 PLC に求められる最重要課題は、機能向上、スキャンタイムの短縮化である。

　PLC の性能は、通常演算速度で評価される。演算速度の向上はスキャンタイムの短縮、制御応答速度の向上につながり、生産性の向上につながる。現在ではスキャンタイム 1 ms 以下のものが要求されており、0.5ms のものが実現されている。

　高速性を達成する主な手段としては「手順の最適化」、「一部ハード処理化」、「変換テーブルの利用」、「処理の分担化」、「パイプライン処理」などが有る。以下それぞれについて解説する。

### a．手順の最適化

　これの代表的なものとしては、その信号が、あるいは演算が必要であるか否かを判断し、必要な信号ならば伝送し、あるいは演算を行うが、不必要な信号、演算であれば信号を伝送しないし、演算も行わないようにしたものである。また、より高速化しうる手順を自ら判断して求め、最良の手順に従って処理を進めるものもある。

### b．ハード処理化

　ソフト処理は、通常複数のステップを踏んで実行されるので、ハード処理に比べて時間のかかものが多い、そこでハード処理の方が速度が速いものは、その一部または全部をハード処理によって行う。

#### c．変換テーブルの利用
ある入力の組み合わせに対して出力が一義的に決まるとき、その入力の組み合わせに対する演算を実行することなく、あらかじめ求めてあったテーブルから該当値を出力する。

#### d．処理の分担化
役割の同じ CPU を複数個設け、それぞれ同じジョブを分担するものと、役割の異なる CPU を複数個設け、それぞれ役割に応じたジョブを分担するものとが有る。

#### e．パイプライン制御
命令フェッチ処理、命令デコード・レジスタフェッチ処理、算術論理演算処理、メモリアクセス処理、ビット演算処理など複数のステージ（この場合は 5 ステージ）に分けてパイプライン実行をする。

### （2）ネットワーク化技術
ネットワークは次の 3 つに分けられる。
　（a）PLC と PLC 以外との通信
　（b）複数 PLC 間・マルチ CPU 間
　（c）PLC 構成ユニット間通信

このいずれにおいても重要な課題はオープン化である。これはシームレス化やマルチベンダー化とも呼ばれており、既存の、あるいは新規に加入させる PLC との相互交信を可能にするための技術である。その一般的な技術としてはプロトコルの相互変換やミドルウエアを用いた相互融和などがある。

PLC 構成ユニット間通信ではリモート I/O の開発が盛んである。グローバル化を図ることによって、遠隔地との信号授受の要求が増大したことによる。その基本回路を図 1.1.5-3 に示す。

図 1.1.5-3 リモート I/O の基本回路

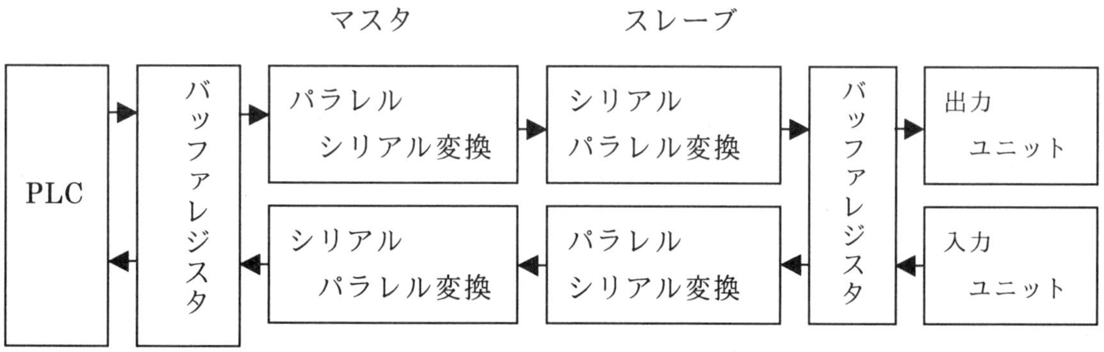

PLC の出力を出力ユニットに送信するときには、マスタはパラレル信号をシリアル信号に変換してスレーブに送る。スレーブはシリアル信号をパラレル信号に変換して出力ユニットに送る。

入力ユニットから PLC へ送信するときには、スレーブはパラレル信号をシリアル信号

に変換してマスタに送る。マスタはシリアル信号をパラレル信号に変換して PLC に送る。

## (3) プログラム作成技術

　高度な知識が無くても、シーケンスプログラムを簡単に作成できるように、種々の工夫が成されている。グローバル化に伴って、当然シーケンスプログラムのステップ数が多くなる。そこで複数の設計者が分担して、担当範囲のプログラムを作成し、それが全部仕上がった段階で全体を結合するプログラム結合機能が実用化されている。接点やリレー番号の自動割付機能はステップ数の多いプログラムの開発にとって、特に有効な機能である。

　従来のように専用のプログラム作成器を用いなくても汎用パソコンを用いてプログラミングや、デバックを行うことのできるソフトが実用化されている。

　PLC のシーケンスプログラム記述方式としては、ラダー図方式、フローチャート方式、ブール代数式方式、論理図記号方式、SFC(Sequencial Function Chart)などがある。ラダー図方式が一般的であるが、SFC は IEC 規格、JIS 規格に規定されており、なおかつ工程歩進制御の記述に優れているので、普及が進んでいる。ラダー図方式と SFC 方式の両方を可能にしたものが主流である。

　この記述形式は 1.1.5-4 に示すように、ステップ(Step)と呼ばれる記述部（S0,S1,‥‥）と、トランジション(Transition)と呼ばれる記述部(TN0,TN1,TN3‥‥)とが、リンク(Link)によって接続されて、S0,TN0,S1,TN1,S2,‥‥と交互に配列されて記述される。

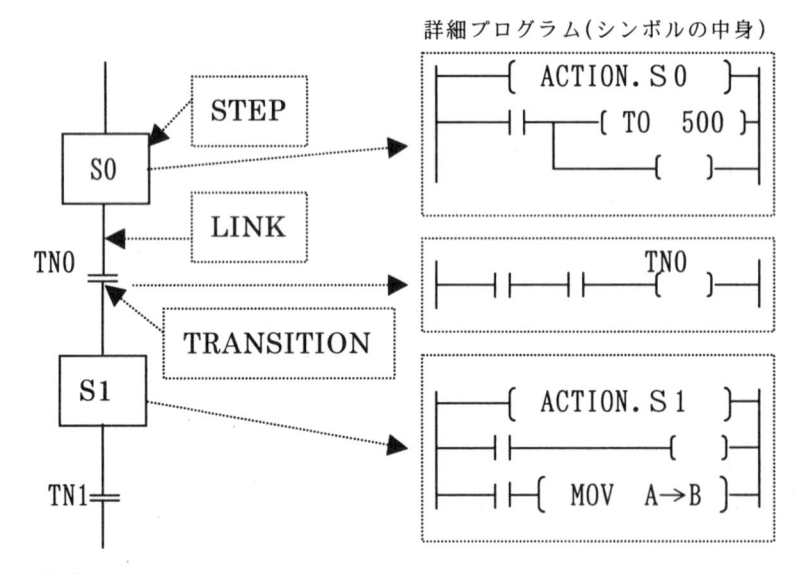

図 1.1.5-4 SFC プログラム構造の例

## (4) 小型化技術

　グローバル化にとって小型化もまた重要な課題である。単位容積当りの機能集積数を大きくできるからである。小型化の手段として、構成部品を小型化すること(コンパクト化)、使用 IC をより高集積化すること、プリント基板上の部品の高密度な実装・プリント基板の多層化などが進行し、CPU ユニットの縦方向・奥行き方向寸法はともに 100mm 前後と小型化している。

## (5) RUN中変更技術

　シーケンスプログラムやパラメータをPLC稼動中に変更するいわゆるRUN中変更の需要は、グローバル化が進行するに伴って増大した。グローバル化が進めば進むほど、シーケンスプログラムやパラメータを変更しなければならない回数が、当然増大する。その度にグローバル化されたシステムの運転を止めていたのでは、稼働率の著しい低下を来たすからである。このような理由からI/O点数の多いPLCのほとんどは、RUN中プログラム変更が可能になっている。なお1度に変更できるのは1回路単位であるものが多い。

## (6) 監視・安全技術

　PLCの稼動状況を監視し、安全を維持するための技術であり、グローバル化が進行するに伴ってこの技術はますます重要性が増加してきた。そしてその課題の1つは遠隔の地でPLCの監視を行えるようにすることである。その例として工場に設置してあるPLCのデータを公衆回線で遠隔の地にある例えば本社の監視システムに送信し、PLCの動作状態のモニタ、デバイスデータの取得を可能にした監視システムが実用化されている。

　PLCのCPUユニットに過去のエラー発生履歴を記憶させ、異常発生の原因を究明するためにその履歴を表示させる機能が実用化されている。

## (7) 信頼性技術

　PLCの運転を安定して継続するための技術であり、グローバル化が進行するに伴い、システムを構成する各ユニットは勿論のこと、システム全体の信頼性を高めることがますます必要になってきている。

　信頼性を高めるため、バックアップ機能、冗長化などが採用されている。このうちバックアップ機能は待機ユニットを用意し、稼動中のユニットが故障した場合にはこの故障したユニットに代わって待機していたユニットが稼動を開始し、稼動を継続できるようにしたものである。待機ユニットの数は故障の発生する割合、役割の重要性などから判断して、最小限に設定される。また冗長化は複数のPLCを同時に走らせ、複数のPLCの出力の結果を比較し、一致しているか否かを自動的に判断し、その結果に応じていずれかの出力を採用するものである。この方式は設備を多重化しなければならないので、システム全体を冗長化することはまれで、システムの中の重要な部分に限って採用することが多い。

　瞬時停電の対策としては、その継続時間が10ms程度までであれば支障なく運転継続可能にしたものがある。

## (8) 表示技術

　PLCあるいはPLCに接続してある機器の動作状況を視覚的に表示する技術であり、グローバル化の進行につれて、画面分割、表示する画面の選択に関する多彩な製品が実用化されている。カラー化に伴って表示形態も豊富になってきている。最近ではMPEGを活用した動画の伝送技術、履歴蓄積などが注目されている。

## （9）特殊機能技術
　グローバル化の進行とともに特殊機能の役割は確実に増加している。以下その代表的なものについて述べる。

### a．構成・機能の設定など
　I/O 点数増大・システム統合に対処するための構成・機能の自動設定、設計支援ツールによる作図の自動化も重要になってきている。

### b．割込み
　シーケンスプログラムが複雑さを増すに伴い、また監視ポイントが増加するに伴い、割込み処理はその優先順位にしたがって確実に実行されることが重要になってきている。

### c．ジャンプ
　プログラムの実行ステップをジャンプする機能である。これもプログラムのステップ数が増加するに伴い、重要になってきている。

### d．タイマ
　時間、パルス計数、パルス幅を管理する機能である。またシステム全体は基準時間を共有する必要があり、グローバル化の進行につれてこの時間合わせが重要になってきている。一般的には日付／時刻合わせのための専用の命令が用意されている。

### e．現代制御理論適用
　制御精度を上げるために、ファジィ制御やニューラルネットワークなどの現代制御理論を用いた PLC であり、比較的新しいテーマである。

## （10）生産管理との連携技術
　生産管理と PLC との連携に関するものであり PLC を用いたグローバル化の比較的新しい課題である。生産計画の立案、生産計画に基づく生産制御、物流制御、生産実績管理などが考えられる。例えば図 1.1.5-5 に示すように生産管理用コンピュータとラインホストコンピュータと設備シーケンサとの間で随時任意のデータの送受信を行えるようにしたものがある。
　なお、近年ビジネスソリューションの観点から PLC とは別の分野で多くの生産管理関連の特許が出願されているが、本調査では PLC に関連するものに限定した。

図 1.1.5-5 生産管理と PLC の連携の例（特開平 9-108999）

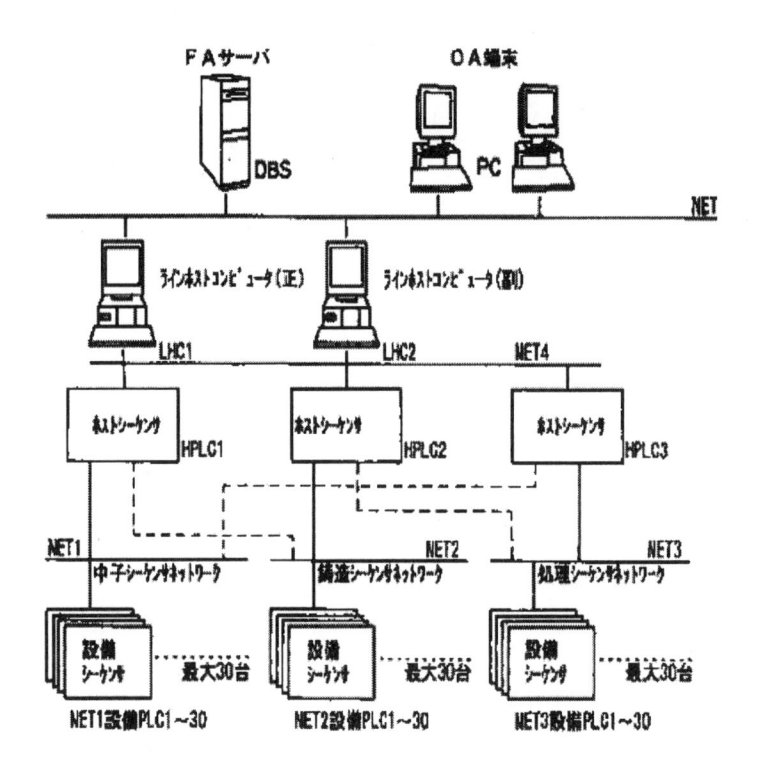

## 1.2 プログラム制御技術の特許情報へのアクセス

### 1.2.1 関連FT

プログラム制御技術について特許調査を行う場合のアクセスツールについて紹介する。

特許調査には、IPC（国際特許分類）第7版、FI（特許庁ファイル・インデックス）、Fターム検索およびキーワード検索など利用するデータベースによって可能なもの、便利なものあるいは効率的にできるものを適宜選択あるいは組み合わせて用いることが一般的に行われている。

IPCおよびFIでは、分類がG05B19/05にプログラマブル論理制御装置に関するものがある。

Fタームでは、さらに細分類化されたコードが技術区分ごとに決められている。

プログラム制御技術ではこのFタームを用いたほうが効率的に検索できると思われる。

プログラム制御技術に関連するFタームを用いた検索式の例を表1.2.1-1および表1.2.1-2にそれぞれ示す。

表1.2.1-1はグローバル化・高速化技術、表1.2.1-2はネットワーク化技術のアクセスツール。表1.2.1-3はプログラム制御技術の各技術要素へのアクセスツールである。

表1.2.1-1 プログラム制御技術のアクセスツール（グローバル化・高速化）

| 技術テーマ | 検索式 |
|---|---|
| グローバル化・高速化技術 | FT=(5H220BB17+5H220BB03+5H220EE06+5H220EE07+5H219CC07+5H219FF09) |

表1.2.1-2 プログラム制御技術のアクセスツール（ネットワーク化）

| 技術テーマ | 検索式 |
|---|---|
| ネットワーク化技術 | FT=(5H220EE10+5H220FF10+5H220HH01+5H220HH03+5H220HH04+5H220HH08+5H220JJ29+5H220JJ38) |

表1.2.1-3 プログラム制御技術のアクセスツール（各技術要素）

| 技術要素 | 検索式 | 概要 |
|---|---|---|
| (1)グローバル化・高速化技術 | FT=(5H220BB17+5H220BB03+5H220EE06+5H220EE07+5H219CC07+5H219FF09) | I/O点数増大・システム統合に対処するシステム構成、演算処理部などの技術 |
| (2)ネットワーク化技術 | FT=(5H220FF10+5H220HH01+5H220HH03+5H220HH04+5H220HH08+5H220JJ29+5H220JJ38+5H220EE10) | 統合システムを構築するためのネットワーク化技術 |
| (3)プログラム作成技術 | ((1)+(2))*(FT=(5H220BB12+5H220JJ13+5H220CX02+5H220JJ24+5H220LL06++5H220KK08+5H219CC10+5H219CC13)) | シーケンスプログラムを開発、入力するための技術。 |
| (4)小型化技術 | ((1)+(2))*(FT=(5H220BB01+5H219CC05)) | I/O点数増大に対処するハードのコンパクト化、高密度化に関する技術。 |
| (5)RUN中変更技術 | ((1)+(2))*(FT=5H220EE19) | シーケンスプログラムをPLCの稼動中に変更するための技術 |
| (6)監視・安全技術 | ((1)+(2))*(FT=(5H220BB10+5H220LL?+5H220MM?+5H220JJ28)) | PLCの稼動状況を監視し、安全運転するための技術。 |
| (7)信頼性技術 | ((1)+(2))*(FT=(5H220BB09+5H220MM08+5H219CC11)) | PLCの運転を安定して行うための技術。 |
| (8)表示技術 | ((1)+(2))*(FT=(5H220CX06+5H220CX08+5H220GG11+5H220GG12+5H220GG13+5H220GG14+5H220GG29)) | PLCの動作状況を視覚的に表示する技術 |
| (9)特殊機能技術 | ((1)+(2))*(FT=(5H220CX03+5H220EE12+5H220EE13)) | I/O点数増大、システム統合に対処するための上記以外の機能。 |
| (10)生産管理との連携技術 | ((1)+(2))*(FT=(5H219FF07+5H220AA04+5H220CC09+5H220CX09+5H219AA07)) | 生産管理とPLCとの連携。 |

表1.2.1-1、表1.2.1-2および表1.2.1-3に示した検索式に使用したFタームとその概要を表1.2.1-4に示す。

表1.2.1-4 検索式で使用のFタームと概要(1/2)

| FT | 概　要 |
|---|---|
| 5H219 | プログラム制御一般 |
| 5H219AA07 | 加工・組立てシステム |
| 5H219CC05 | (目的、目的を達成するための手段)小型化 |
| 5H219CC07 | (目的、手段)処理速度,動作速度の向上 |
| 5H219CC10 | (目的)プログラム作成、変更時の操作 |
| 5H219CC11 | (目的、目的を達成するための改良点)高信頼性化,安全性の向上 |
| 5H219CC13 | (目的、目的を達成するための改良点)高信頼性,安全性の向上で自己診断によるもの |
| 5H219FF07 | 制御系が階層構造を有するもの |
| 5H219FF09 | 複数の入出力信号を同時処理するもの |
| 5H220 | プログラマブルコントローラ |
| 5H220AA04 | 加工・組立てシステム、製造設備 |
| 5H220BB01 | (目的)小型化、ハードウェアの省略 |
| 5H220BB03 | (目的)処理動作の高速化 |
| 5H220BB09 | (目的)高信頼性化,安全性の向上 |
| 5H220BB10 | (目的)高信頼性,安全性の向上で制御系の監視の容易化 |
| 5H220BB12 | (目的)プログラム作成、変更時の操作 |
| 5H220BB17 | (目的)大規模システムへの適応 |
| 5H220CC09 | (目的を達成する方法手段)システム構成の改良 |
| 5H220CX02 | (改良箇所)演算部の翻訳処理、コンパイル |
| 5H220CX03 | (改良箇所)演算処理部の割込み処理 |
| 5H220CX06 | (改良箇所)マン・マシンインターフェイス、オペレータ操作部 |
| 5H220CX08 | (改良箇所)モニタ機器 |
| 5H220CX09 | (改良箇所)制御装置全体 |
| 5H220EE06 | (演算処理部の構成)複数の演算処理部を有するもの |
| 5H220EE07 | (演算処理部の構成)本体内部にあるもの |
| 5H220EE10 | (演算処理部の構成)複数の演算処理部を有し、通信制御部にあるもの |
| 5H220EE12 | (演算処理部の構成)論理演算機能以外のタイマ・カウンタ機能 |
| 5H220EE13 | (演算処理部の構成)論理演算機能以外のジャンプ・繰り返し機能 |
| 5H220EE19 | (演算処理部の構成)制御動作時にプログラムの変更が可能なもの |
| 5H220FF10 | リモートI/Oを有するもの |
| 5H220GG11 | (マン・マシンインターフェイス関連要素の構成)表示・警報機器 |
| 5H220GG12 | (マン・マシンインターフェイス関連要素の構成)パイロットランプ、LED |
| 5H220GG13 | (マン・マシンインターフェイス関連要素の構成)セグメント素子,液晶 |
| 5H220GG14 | (マン・マシンインターフェイス関連要素の構成)CRT |
| 5H220GG29 | (マン・マシンインターフェイス関連要素の構成)操作機器と表示用機器が一体 |
| 5H220HH01 | (他の制御装置、計算機との結合)他の上位計算機、上位制御装置と結合されるもの |
| 5H220HH03 | (他の制御装置、計算機との結合)同程度の他の制御装置と結合されるもの |
| 5H220HH04 | (他の制御装置、計算機との結合)同程度の他のPCと結合されるもの |
| 5H220HH08 | (他の制御装置、計算機との結合)下位の制御装置と結合されるもの |
| 5H220JJ13 | (図面の種類、内容)ブロック図でプログラム入力部 |
| 5H220JJ15 | (図面の種類、内容)ブロック図で表示・警報部 |
| 5H220JJ24 | (図面の種類、内容)フローチャートでプログラム作成・デバッグ動作 |
| 5H220JJ27 | (図面の種類、内容)フローチャートで状態表示・警報時の動作 |

表1.2.1-4 検索式で使用のFタームと概要(2/2)

| FT | 概　要 |
|---|---|
| 5H220JJ28 | (図面の種類、内容)フローチャートで安全動作、診断プロセス |
| 5H220JJ29 | (図面の種類、内容)図面がフローチャートであり他の制御装置との通信動作 |
| 5H220JJ38 | (図面の種類、内容)図面がタイムチャートであり、他の制御装置とのデータ通信動作 |
| 5H220JJ53 | (図面の種類、内容)オペレータに対する表示例 |
| 5H220KK08 | (監視,試験,診断,異常検出の対象箇所)プログラム自体 |
| 5H220LL06 | (監視,試験,診断,異常検出の方法)シミュレータ、モデルの利用 |
| 5H220LL? | (監視,試験,診断,異常検出の方法)全般 |
| 5H220MM08 | (安全手段、異常対策)冗長化 |
| 5H220MM? | (安全手段、異常対策)全般 |

　注）先行技術調査を完全に漏れなく行うためには、調査目的に応じて上記以外の分類も調査しなければならないことも有ることを注意されたい。


### 1.2.2 特許電子図書館(IPDL)の利用

　IPDL (URL http://www.ipdl.jpo.go.jp/homepg.ipdl) の検索サービスのうち、特許情報へのアクセスに利用できるサービスの主なものを表1.2.2-1に示す。
　サービス6のFI・Fターム検索はデータ蓄積期間が1914年以降のものに利用できる。
　サービス1、8は検索対象領域が固定されているのに対して、サービス10では検索領域として発明の名称、要約、請求範囲を任意に設定できる。ただし、これらの検索はいずれも公開特許に関しては、公開年が1993年以降に限られる。

表1.2.2-1 IPDLによる特許情報へのアクセス

| サービス名 | 蓄積期間 | 検索のための入力項目 |
|---|---|---|
| 1．初心者向け簡易検索<br>　　（特許・実用新案） | 1993年1月～ | キーワード |
| 6．FI・Fターム検索 | 1914年～ | FI、Fターム |
| 8．公開特許公報<br>　　フロントページ検索 | 1993年1月～ | キーワード、IPC |
| 10．公報テキスト検索 | 1993年1月～（特許公開）<br>1986年4月～（実用公開、<br>　　　　　　　特実公告） | キーワード、IPC<br>FI、ほか |

### 1.2.3 民間情報サービスの利用

　民間の商業サービスを利用すれば、さらに詳細なアクセスが可能となる。
　PATOLIS（(株)パトリスの商標）は公開特許で1971年7月以降のものが検索できる。
　1992年以前の特許でフリーキーワード検索ができるのも特徴である。近年、特許検索用データベースを有料で開放している会社も増加している。

## 1.3 技術開発活動の状況

テーマ全体ならびに技術要素ごとの出願人数-出願件数の推移図、主要出願人の出願状況表について以下に説明する。この項では取下げ、放棄なども含んだ全出願件数を示す。

### 1.3.1 テーマ全体の出願人数-出願件数の推移

図1.3.1-1は、1990年（以後、90年と表記）から99年までの出願件数を出願人数でグラフ化した推移図であり、90年から91年にかけて出願人数の増加がみられたが全体としては出願人数、出願件数とも安定している。

表1.3.1-1は、主要出願人の年度別出願件数を示す。出願件数は三菱電機、オムロン、富士電機、東芝、日立製作所、松下電工の順に多い。出願件数の上位の企業は90年～92年までに多くの出願を行っている。なお、オムロンは95年と98年に、東芝は95年と96年にも多数の出願を行っている。PLCの製造メーカーである電機メーカーからの出願が多いのは当然であるが、PLCのユーザである自動車メーカーからの出願が次に多くみられる。

技術要素ごとの出願件数はプログラム作成技術（28％）、ネットワーク化技術（20％）、グローバル化・高速化技術（14％）の順に多く、この3技術要素で全体の6割を超える。

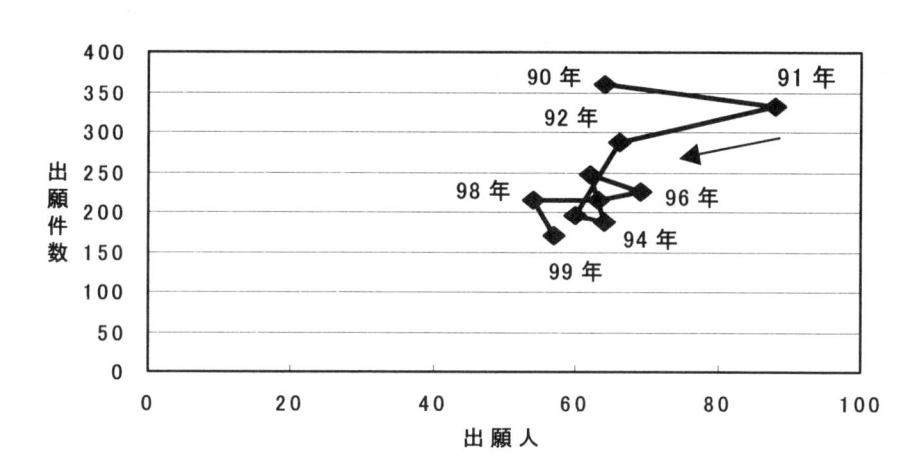

図 1.3.1-1 プログラム制御技術の出願人数-出願件数の推移

表1.3.1-1 プログラム制御技術の主要出願人の出願状況

| 企業名 \ 年 | 90 | 91 | 92 | 93 | 94 | 95 | 96 | 97 | 98 | 99 | 合計 |
|---|---|---|---|---|---|---|---|---|---|---|---|
| 三菱電機 | 55 | 42 | 26 | 24 | 15 | 31 | 24 | 24 | 35 | 14 | 290 |
| オムロン | 38 | 6 | 21 | 26 | 11 | 39 | 21 | 17 | 38 | 23 | 240 |
| 富士電機 | 40 | 41 | 34 | 18 | 19 | 18 | 9 | 18 | 17 | 10 | 224 |
| 東芝 | 17 | 22 | 18 | 18 | 20 | 28 | 33 | 19 | 6 | 17 | 198 |
| 日立製作所 | 23 | 25 | 17 | 7 | 16 | 21 | 12 | 8 | 10 | 13 | 152 |
| 松下電工 | 23 | 20 | 17 | 11 | 6 | 17 | 15 | 7 | 16 | 12 | 144 |
| 安川電機 | 13 | 7 | 10 | 3 | 4 | 3 | 5 | 20 | 13 | 3 | 81 |
| ファナック | 16 | 16 | 12 | 11 | 9 | 5 | 2 | 2 | 4 | 1 | 78 |
| 横河電機 | 12 | 16 | 12 | 2 | 7 | 2 | 4 | 10 | 2 | 1 | 68 |
| キーエンス | 4 | 1 | 20 |  | 4 | 2 | 10 | 1 | 3 | 7 | 52 |
| エフエフシー | 7 | 7 | 10 | 5 | 9 | 5 | 3 | 5 |  |  | 51 |
| 松下電器産業 | 10 | 16 | 7 | 5 | 1 | 2 |  | 1 | 3 | 2 | 47 |
| デジタル |  |  |  | 2 |  | 8 | 8 | 9 | 19 |  | 46 |
| 明電舎 | 1 | 2 | 2 |  | 1 | 5 | 16 | 5 | 7 | 2 | 41 |
| 日産自動車 | 6 | 1 | 1 | 2 | 9 | 3 | 7 | 5 | 3 | 1 | 38 |
| デンソー |  | 5 | 3 | 1 | 5 | 6 | 1 | 11 | 2 | 1 | 35 |
| 豊田工機 | 4 | 7 | 5 | 9 |  | 2 | 2 | 1 | 2 | 2 | 34 |
| トヨタ自動車 | 6 | 10 | 2 | 4 | 1 |  | 4 | 3 |  |  | 30 |
| キヤノン | 1 | 4 | 1 | 2 | 1 | 3 |  | 8 | 4 | 2 | 26 |
| 本田技研工業 | 6 | 3 | 2 |  | 2 |  |  | 6 | 3 |  | 22 |

### 1.3.2 技術要素ごとの出願人数-出願件数の推移

図1.3.2-1から図1.3.2-10に技術要素ごとの出願人数-出願件数の推移図を、表1.3.2-1から表1.3.2-10に主要出願人の出願状況表を示す。

### (1) グローバル化・高速化技術

91年にピークがあったものの、その後停滞している。

出願人は15～20社程度であり、PLC技術全体としては少ない。

上位企業は、三菱電機、富士電機、松下電工、オムロンである。

これらの企業の開発が集中したのが90年～91年、93年～95年の2つの時期に分けられる。三菱電機は、前半に多くの出願を出し、オムロン、日立製作所は中ばに多くの出願を行っている。三菱電機は98年にも多くの出願を出している。

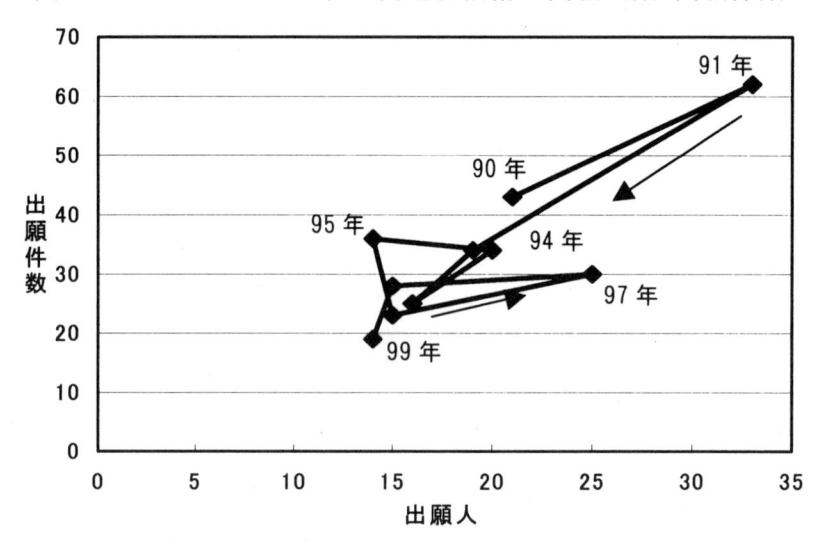

図 1.3.2-1 グローバル化・高速化技術の出願人数-出願件数

表 1.3.2-1 グローバル化・高速化技術の主要出願人の出願状況

| 企業名＼年 | 90 | 91 | 92 | 93 | 94 | 95 | 96 | 97 | 98 | 99 | 合計 |
|---|---|---|---|---|---|---|---|---|---|---|---|
| 三菱電機 | 5 | 7 | 3 | 2 | 4 | 4 | 4 | 4 | 7 | 2 | 42 |
| 富士電機 | 6 | 10 | 5 | 2 | 1 | 1 |  | 1 | 3 | 1 | 30 |
| 松下電工 | 5 | 4 | 4 | 1 | 2 | 6 | 4 | 1 | 1 | 2 | 30 |
| オムロン | 2 |  | 1 | 2 | 1 | 13 | 2 | 1 | 4 | 3 | 29 |
| 日立製作所 | 4 | 2 | 2 | 3 | 5 | 1 |  | 2 |  | 1 | 20 |
| 東芝 | 1 | 2 |  |  | 5 | 2 | 1 | 3 |  | 2 | 20 |
| 松下電器産業 | 4 | 2 | 4 | 5 |  | 1 |  | 1 |  |  | 17 |
| 横河電機 | 2 | 4 | 3 | 1 | 2 |  |  | 1 | 1 |  | 14 |
| ファナック | 2 | 4 | 1 | 1 |  |  | 1 | 1 | 2 | 1 | 13 |
| 明電舎 |  | 1 | 1 |  |  | 2 | 2 | 1 | 3 | 1 | 11 |
| 安川電機 | 2 | 2 | 1 |  |  |  | 2 | 3 |  | 1 | 11 |
| デンソー |  |  |  | 1 | 3 |  |  | 1 |  |  | 5 |
| 豊田工機 |  |  | 2 | 1 |  | 1 |  |  |  |  | 4 |
| トヨタ自動車 |  | 1 |  | 2 |  |  |  |  |  |  | 3 |
| エフ エフ シー |  | 2 | 1 |  |  |  |  |  |  |  | 3 |
| 日産自動車 |  |  |  |  |  |  |  | 1 | 1 |  | 2 |
| キヤノン |  | 1 |  |  | 1 |  |  |  |  |  | 2 |
| キーエンス |  |  |  |  |  |  | 2 |  |  |  | 2 |
| 本田技研工業 |  |  |  |  |  |  |  | 1 |  |  | 1 |

## (2) ネットワーク化技術

90年以降、出願人、出願件数もほぼ安定。

オムロン、三菱電機が抜きん出て多くの出願を行っている。

両社は継続的な出願を行っているが、特にオムロンは90年だけでなく、98年にも多くの出願を集中させている。

図1.3.2-2 ネットワーク化技術の出願人数-出願件数の推移

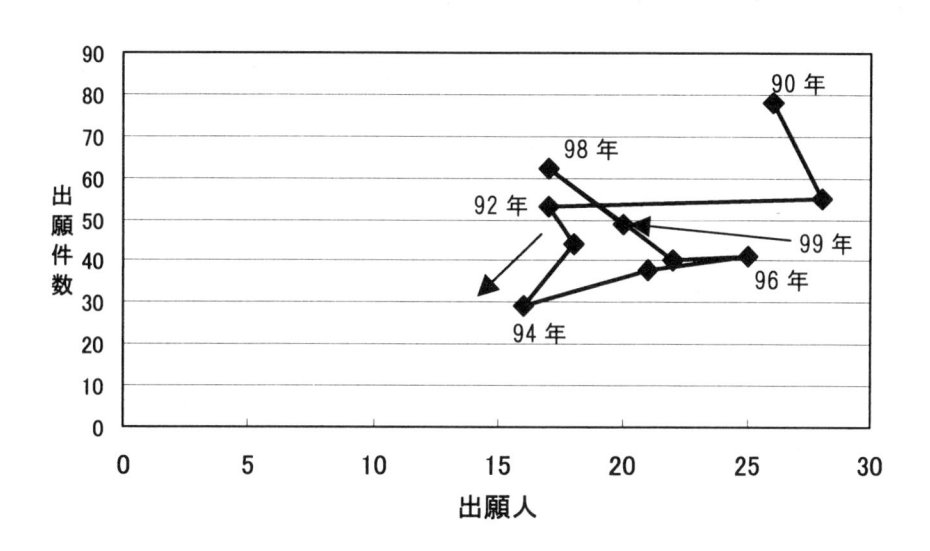

表1.3.2-2 ネットワーク化技術の主要出願人の出願状況

| 企業名＼年 | 90 | 91 | 92 | 93 | 94 | 95 | 96 | 97 | 98 | 99 | 合計 |
|---|---|---|---|---|---|---|---|---|---|---|---|
| オムロン | 14 | 2 | 8 | 10 | 5 | 8 | 5 | 6 | 16 | 9 | 83 |
| 三菱電機 | 13 | 8 | 10 | 7 | 3 | 7 | 6 | 7 | 9 | 5 | 75 |
| 富士電機 | 8 | 5 | 4 | 3 |  | 1 | 1 | 5 | 5 | 4 | 36 |
| 松下電工 | 5 | 5 | 4 | 3 | 1 | 1 |  |  | 4 | 5 | 28 |
| 東芝 | 3 | 2 | 5 | 3 | 3 | 3 | 4 | 2 |  | 3 | 28 |
| 安川電機 | 2 | 1 | 5 | 2 | 1 |  | 3 | 2 | 8 |  | 24 |
| 日立製作所 | 4 | 2 | 2 | 1 | 2 | 2 | 1 | 1 | 3 | 3 | 21 |
| 横河電機 | 3 | 3 | 4 |  | 2 |  | 2 | 3 |  | 1 | 18 |
| デジタル |  |  |  |  |  |  | 1 | 1 | 4 | 8 | 14 |
| エフエフシー | 3 |  | 1 | 3 |  |  | 1 | 2 |  |  | 10 |
| ファナック | 2 | 2 | 2 | 2 | 1 |  |  |  | 1 |  | 10 |
| 松下電器産業 | 2 | 5 |  |  |  |  |  |  | 2 |  | 9 |
| 豊田工機 | 2 | 4 |  | 2 |  |  |  |  |  |  | 8 |
| トヨタ自動車 | 2 | 2 |  | 1 |  |  | 1 | 1 |  |  | 7 |
| 明電舎 |  |  |  |  | 1 | 1 | 4 |  | 1 |  | 7 |
| キーエンス |  |  |  |  |  | 1 |  |  | 3 | 1 | 5 |
| 日産自動車 |  |  |  |  |  |  | 3 | 1 | 1 |  | 5 |
| デンソー |  |  |  |  |  | 2 |  | 2 |  | 1 | 5 |
| キヤノン |  | 1 |  |  |  | 1 | 1 |  |  | 1 | 4 |
| 本田技研工業 | 1 |  |  |  |  |  |  |  | 2 |  | 3 |

### (3) プログラム作成技術

90年をピークに減少し、現在も全体としては減少傾向を示している。

富士電機、三菱電機、東芝、日立製作所、オムロンの出願が多い。

上位各社の出願は90年、91年以降減少しているが、95年以降も安定した出願はなされている。

これに次ぐグループの中では、デジタルが、99年に多くの出願を集中させていることが注目される。

図1.3.2-3 プログラム作成技術の出願人数-出願件数の推移

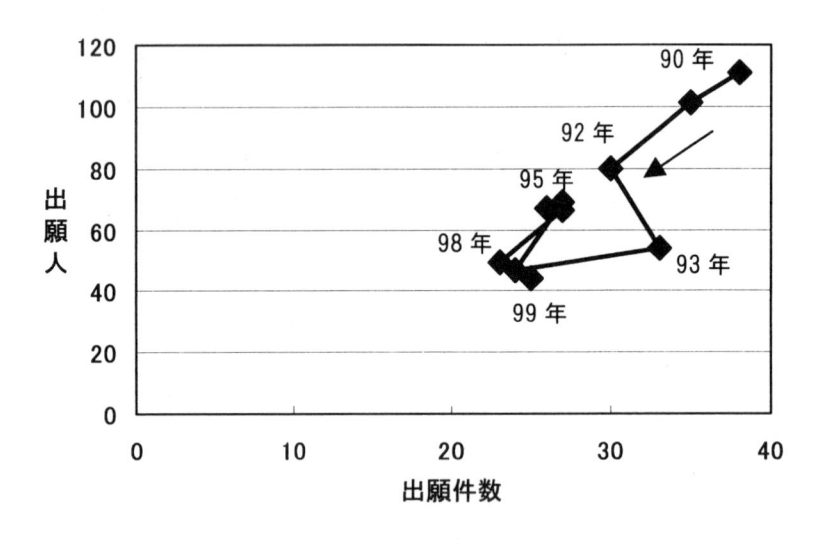

表1.3.2-3 プログラム作成技術の主要出願人の出願状況

| 企業名＼年 | 90 | 91 | 92 | 93 | 94 | 95 | 96 | 97 | 98 | 99 | 合計 |
|---|---|---|---|---|---|---|---|---|---|---|---|
| 富士電機 | 16 | 12 | 14 | 4 | 9 | 10 | 6 | 8 | 5 | 2 | 86 |
| 三菱電機 | 15 | 14 | 3 | 6 | 2 | 9 | 9 | 8 | 8 | 3 | 77 |
| 東芝 | 3 | 8 | 10 | 8 | 4 | 6 | 7 | 4 |  | 3 | 53 |
| 日立製作所 | 6 | 14 | 7 | 3 | 2 | 5 | 6 | 2 | 4 | 4 | 53 |
| オムロン | 9 |  | 3 | 4 | 3 | 7 | 5 | 6 | 9 | 5 | 51 |
| ファナック | 7 | 6 | 5 | 5 | 6 | 3 |  |  | 1 |  | 33 |
| エフ エフ シー | 3 | 3 | 6 | 1 | 7 | 4 | 1 | 2 |  |  | 27 |
| 松下電工 | 6 | 4 |  | 2 | 1 | 3 | 6 |  | 2 | 1 | 25 |
| デジタル |  |  |  | 1 |  |  | 4 | 6 | 3 | 10 | 24 |
| 日産自動車 | 5 |  |  | 1 | 2 | 3 | 4 | 3 | 1 | 1 | 20 |
| キーエンス | 2 | 1 | 7 |  | 1 | 1 | 5 |  |  |  | 17 |
| 安川電機 | 5 | 2 | 3 |  |  |  |  | 2 | 2 | 2 | 16 |
| 横河電機 | 4 | 5 |  |  |  |  |  | 2 | 1 |  | 12 |
| デンソー |  | 1 | 1 |  | 1 | 2 |  | 6 |  |  | 11 |
| 豊田工機 |  | 3 |  | 3 |  | 1 | 1 | 1 | 2 |  | 11 |
| 明電舎 | 1 | 1 |  |  |  | 1 | 3 | 3 |  |  | 9 |
| トヨタ自動車 | 1 | 4 |  |  | 1 |  | 2 |  |  |  | 8 |
| 本田技研工業 | 1 | 1 | 1 |  | 1 |  |  | 3 |  |  | 7 |
| 松下電器産業 |  | 4 | 1 |  |  |  |  |  |  |  | 6 |
| キヤノン |  |  |  |  | 1 |  | 1 | 1 | 1 | 1 | 5 |

## (4) 小型化技術

出願人、出願件数とも全体として大幅に減少傾向を示している。

特に97年以降出願人が3社以下、出願件数も3件以内であり、ほとんどの企業での出願が行われていない。

出願の多い松下電工でもこの10年間に12件と少ない。

特に横河電機以下の下位の企業では96年以降出願がない。

図1.3.2-4 小型化技術の出願人数-出願件数の推移

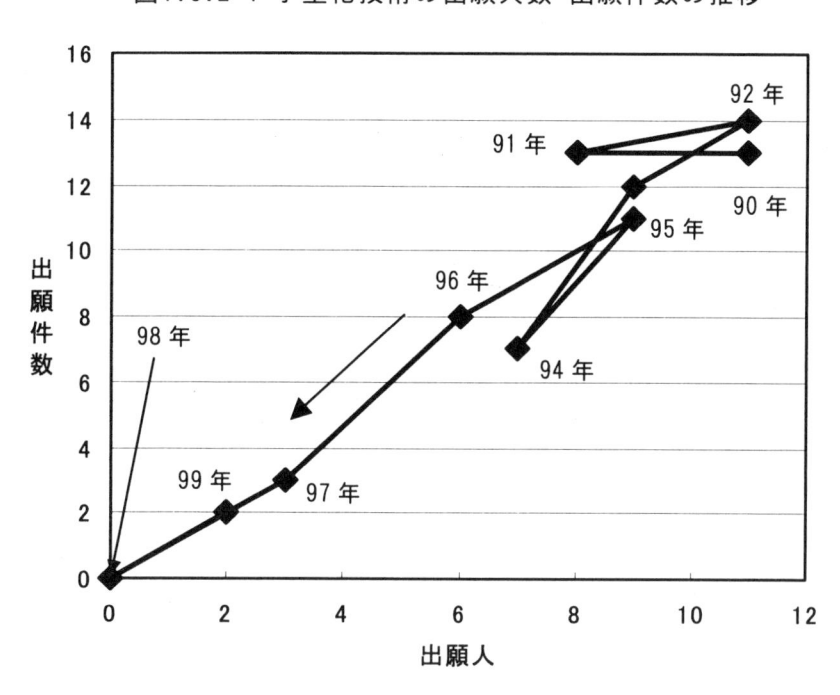

表1.3.2-4 小型化技術の主要出願人の出願状況

| 企業名＼年 | 90 | 91 | 92 | 93 | 94 | 95 | 96 | 97 | 98 | 99 | 合計 |
|---|---|---|---|---|---|---|---|---|---|---|---|
| 松下電工 | 3 | 1 | 3 | 1 | 1 |  | 2 |  |  | 1 | 12 |
| 富士電機 |  | 3 | 1 | 2 |  |  |  | 1 |  |  | 7 |
| オムロン |  |  |  | 2 |  | 2 | 1 |  |  |  | 5 |
| 日立製作所 | 1 |  |  |  | 1 | 3 |  |  |  |  | 5 |
| キーエンス | 1 | 1 |  |  | 2 |  |  |  |  |  | 4 |
| 三菱電機 |  | 2 | 1 |  |  | 1 |  |  |  |  | 4 |
| 東芝 |  |  |  |  |  | 1 | 2 | 1 |  |  | 4 |
| キヤノン | 1 |  | 1 |  |  |  | 1 |  |  |  | 3 |
| デジタル |  |  |  |  |  |  | 2 |  |  |  | 2 |
| 横河電機 |  | 2 |  |  |  |  |  |  |  |  | 2 |
| 松下電器産業 | 1 |  | 1 |  |  |  |  |  |  |  | 2 |
| デンソー |  |  | 1 |  |  | 1 |  |  |  |  | 2 |
| 豊田工機 | 2 |  |  |  |  |  |  |  |  |  | 2 |
| 本田技研工業 |  | 2 |  |  |  |  |  |  |  |  | 2 |
| エフ エフ シー |  |  |  |  | 1 |  |  |  |  |  | 1 |
| 明電舎 |  |  |  |  |  | 1 |  |  |  |  | 1 |

## (5) RUN中変更技術

　全体として出願人、出願件数とも少ない。出願件数の多い順位は三菱電機、日立製作所、オムロンとなっている。三菱電機と日立製作所は90年と92年に多く出願されている。オムロンは95年以降に出願している。

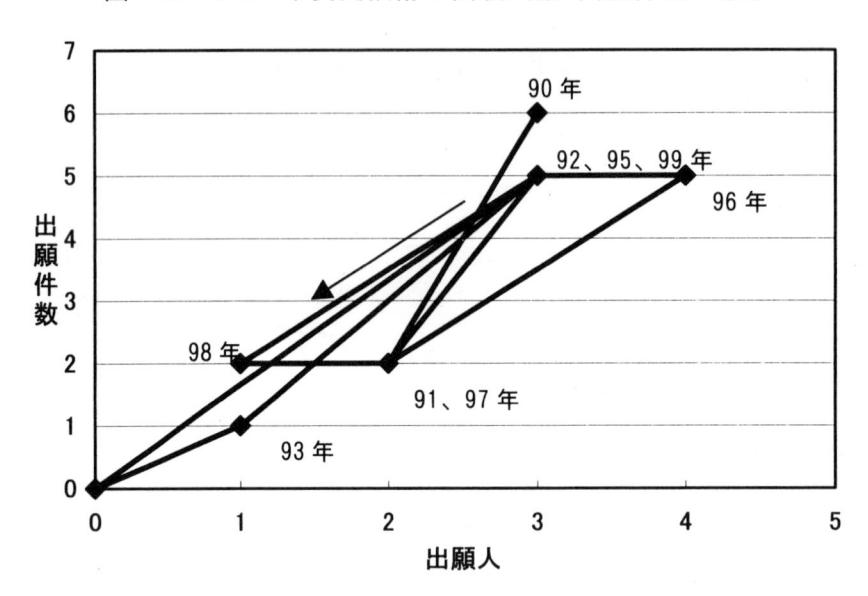

図1.3.2-5　RUN中変更技術の出願人数-出願件数の推移

表1.3.2-5　RUN中変更技術の主要出願人の出願状況

| 企業名＼年 | 90 | 91 | 92 | 93 | 95 | 96 | 97 | 98 | 99 | 合計 |
|---|---|---|---|---|---|---|---|---|---|---|
| 三菱電機 | 2 | 1 | 2 |  | 1 |  |  |  | 1 | 7 |
| 日立製作所 | 3 |  | 1 |  |  |  | 1 |  | 1 | 6 |
| オムロン |  |  |  |  | 2 | 1 |  | 1 | 1 | 5 |
| キーエンス |  |  | 1 |  |  | 1 |  |  | 1 | 3 |
| ファナック |  |  |  | 1 | 1 | 1 |  |  |  | 3 |
| 東芝 |  |  |  |  |  | 1 | 1 | 1 |  | 3 |
| 横河電機 | 1 |  |  |  |  |  |  |  |  | 1 |
| 松下電器産業 |  |  |  |  |  |  |  |  | 1 | 1 |
| 松下電工 |  | 1 |  |  |  |  |  |  |  | 1 |
| 富士電機 |  |  | 1 |  |  |  |  |  |  | 1 |

## (6) 監視・安全技術

　この10年間出願件数15〜35件で、出願人数は10〜25社で安定している。

　三菱電機、東芝が多い。三菱電機は90年、93年、98年に多くの出願を行っており、これ以外の年も継続的に出願を行っている。東芝は90年と95年に出願を集中させている。

　上位6企業の出願件数は7位以降の企業に比較すればきわめて多い。

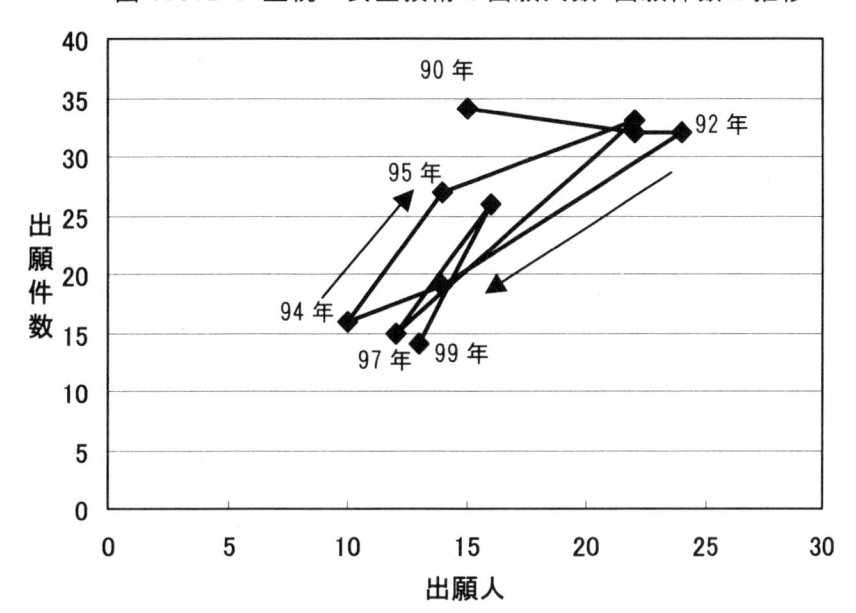

図1.3.2-6 監視・安全技術の出願人数-出願件数の推移

表1.3.2-6 監視・安全技術の主要出願人の出願状況

| 企業名＼年 | 90 | 91 | 92 | 93 | 94 | 95 | 96 | 97 | 98 | 99 | 合計 |
|---|---|---|---|---|---|---|---|---|---|---|---|
| 三菱電機 | 6 | 3 | 3 | 6 | 2 | 3 | 2 | 1 | 6 | 1 | 33 |
| 東芝 | 6 | 2 |  | 1 | 1 | 7 | 4 | 1 | 3 | 1 | 26 |
| オムロン | 2 | 3 | 2 | 1 |  | 2 | 2 | 1 | 3 | 2 | 18 |
| 日立製作所 | 2 | 2 | 2 |  |  | 4 | 2 | 2 | 2 | 2 | 18 |
| 富士電機 | 1 | 2 | 1 | 2 | 4 | 3 | 1 |  | 1 | 1 | 16 |
| 松下電工 | 1 | 2 | 4 |  |  | 2 | 1 |  | 2 | 1 | 14 |
| 安川電機 | 1 | 1 | 1 |  |  |  |  | 4 | 1 |  | 8 |
| 横河電機 |  | 1 | 2 |  | 1 | 1 | 1 | 1 |  |  | 7 |
| ファナック | 2 | 2 | 1 |  |  |  |  |  |  |  | 5 |
| デンソー |  | 2 | 1 |  |  | 1 |  |  | 1 |  | 5 |
| 豊田工機 |  |  | 2 | 1 |  |  | 1 |  |  | 1 | 5 |
| 明電舎 |  |  | 1 |  |  |  | 4 |  |  |  | 5 |
| キヤノン |  |  |  |  |  |  | 3 | 1 |  |  | 4 |
| 松下電器産業 | 1 | 1 | 1 |  |  |  |  |  | 1 |  | 4 |
| 日産自動車 |  | 1 | 1 |  | 2 |  |  |  |  |  | 4 |
| トヨタ自動車 |  | 2 | 1 |  |  |  |  |  |  |  | 3 |
| 本田技研工業 |  |  |  |  |  | 1 |  | 1 |  |  | 2 |
| エフ　エフ　シー |  |  | 1 |  |  |  |  |  |  |  | 1 |

## (7) 信頼性技術

96年をピークとしそれ以降出願人、出願件数とも減少している。全体としては、出願人5～15社、出願件数10～25件と安定している。

東芝が群を抜いて多く出願しており、次に三菱電機、オムロンが多い。上位の3社を除いたほかの企業は10件未満の出願件数である。

東芝は96年前後に出願を集中しており、全期間を通じてもほぼ高水準で安定した出願を行っている。

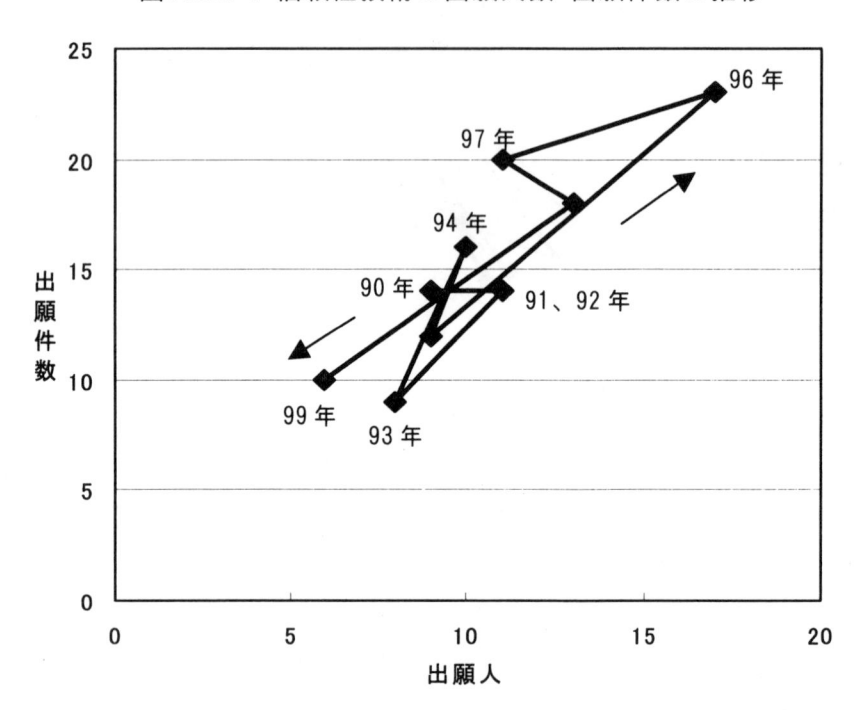

図1.3.2-7 信頼性技術の出願人数-出願件数の推移

表1.3.2-7 信頼性技術の主要出願人の出願状況

| 企業名＼年 | 90 | 91 | 92 | 93 | 94 | 95 | 96 | 97 | 98 | 99 | 合計 |
|---|---|---|---|---|---|---|---|---|---|---|---|
| 東芝 | 2 | 4 |  | 1 | 5 | 4 | 10 | 6 | 1 | 5 | 38 |
| 三菱電機 | 3 | 2 | 1 | 1 |  | 2 | 1 | 1 | 2 | 1 | 14 |
| オムロン | 3 |  | 3 | 2 | 1 |  | 1 | 1 | 2 |  | 13 |
| 安川電機 |  | 1 |  | 1 |  |  |  | 5 | 2 |  | 9 |
| 日立製作所 | 1 |  | 2 |  | 2 |  | 3 |  |  |  | 8 |
| 富士電機 | 1 | 1 |  | 1 | 1 | 1 |  | 2 |  | 1 | 8 |
| 明電舎 |  |  |  |  |  |  | 2 |  | 2 |  | 4 |
| ファナック | 1 |  |  |  | 1 |  |  | 1 |  |  | 3 |
| 松下電工 |  | 1 | 1 |  |  |  |  |  |  | 1 | 3 |
| キーエンス |  |  |  |  | 1 |  |  | 1 |  |  | 2 |
| キヤノン |  | 1 |  |  |  |  | 1 |  |  |  | 2 |
| 横河電機 |  |  | 1 |  |  |  |  | 1 |  |  | 2 |
| 日産自動車 |  |  |  |  | 2 |  |  |  |  |  | 2 |
| トヨタ自動車 |  |  |  |  |  |  | 1 |  |  |  | 1 |
| 松下電器産業 |  | 1 |  |  |  |  |  |  |  |  | 1 |
| デンソー |  |  |  |  |  |  | 1 |  |  |  | 1 |

## (8) 表示技術

全体としては、出願人、出願件数とも減少傾向。

ただし、この数年は出願人10社、出願件数15件をはさんでほぼ安定している。

出願人では、富士電機、三菱電機、松下電工が多い。個別に見ると、富士電機が91年をピークに減少しているのに対し、三菱電機はほぼ安定した出願を有している。松下電工は98年に出願を集中させている。

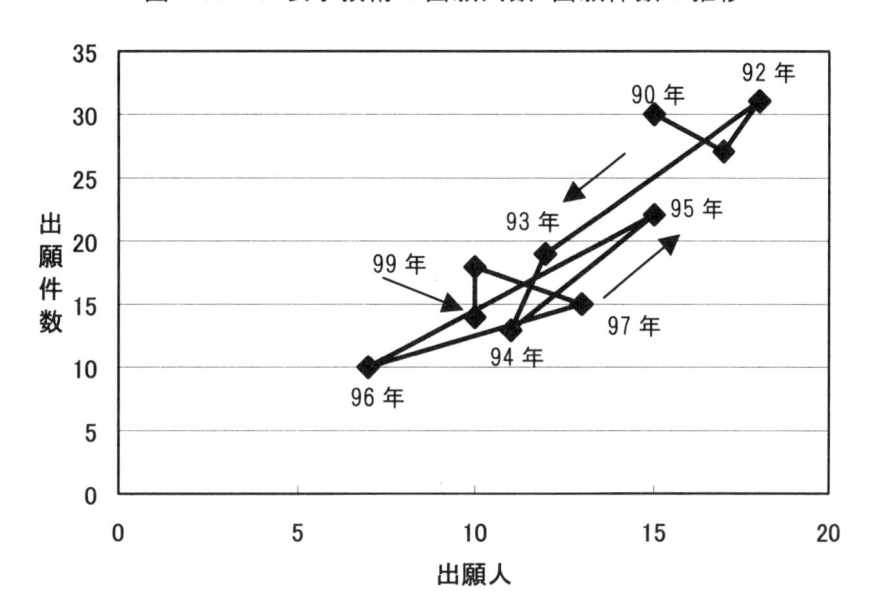

図1.3.2-8 表示技術の出願人数-出願件数の推移

表1.3.2-8 表示技術の主要出願人の出願状況

| 企業名＼年 | 90 | 91 | 92 | 93 | 94 | 95 | 96 | 97 | 98 | 99 | 合計 |
|---|---|---|---|---|---|---|---|---|---|---|---|
| 富士電機 | 4 | 7 | 3 | 4 | 3 | 2 |  | 1 | 1 |  | 24 |
| 三菱電機 | 6 | 3 | 1 | 1 | 1 | 4 | 1 | 1 | 1 | 1 | 20 |
| 松下電工 |  | 2 | 1 | 2 |  | 2 |  | 3 | 7 | 1 | 18 |
| キーエンス |  |  | 7 |  |  | 2 |  |  |  | 5 | 14 |
| 東芝 | 2 | 1 | 1 | 2 |  | 2 | 3 | 1 |  | 1 | 13 |
| オムロン | 4 |  | 2 |  |  | 1 | 1 | 1 | 2 | 1 | 12 |
| 日立製作所 | 1 | 2 | 1 |  | 3 | 4 |  |  | 1 |  | 12 |
| ファナック | 1 | 2 | 1 | 2 |  | 1 |  |  |  |  | 7 |
| エフエフシー | 1 | 2 |  | 1 | 1 | 1 |  |  |  |  | 6 |
| デジタル |  |  |  |  | 1 |  | 1 | 1 | 2 | 1 | 6 |
| トヨタ自動車 | 3 | 1 | 1 | 1 |  |  |  |  |  |  | 6 |
| 横河電機 | 1 |  | 2 |  | 1 |  |  | 1 | 1 |  | 6 |
| 安川電機 | 1 |  |  |  | 1 | 1 |  | 1 |  |  | 4 |
| 豊田工機 |  |  | 1 | 2 |  |  |  |  |  | 1 | 4 |
| 本田技研工業 | 3 |  | 1 |  |  |  |  |  |  |  | 4 |
| デンソー |  | 2 |  |  | 1 |  |  |  |  |  | 3 |
| 松下電器産業 |  | 1 |  |  |  |  |  |  | 1 |  | 2 |
| 日産自動車 | 1 |  |  |  | 1 |  |  |  |  |  | 2 |
| 明電舎 |  |  |  |  |  |  | 1 | 1 |  |  | 2 |
| キヤノン |  |  |  |  |  |  |  | 1 |  |  | 1 |

### (9) 特殊機能技術

この技術に関して全体として、減少傾向である。ただし、99年に出願人が若干増加している。

出願は、オムロン、富士電機、三菱電機、松下電工が多い。それぞれの企業の出願に大きな特徴はない。

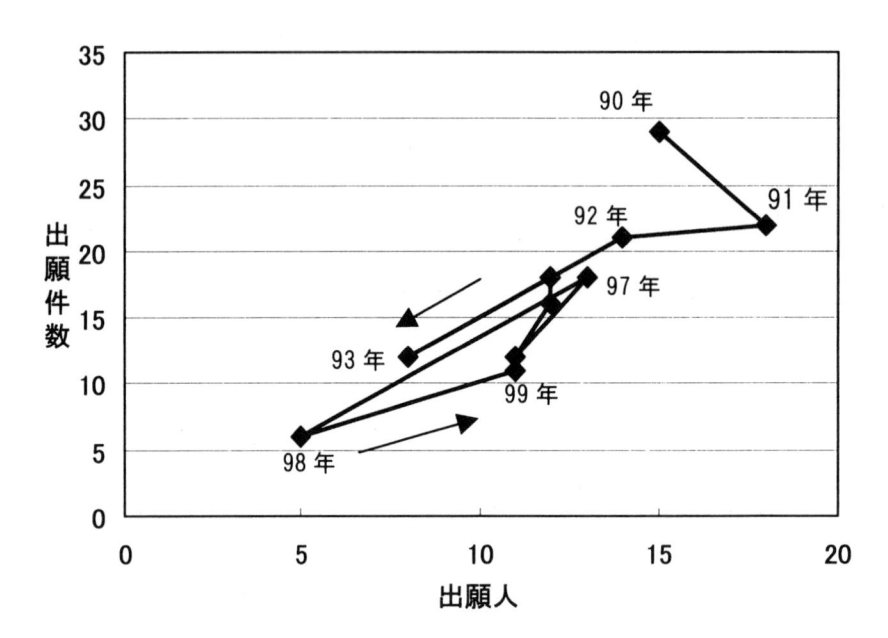

図1.3.2-9 特殊機能技術の出願人数-出願件数の推移

表1.3.2-9 特殊機能技術の主要出願人の出願状況

| 企業名＼年 | 90 | 91 | 92 | 93 | 94 | 95 | 96 | 97 | 98 | 99 | 合計 |
|---|---|---|---|---|---|---|---|---|---|---|---|
| オムロン | 4 |  | 2 | 5 | 1 | 4 | 3 |  |  | 2 | 21 |
| 富士電機 | 4 | 1 | 4 |  | 1 |  | 1 | 1 | 2 | 1 | 15 |
| 三菱電機 | 4 | 2 | 1 | 1 | 3 |  | 1 | 1 |  |  | 13 |
| 松下電工 | 3 |  |  | 1 | 1 | 3 | 2 | 3 |  |  | 13 |
| 東芝 |  | 3 |  |  | 2 | 1 | 1 | 1 |  | 2 | 10 |
| 日立製作所 | 1 | 3 |  |  | 1 | 2 |  |  |  | 2 | 9 |
| 安川電機 | 2 |  |  |  | 2 | 1 |  | 3 |  |  | 8 |
| 松下電器産業 | 2 | 2 |  |  |  | 1 |  |  |  |  | 5 |
| キーエンス | 1 |  | 3 |  |  |  |  |  |  |  | 4 |
| エフ エフ シー |  |  | 1 |  |  |  | 1 | 1 |  |  | 3 |
| ファナック |  |  | 2 |  | 1 |  |  |  |  |  | 3 |
| 横河電機 | 1 |  |  | 1 |  |  |  | 1 |  |  | 3 |
| デンソー |  |  |  |  |  |  |  | 2 | 1 |  | 3 |
| キヤノン |  | 1 | 1 |  |  |  |  |  |  |  | 2 |
| トヨタ自動車 |  |  |  |  |  |  |  | 2 |  |  | 2 |
| 本田技研工業 | 1 |  |  |  |  |  |  | 1 |  |  | 2 |
| 明電舎 |  |  |  |  |  |  |  |  | 1 | 1 | 2 |

(10) **生産管理との連携技術**
　三菱電機が最も多いが、絶対数が限られており、集中して出願された年もみられない。

図1.3.2-10 生産管理との連携技術の出願人数-出願件数の推移

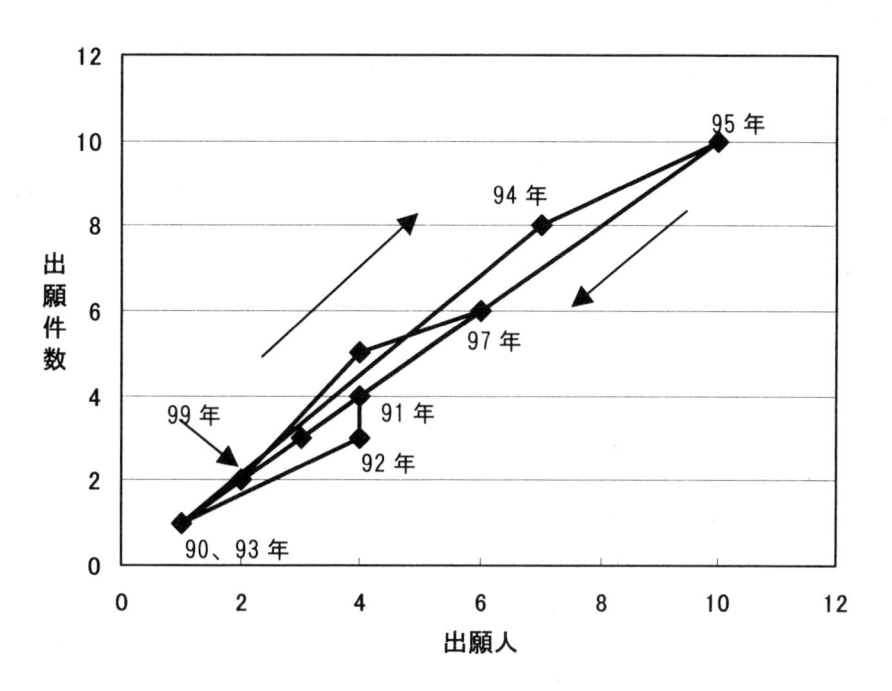

表1.3.2-10 生産管理との連携技術の主要出願人の出願状況

| 企業＼年 | 90 | 91 | 92 | 93 | 94 | 95 | 96 | 97 | 98 | 99 | 合計 |
|---|---|---|---|---|---|---|---|---|---|---|---|
| 三菱電機 | 1 |  | 1 |  |  |  |  | 1 | 2 |  | 5 |
| オムロン |  | 1 |  |  |  |  |  | 1 | 1 |  | 3 |
| キヤノン |  |  |  |  |  | 1 | 1 | 1 |  |  | 3 |
| 横河電機 |  | 1 |  |  | 1 | 1 |  |  |  |  | 3 |
| 東芝 |  |  | 1 |  |  | 1 |  |  | 1 |  | 3 |
| 日産自動車 |  |  |  |  | 2 |  |  |  |  |  | 2 |
| 安川電機 |  |  |  |  |  | 1 |  |  |  |  | 1 |
| 富士電機 |  |  | 1 |  |  |  |  |  |  |  | 1 |
| 本田技研工業 |  |  |  |  |  |  |  |  | 1 |  | 1 |

## 1.4 技術開発の課題と解決手段

　プログラム制御技術に関する特許または出願（以下、特許（出願）という）のうち、無効、取下、放棄あるいは拒絶査定が確定したものなどを除いたものについて、1.1.5項で挙げた10の技術ごとに、その技術開発の課題と対応する解決手段を示す。

### 1.4.1 グローバル化・高速化技術
　表1.4.1-1にグローバル化・高速化の技術開発の課題と対応する解決手段を示す。
　グローバル化に関しては、ほかの制御手段との連携化、システム構成の変化に対応、性能向上、機能向上が技術開発の課題となっている。
　ほかの制御手段との連携化にあっては、演算処理の分担化による高速化で対応するものに多くの企業が特許（出願）を有しており、特に三菱電機はこの技術に多い。
　上位コンピュータによる統合運転技術については、ワークの変更に対応、システム構成の変化への対応と、性能向上が開発の課題となっている。
　PLCのグローバル化への対応技術に関しては、ユーザプログラムの簡素化、システム構成の変化への対応、性能向上、スキャンタイムの短縮が開発の課題となっている。特に性能の向上に対しては、多数の特許が集中している。この課題への対応としては、手順の最適化による高速化により解決しようとするものについて多数の企業が特許（出願）を保有している。また、一部ハード処理化や演算処理の分担化による高速化で対応するものにも多くの企業が特許（出願）を保有している。松下電工はパイプライン処理によって高速化に対応するものに14件保有しており、独自の傾向を示している。

### 1.4.2 ネットワーク化技術
　表1.4.2-1にネットワーク化技術の技術開発の課題に対応する解決手段を示す。
　ネットワーク化技術に関しては、通信の安定化など、システム構成の変化に対応、複数の通信仕様に対応、高速化が技術開発の課題となっている。
　通信の安定化などにあっては、通信制御による送信権制御に多くの企業が特許（出願）を保有している。複数の通信仕様に対応する課題では、プロトコル変換などの変更・変換による手段で解決するものにデジタルは9件の特許（出願）を保有している。
　複数PLC間・マルチCPU間通信技術に関しては、分散化制御・通信の安定化、システム構成の変化に対応、複数の通信仕様に対応、高速化が技術開発の課題となっている。
　分散化制御・通信の安定化にあたっては、メモリを活用してデータの記憶、書き込みを解決手段としたものに多数の企業が特許（出願）を保有している。また同課題で、三菱電機は通信制御での送信権制御により解決手段としたものに7件を保有している。
　PLC構成ユニット間通信ではI/Oの遠隔化などに対する課題に対して多数の企業から特許（出願）が集中しており、メモリを活用してデータの記憶、書き込みをおこなうもの、およびバス構成を解決手段としたものに多数の企業が集中して保有している。
　特に前者では三菱電機が7件、後者ではオムロンが8件と多く保有している。

### 1.4.3 プログラム作成技術
　表1.4.3-1にプログラム作成技術の技術開発の課題と解決手段を示す。
　プログラム開発・作成技術に関しては、プログラム作成・変更の容易化、プログラム開発の容易化、プログラム入力の容易化が技術開発の課題となっている。
　プログラム作成・変更の容易化への対応技術では、プログラムの最適化・実行手順の改良、部品化・モジュール化ソフトの活用、プログラム言語の変換改良などを解決手段とした特許（出願）を多数の企業が保有している。
　解決手段を表示項目の改良としたものにデジタルは10件と多く保有している。
　プログラム作成時のデバッグの容易化ではプログラムの照合・検証に多い。

表 1.4.1-1 グローバル化・高速化技術の技術開発課題と解決手段

| 技術要素と課題 | 解決手段 | システム構成デバイス構成 | プログラム構成値の構成・設定・管理 | 目標値・設定値の設定 | 高速化 | 手順の最適化 | 一部ハード処理化 | 変換テーブルの利用 | 演算処理の分担化 | パイプライン処理 | インテリジェント化 |
|---|---|---|---|---|---|---|---|---|---|---|---|
| グローバル化 | ほかの制御手段との連携化 | | 東京エレクトロン 1件 | | 富士通 1件 | | | | | | |
| | システム構成の変化に対応 | | オムロン 1件<br>豊田工機 1件<br>日電ENG 1件 | | | | | | | | |
| | 性能向上 | 矢崎総業 1件 | 明電舎 2件<br>トヨタ自動車 1件<br>豊田工機 1件<br>東芝機械 1件<br>その他 1件 | 富士写真フイルム 1件 | | | オムロン 1件 | | | | |
| | 機能向上 | 和泉電気 1件 | オムロン 1件<br>安川電機 1件<br>松下電器産業 1件<br>日産自動車 1件<br>その他 1件 | オムロン 2件<br>ワンダラクタアート 1件 | | | | | | | |
| 上位コンピュータによる統合化運転 | ワークの変更に対応 | | 日本電気 1件 | | 松下電器産業 2件 | | | | | 三菱電機 1件 | |
| | システム構成の変化に対応 | オムロン 1件<br>東芝 1件 | トヨタ自動車 1件<br>日精樹脂工業 1件 | | | | | | | | |
| | 性能向上 | 沖電気工業 1件<br>九州システム情報技術研究所 1件<br>ロジックリサーチ 1件 | 日立製作所 3件<br>三菱電機 1件<br>安川電機 1件<br>ファナック 1件<br>シャープ 1件<br>その他 5件 | | キヤノン 1件<br>ピーエフユー 1件 | | 松下電工 1件 | | | 日立国際電気 1件<br>オムロン 1件<br>日立製作所 1件<br>横河電機 1件 | |
| | ユーザプログラムの簡素化 | 富士電機 1件 | オムロン 1件<br>東芝 1件<br>松下電工 1件 | | | | | | | | |
| PLCのグローバル化対応 | システム構成の変化に対応 | 松下電器産業 1件 | オムロン 1件<br>東芝 1件<br>松下電工 1件 | | | | 小松製作所 1件 | | | オムロン 1件<br>日立製作所 1件<br>安川電機 1件 | |
| | 性能向上 | | 東芝 2件<br>富士電機 2件<br>デンソー 2件<br>松下電工 2件<br>三菱電機 1件<br>オムロン 1件<br>安川電機 1件<br>FFC 1件 | 日産自動車 1件<br>FFC 1件<br>デンソー 1件<br>豊田工機 1件 | | オムロン 7件<br>富士電機 5件<br>東芝 4件<br>松下電工 4件<br>松下電器産業 2件<br>ファナック 2件<br>安川電機 1件<br>横河電機 1件<br>その他 2件 | 日立製作所 2件<br>松下電工 2件<br>キーエンス 1件<br>三菱電機 1件<br>オムロン 1件<br>東芝 1件<br>富士電機 1件<br>横河電機 1件<br>松下電器産業 1件<br>その他 2件 | 東芝機械 2件<br>明電舎 1件 | 三菱電機 6件<br>オムロン 4件<br>富士電機 3件<br>日立製作所 2件<br>東芝 1件<br>横河電機 1件<br>明電舎 1件<br>松下電器産業 1件<br>松下電工 1件<br>アレンブラッドリイ(US) 1件 | 松下電工 14件<br>三菱電機 1件<br>明電舎 1件 | オムロン 2件<br>デンソー 2件<br>三菱電機 1件<br>明電舎 1件<br>松下電工 1件<br>その他 2件 |
| | スキャンタイムの短縮化 | 本田技研工業 1件 | | | 明電舎 1件 | 日立製作所 1件<br>富士電機 1件<br>日立ケーシステムス' 1件 | | オムロン 1件 | | | | |

注. 日電ENGは日本電気エンジニアリング、FFCはエフエフシー　USは米国

表 1.4.2-1 ネットワーク化技術の技術開発課題と解決手段

注. FFCはエフ エフ シー　SGSはエス ジー エス　トムソン　ミクロエレクトロニクス　ソシエテ アノニム
DEはドイツ、USは米国、FRはフランス

表 1.4.3-1 プログラム作成技術の技術開発課題と解決手段

注. FFCはエフ エフ シー、東芝ENGは東芝エンジニアリング、三菱ENGは三菱エンジニアリング、マスターENGはマスターエンジニアリング、本田技研は本田技研工業、ダイキンはダイキン工業

## 1.4.4 小型化技術

表1.4.4-1に小型化技術の技術開発の課題に対する解決手段の対応を示す。

小型化技術では、コンパクト化、高密度化、構成変更の容易化が技術開発の課題となっている。

コンパクト化にあっては、別筐体のPLCとI/Oを一体化して部品点数などを削減して小型化するものであり、解決手段を部品の実装化で一体化に工夫する特許が松下電工2件、そのほか電元社、ジョンソンサービス、東芝やデジタルなどがそれぞれ1件保有している。

また、ユニット化を解決手段としたものでは、オムロンが2件、明電舎、松下電工、デジタル、富士電機や東芝などがそれぞれ1件出願している。

高密度化にあっては、回路の高集積化、CMOS化、プリント基板の多層化などで高密度化するもので、解決手段として、高密度化による温度上昇を低減するため、部品の低消費電力化で対処したものをシャープ、横河電機、松下電工、デンソーやキヤノンがそれぞれ1件を出願している。

構成変更の容易化では、構成制御のアドレス割付可変を解決手段として東芝および松下電工がそれぞれ2件を出願している。

## 1.4.5 RUN中変更技術

表1.4.5-1にRUN中変更技術の技術開発の課題と解決手段の対応を示す。

PLCの稼動中にプログラムを変更する、いわゆるRUN中変更技術では、プログラム変更の高速化、動作中処理への影響低減、変更のタイミング、確実性の向上、操作性の向上が技術開発の課題となっている。

プログラム変更の高速化技術では、メモリを利用して対処するものに日立製作所2件、ファナック、キーエンスおよび松下電器産業などがそれぞれ1件出願されている。

動作中処理への影響減にあっては、切替フラグやタイミングを工夫して対処するものをオムロン2件、富士電機、三菱電機、東芝やシャープなどからそれぞれ1件を出願されている。

操作性の向上技術では、遠隔、複数モニタの変更制御を解決手段として、三菱電機、オムロン、日立製作所などそれぞれ1件出願している。

RUN中の設定変更技術では、設定定数の変更および構成の変更が技術開発の課題となっている。いずれも出願件数は少なく、メモリの利用を解決手段としたものに日立製作所、日立京葉エンジニアリングおよびキーエンスがそれぞれ1件出願している。

## 1.4.6 監視・安全技術

表1.4.6-1に監視・安全技術の技術開発の課題と解決手段の対応を示す。

監視技術では、障害の検出、障害検出後の処理、障害の分析および監視全体の制御が技術開発の課題となっている。障害の検出に関しては、通信・ソフトで検出制御するものを解決手段として多数の企業が出願しており、特に、三菱電機が4件、日立製作所が3件、安川電機および明電舎がそれぞれ2件と集中して出願している。

障害の分析については、情報収集するデータの種類や収集したデータの記憶などに関するものなどを解決手段として多数の企業が集中して出願している。特に、富士電機とオムロンがそれぞれ4件、三菱電機が3件、横河電機、東芝、日本電気がそれぞれ2件出願している。同課題では、収集した情報を解析する解析システム・表示を解決手段とするものにも多数の企業から出願されている。特に、松下電工5件、東芝4件、富士電機3件など集中して出願している。

安全技術については、障害の予防、操作性の向上およびセキュリティの向上が技術開発の課題となっている。

操作性の向上に対しては、解決手段としてマン・マシンインターフェイスの改善に関するものに多数の出願がみられ、上位では日立製作所が5件、三菱電機および東芝がそれぞれ3件出願している。

表1.4.4-1 小型化技術の技術開発課題と解決手段

| 解決手段 技術課題と要素 | 実装方法 一体化 | 実装方法 ユニット化 | 実装方法 モジュール化 | 実装方法 実装効率向上 | 実装方法 ケーブル接続減 | 部品 入力接点数減、命令数減 | 部品 低消費電力化 | 部品 モード切替 | 部品 耐ノイズ性向上 | 構成制御 アドレス割付可変 |
|---|---|---|---|---|---|---|---|---|---|---|
| 小型化 コンパクト化 | 松下電工 2件<br>電元社 1件<br>ジョンソン サービス(US) 1件<br>日平トヤマ 1件<br>エヌエスディー 1件<br>東芝エンジニアリング 1件<br>東芝 1件<br>デジタル 1件<br>山武産業システム 1件 | オムロン 2件<br>シーケーディ 1件<br>タイテック 1件<br>関西日本電気 1件<br>明電舎 1件<br>松下電工 1件<br>デジタル 1件<br>富士電機 1件<br>東芝 1件 | 横河電機 1件 | オムロン 1件 | 日立製作所 1件<br>三菱電機 1件<br>日立那珂エレクトロニクス 1件<br>オムロン 1件 | 日立製作所 1件 | | | | |
| 高密度化 | | | | エフエーシー 1件 | | 本田技研工業 1件<br>シーメンス 1件 (DE) | シャープ 1件<br>横河電機 1件<br>松下電工 1件<br>デンソー 1件<br>キヤノン 1件 | キーエンス 1件<br>シーケーディ 1件<br>豊田工機 1件 | NTT 1件 | |
| 構成変更の容易化 | | | | | | | | | | 東芝 2件<br>松下電工 2件<br>富士電機 1件 |

注.ジョンソン サービスはジョンソン サービス カンパニー
US は米国
DE はドイツ

表1.4.5-1 RUN中変更技術の技術開発課題と解決手段

| 技術課題\解決手段 | | メモリの利用 | メモリの割付 | 切替フラグ,タイミング | 条件判定 | シミュレーション | 遠隔,複数モニタ | 設定命令 |
|---|---|---|---|---|---|---|---|---|
| RUN中のプログラム変更 | プログラム変更の高速化 | 日立製作所 2件<br>日立プロセスコンピュータ 1件<br>ファナック 1件<br>キーエンス 1件<br>松下電器産業 1件 | | | | | | |
| | 動作中処理への影響軽減 | | オムロン 1件<br>東芝 1件 | オムロン 2件<br>富士電機 1件<br>三菱電機 1件<br>東芝 1件<br>シャープ 1件<br>シャープマニファクチャリンク゛ 1件 | | | | |
| | 変更のタイミング | | | 東芝 1件 | オムロン 1件<br>日立製作所 1件 | | | |
| | 確実性向上 | | | | | ファナック 1件 | | |
| | 操作性向上 | | | | | | 藤倉電線 1件<br>日立製作所 1件<br>三菱電機 1件<br>オムロン 1件 | |
| RUN中の設定変更 | 設定数変更 | 日立製作所 1件<br>日立京葉エンシ゛ニアリンク゛ 1件<br>キーエンス 1件<br>三菱電機 2件 | | | | | | 松下電工 1件 |
| | 構成変更 | | | | | | | |

32

表1.4.6-1 監視・安全技術の技術開発課題と解決手段

| 技術課題 | 解決要素 | 解決手段 | | | | | | | | | |
|---|---|---|---|---|---|---|---|---|---|---|---|
| | | 監視 | | | | | | 安全 | | | |
| | | ハードで検出 | 通信・ソフトで検出制御 | 障害報告制御 | 回復処理（含リセット、リトライ、切離） | 情報収集（含トレーサ、モニタ） | 解析システム・表示 | 異常検出・保護回路 | 予防保守・アラーム表示 | マン・マシンインターフェイス改善 | アクセスの制限 |
| 監視 | 障害の検出 | 三菱電機 3件<br>マツダ 1件<br>キャノン 1件<br>オムロン 1件<br>横河電機 1件<br>富士通 1件<br>松下電工 1件<br>日立製作所 1件<br>東芝 1件<br>その他 4件 | 三菱電機 4件<br>日立製作所 3件<br>安川電機 2件<br>明電舎 1件<br>オムロン 1件<br>キヤノン 1件<br>東芝 1件<br>松下電機 1件<br>三洋電機 1件<br>デンソー 1件<br>その他 7件 | | | | | | | | |
| | 障害検出後の処理 | | | 三菱電機 1件<br>富士電機 1件<br>東芝 1件<br>オムロン 1件<br>富士通 1件 | マツダ 2件<br>安川電機 2件<br>オムロン 1件<br>松下電機 1件<br>三菱本田技研工業 1件<br>その他 1件 | | | | | | |
| | 障害の分析 | | | | | 富士電機 4件<br>オムロン 4件<br>三菱電機 3件<br>横河電機 2件<br>東芝 2件<br>日本電気 1件<br>キヤノン 1件<br>松下電器産業 1件<br>日産自動車 1件<br>明電舎 1件<br>その他 4件 | 松下電工 5件<br>東芝 4件<br>富士電機 3件<br>日立製作所 2件<br>オムロン 2件<br>富士通工機 2件<br>三菱電機 2件<br>安川電機 1件<br>豊田自動車 1件<br>日産自動車 1件<br>横河電機 1件<br>松下電器産業 1件<br>その他 9件 | | | | |
| | 監視全体の制御 | | 東芝 5件<br>三菱電機 3件<br>キヤノン 2件<br>横河電機 1件<br>本田技研工業 1件<br>日立製作所 1件<br>その他 7件 | | | | | | | | |
| 安全 | 障害の予防 | | | | | | | 松下電工 1件<br>カルソニック 1件<br>ムンダ 1件<br>デンソー 1件 | 富士電機 2件<br>東芝電機 1件<br>明電舎 1件<br>三菱電機 1件<br>日立製作所 1件<br>その他 1件 | | |
| | 操作性向上 | | | | | | | | | 日立製作所 5件<br>三菱電機 3件<br>東芝 2件<br>安川重工業 1件<br>横河電機 1件<br>オムロン 1件<br>松下電工 1件<br>豊田電機 1件<br>その他 6件 | |
| | セキュリティ向上 | | | | | | | | | | オムロン 2件<br>富士電機 1件<br>三菱電機 1件 |

33

### 1.4.7 信頼性技術

表1.4.7-1に信頼性技術の技術開発の課題と解決手段の対応を示す。

信頼性技術に関しては、可用性（アベイラビリティ）の向上、警告表示、障害波及の防止、障害回復処理および保守性向上が技術開発の課題となっている。

可用性の向上に対しては、東芝はデュアルシステムなどを用いて冗長化を防止するもの、およびデータのバックアップにより解決するものを、前者で12件、後者で11件と集中して出願しているのが注目される。

障害回復処理技術では、解決手段をリトライや復旧処理などの回復処理を解決手段としたものとして8社でそれぞれ1件ずつ出願されている。保守性の向上技術では、リモート保守、活栓挿抜で行うものを解決手段として安川電機が2件、富士電機、日立製作所や明電舎などがそれぞれ1件出願している。

### 1.4.8 表示技術

表1.4.8-1に表示技術の技術開発の課題と解決手段の対応を示す。

稼動状態の表示技術に関しては、指定・設定の容易化、表示対象の設定の容易化、表示画面の視認性向上、保守性の向上、高速化、高信頼性化、外部機器との整合性向上、実行中のアドレス把握の容易化が技術開発の課題となっている。

各種指定・設定の容易化に対する課題に対しては、画面にスイッチなどを表示させて簡単に定数を指定・設定できるように画面構成の改良を解決手段としたものを日立製作所が2件、東芝、豊田工機や本田技研工業などそれぞれ1件出願している。

表示画面の視認性向上に対する課題に対しては、強調表示など画面の表示内容の改良を解決手段としたものを富士電機に5件あり出願の集中がみられる。

動作プログラムの表示技術では、設定・作成の容易化、表示画面の視認性向上、保守性の向上および高速化などが開発技術の課題となっている。

表示画面の視認性向上に対しては、ソフトウェアで表示内容を改良して解決したものに5社からの出願がみられる。

### 1.4.9 特殊機能技術

表1.4.9-1に特殊機能技術の技術開発の課題と解決手段の対応を示す。

構成・機能設定の容易化などの技術に対して、構成・機能設定の容易化、性能機能向上、システム性能向上および設計効率向上が技術開発の課題となっている。

構成・機能設定の容易化に対しては、自動的に設定を行う出願が多く、特にオムロン5件、松下電工4件と出願の集中がみられる。

割込み技術では、応答性の改善、割込端子数制限緩和、本体ソフトウェア負荷軽減が技術開発の課題となっている。応答性の改善の課題に対しては、ハードウェアの割込み制御方式を解決手段としたものに出願が多くみられる。

タイマ技術では、精度向上、タイマ数拡大および特殊機能が技術開発の課題となっている。精度向上の課題に対しては、ハードウェア改善・テーブルの活用およびタイマーの補正を解決手段とするものに多数の企業が出願している。

現代制御理論の適用技術に対しては、制御精度の向上が技術開発の課題となっている。解決手段は、ファジー理論、ニューラルネットワークおよびその他の理論を用いたものを解決手段として出願されている。

### 1.4.10 生産管理との連携技術

表1.4.10-1に生産管理との連携技術の技術開発の課題と解決手段を示す。

ここではPLCに関係した生産管理を抽出したので全体の件数は少ない。

生産管理との連携技術では、生産計画作成の簡単化、人員計画作成簡単化、加工効率向上、搬送効率向上、変化変更に対する柔軟性および実績管理の効率向上が技術開発の課題となっている。

搬送効率の向上に対して、ワーク投入時期の最適化を計る解決手段を、キヤノンが2件、そのほか5社がそれぞれ1件出願している。

表1.4.7-1 信頼性技術の技術開発課題と解決手段

| 技術課題と課題 | 解決手段 | 冗長化 | | | ノイズ対策 | 正常性チェック | 停電保証 | 障害処理 負荷電流測定 | 切離し 出力抑止 | リセット制御 | 回復処理（リトライ、復旧） | 保守 リモート保守 活栓挿抜 |
|---|---|---|---|---|---|---|---|---|---|---|---|---|
| | | バックアップ | デュアルシステムなど | | | | | | | | | |
| 信頼性 | 可用性向上 | 東芝　11件<br>三菱電機　4件<br>日産自動車　2件<br>神鋼電機　1件<br>島津製作所　1件<br>玉川エンジニアリング　1件<br>東芝アイティーコントロールシステム山武　1件<br>キヤノン　1件<br>オムロン　1件<br>明電舎　1件<br>ローベルト ボッシュ　1件<br>(DE) | 東芝　12件<br>三菱電機　4件<br>安川電機　4件<br>島津製作所　3件<br>富士電機　3件<br>明電舎　2件<br>オークマ　1件<br>オムロン　1件<br>日立製作所　1件<br>高岳製作所　1件<br>矢崎総業　1件<br>ニッタン　1件<br>ＪＲ東日本　1件<br>三洋電機　1件 | | オムロン　3件<br>東芝　3件<br>理化工業　1件<br>トヨタ自動車　1件<br>デンソー　1件<br>日立製作所　1件<br>横河電機　1件<br>キーエンス　1件<br>オーテックエレクトロニクス　1件 | オークマ　1件<br>キヤノン　1件<br>ヤンマー農機製造　1件<br>東洋電機製造　1件<br>日立製作所　1件<br>日立那珂エレクトロニクス　1件<br>オムロン　1件<br>日本電気　1件<br>東芝　1件 | シャープ　1件<br>日立製作所　1件<br>日立プロセスコンピュータ　1件<br>東芝　1件<br>光洋電子工業　1件 | | | | | |
| | 警告表示 | | | | | | | 日立製作所　1件 | | | | |
| | 障害回復処理 | | | | | | | | 高岳製作所　1件<br>ＪＲ東日本　1件<br>東芝　1件<br>オムロン　1件<br>松下電工　1件 | 東芝　2件<br>日新ハイボルテージ　1件 | オムロン　1件<br>三菱重工業　1件<br>西菱エンジニアリング　1件<br>松下電工　1件<br>酒井鉄工　1件<br>安川電機　1件<br>ファナック　1件<br>東芝　1件 | |
| | 保守性向上 | | | | | | | | | | | 安川電機　2件<br>富士電機　1件<br>日立製作所　1件<br>三菱重工業　1件<br>山武　1件<br>三洋電機　1件<br>明電舎　1件 |

注．DEはドイツ

表1.4.8-1 表示技術の技術開発課題と解決手段

| 技術要素と課題 | 解決手段 | 画面構成の改良 | 演算手順の最適化 | 変換テーブルの利用 | ソフトウェア改良 表示内容の改良 | メモリの利用 | 遠隔モニタリングの改良 | 表示灯の配置 | ハードウェア改良 接続状態の確認 | ソフトウェアとの組合せ | 表示器の多機能化 |
|---|---|---|---|---|---|---|---|---|---|---|---|
| 稼動状態の表示 | 指定・設定の容易化 | 日立製作所 2件<br>本田技研工業 1件<br>豊田工機 1件<br>アサヒビール 1件<br>東芝 1件<br>日立情制シ 1件 | | | 松下電工 1件<br>キーエンス 1件<br>東芝 1件 | オムロン 1件<br>日立製作所 1件 | 松下電工 1件<br>キヤノン 1件<br>旭エンジニアリング 1件 | | | 松下電工 1件<br>オーエンス(US) 1件 | 東芝 1件<br>デジタル 1件 |
| | 表示対象の設定の容易化 | オムロン 2件<br>明電舎 1件<br>東芝 1件<br>日立製作所 1件<br>キーエンス 1件<br>松下電工 1件 | 三菱電機 1件 | トヨタ自動車 1件 | 日立製作所 2件<br>松下電器産業 1件<br>オムロン 1件<br>光洋電子工業 1件 | トヨタ自動車 1件 | | | | | |
| | 表示画面の視認性向上 | オムロン 1件 | デンソー 1件<br>東洋電機製造 1件 | | 富士電機 5件<br>デジタル 1件<br>松下電工 1件<br>キーエンス 1件<br>ファナック 1件<br>和泉電気 1件<br>エヌ エー シー 1件<br>三菱電機 1件 | | | | | | |
| | 保守性向上 | 本田技研工業 1件<br>三菱電機 1件<br>安川電機 1件 | 日立製作所 1件<br>日新電機 1件 | 豊和工業 1件 | 三菱電機 2件<br>トヨタ自動車 1件<br>横河電機 1件<br>東芝 1件<br>日立製作所 1件<br>東芝機械 1件<br>オムロン 1件<br>明電舎 1件<br>マツダ 1件 | 三菱電機 1件<br>日電エンジニアリング 1件<br>東洋電機製造 1件 | | 本田技研工業 1件 | キーエンス 1件<br>松下電工 1件 | | フェニックスネットワーク 1件 |
| | 高速化 | | 三菱電機 2件<br>松下電工 2件<br>オムロン 1件<br>安川電機 1件<br>日産自動車 1件<br>マツダ 1件<br>横河電機 1件 | デジタル 1件<br>日電エンジニアリング 1件 | 三菱電機 3件<br>松下電工 1件 | 三菱電機 3件<br>トヨタ自動車 1件<br>日産自動車 1件<br>東芝 1件<br>オムロン 1件<br>安川電機 1件<br>キーエンス 1件 | 椿本チエイン 1件<br>東芝 1件 | | | | 松下電工 2件<br>デジタル 1件 |
| | 高信頼性 | | | | 松下電工 1件 | | | | | | |
| | 外部機器との整合性向上 | | | | 光洋電子 1件<br>日立製作所 1件<br>日立情報制御システム 1件 | 三菱電機 1件 | | | | | 松下電工 2件 |
| | 実行中のアドレス把握 | | | | | 光洋電子 1件<br>本田技研工業 1件<br>キーエンス 1件 | | | | | |
| 動作プログラムの表示 | 設定・作成の容易さ | 松下電工 1件 | | | 三菱電機 2件<br>デジタル 1件 | | | | | | |
| | 表示画面の視認性向上 | | | | ソニー 1件<br>キーエンス 1件<br>デンソー 1件<br>豊田工機 1件<br>横河電機 1件<br>シャープ 1件 | 富士電機 1件<br>エフ エー シー 1件 | | | | | |
| | 保守性の向上 | | | | | | | | | | |
| | 高速化 | | | | 豊田工機 1件 | | | | | | |

注．オーエンスはオーエンス ブロックウェイ グラス コンテナー・インコーポレーテッド　日電エンジニアリングは日本電気エンジニアリング　USは米国

表1.4.9-1 特殊機能技術の技術開発課題と手段

| 技術課題 | 解決手段 | システム | | | 設計支援ツール (含自動作図) | ハードウェア | | タイマー補正 | 適用した現代制御理論 | | | |
|---|---|---|---|---|---|---|---|---|---|---|---|---|
| | | 自動設定 | 命令追加等 | 制御方式改善 | | ハードウェア改善・テーブル活用 | 割込み制御方式 | | ファジー理論 | ニューラルネットワーク | その他 | |
| 構成・機能設定など | 構成・機能容易化 | オムロン 5件<br>松下電工 4件<br>富士電機 2件<br>安川電機 2件<br>エアコン 2件<br>東芝 1件<br>デンソー 1件<br>明電舎 1件<br>横河電機 1件<br>その他 7件 | | | | | | | | | | |
| | 性能機能向上 | | 三菱電機 2件<br>オムロン 1件<br>松下電工 1件<br>富士電機 1件<br>エアコン 1件<br>デンソー 1件<br>日立製作所 1件<br>その他 2件 | | | | | | | | | |
| | システム性能向上 | | | 三菱電機 2件<br>東芝 1件<br>本田技研工業 1件<br>その他 1件 | | | | | | | | |
| | 設計効率向上 | | | | トヨタ自動車 2件<br>矢崎総業 1件<br>三菱電機 1件 | | | | | | | |
| 割込み | 応答性改善 | | | | | 三菱電機 1件<br>オムロン 1件<br>東芝 1件<br>その他 1件 | 安川電機 2件<br>日立製作所 1件<br>富士電機 1件<br>デンソー 1件<br>その他 1件 | | | | | |
| | 割込端子数制限緩和 | | | | | オムロン 1件<br>オムロン 1件<br>その他 1件 | | | | | | |
| | 本体ソフトウェア負荷軽減 | | | | | | オムロン 3件<br>三菱金属 2件 | | | | | |
| アジャスト | 高速化・多機能化 | | | | | 横河電機 1件<br>富士電機 1件<br>その他 2件 | | | | | | |
| タイマー | 精度向上 | | | | | 安川電機 2件<br>富士電機 1件<br>オムロン 1件<br>松下電工 1件<br>その他 3件 | | 富士電機 2件<br>松下電器産業 1件<br>日立製作所 1件<br>オムロン 2件<br>その他 1件 | | | | |
| | タイマ数拡大 | | | | | 日立製作所 2件<br>その他 1件 | | シャープ 1件 | | | | |
| | 特殊機能 | | | | | 三菱電機 3件<br>キーエンス 1件<br>東芝 1件<br>その他 3件 | | | | | | |
| 現代制御理論適用 | 制御精度の向上 | | | | | | | | 松下電工 3件<br>その他 1件 | 松下電器産業 2件<br>日産自動車 1件<br>その他 2件 | 東芝 2件<br>明電舎 1件<br>その他 3件 | |

37

表1.4.10-1 生産管理との連携技術の技術開発課題と解決手段

| 技術要素と課題 | 解決手段 | システム | | 自動作成 | | | 最適化 | | 情報収集 | |
|---|---|---|---|---|---|---|---|---|---|---|
| | | | システム | スケジュール | 自動作成 | 生産指示 | 最適化 | ワーク投入時期 | 情報収集 | 個別ワーク |
| 生産管理との連携 | 計画作成簡単化 | クボタ 1件 | | 日立精機 1件<br>日本電気 1件<br>三菱電機 1件<br>横河電機 1件 | | 三菱電機 1件 | 横河総合研究所 1件<br>テキサスインストルメンツ(US) 1件<br>三菱重工業 1件 | | | |
| | 人員計画作成簡単化 | | | | | | 日産自動車 1件 | | | |
| | 加工効率向上 | 東芝 2件 | | | | | 三菱石油化学 1件<br>三菱電機 1件 | | 矢崎総業 1件<br>安川電機 1件 | 日揮 1件<br>富士電機 1件 |
| | 搬送効率向上 | | | | | | 日産自動車 1件 | キヤノン 2件<br>オムロン 1件<br>日精樹脂工業 1件<br>富士通 1件<br>本田技研工業 1件<br>新明工業 1件 | | |
| | 変化変更に対する柔軟性 | 富士通 1件<br>大和製衡 1件<br>富士写真フィルム 1件<br>ソニー 1件 | | | | | 小松製作所 1件 | | | |
| | 実績管理の効率向上 | | | | | | | | 積水化学工業 1件<br>オムロン 1件<br>日立北海セミコン 1件<br>キヤノン 1件 | |

注：USは米国

38

注．企業名の記載

　表1.4.1-1～表1.4.10-1における企業名の記載において、公開公報あるいは特許公報などに記載された企業名を下表のとおりとした。
　また、51社以降の企業名については省略があった場合は、表1.4.1-1～表1.4.10-1のそれぞれの下段にその旨記載した。

企業名記載

| 公報記載の企業名 | 表記載に用いた名称 |
|---|---|
| F・F・C、エフ　エフ　シー　富士ファコム制御 | エフ　エフ　シー |
| オムロン、立石電機 | オムロン |
| クボタ、久保田鉄工所 | クボタ |
| シーメンス　AG | シーメンス |
| デンソー、日本電装 | デンソー |
| 日立国際電気、国際電機、日立電子、八木アンテナ | 日立国際電気 |
| 山武ハネウエル | 山武 |
| 新日本製鐵 | 新日鉄 |

## 2. 主要企業等の特許活動

2.1 三菱電機
2.2 オムロン
2.3 東芝
2.4 富士電機
2.5 日立製作所
2.6 松下電工
2.7 安川電機
2.8 デジタル
2.9 横河電機
2.10 明電舎
2.11 日産自動車
2.12 エフ エフ シー
2.13 キーエンス
2.14 デンソー
2.15 豊田工機
2.16 トヨタ自動車
2.17 キヤノン
2.18 ファナック
2.19 松下電器産業
2.20 本田技研工業

> 特許流通
> 支援チャート
>
> # 2．主要企業等の特許活動
>
> 主要企業20社について企業ごとに、企業概要、
> 主要製品／技術、保有特許の概要などを纏めた。

　表2.-1に、プログラム制御全体での出願件数の多い上位50社を示す。
　主要企業20社として、プログラム制御全体の出願件数の多い順の上位１～20社とした。
　なお、件数は係属中および権利存続中のものを対象とし取下、放棄、出願審査未請求取下や拒絶査定が確定したものなどを除いたものである。これら20社は、表2.-1において企業名を網掛けで示してある。
　表2.-1において技術要素(1)～(10)は、下記の通りである。

技術要素
　　(1)グローバル化・高速化技術
　　(2)ネットワーク化技術
　　(3)プログラム作成技術
　　(4)小型化技術
　　(5)RUN中変更技術
　　(6)監視・安全技術
　　(7)信頼性技術
　　(8)表示技術
　　(9)特殊機能技術
　　(10)生産管理との連携技術

　なお、本章で掲載した特許（出願）は、各々、各企業から出願されたものであり、各企業の事業戦略などによっては、ライセンスされるとは限らない。

表2.-1 抽出特許の出願人別件数一覧

| no. | 企業名 | 全体(件) | (1) | (2) | (3) | (4) | (5) | (6) | (7) | (8) | (9) | (10) |
|---|---|---|---|---|---|---|---|---|---|---|---|---|
| 1 | 三菱電機 | 194 | 27 | 53 | 52 | 1 | 4 | 22 | 8 | 14 | 10 | 3 |
| 2 | オムロン | 184 | 27 | 60 | 43 | 4 | 5 | 14 | 8 | 8 | 13 | 2 |
| 3 | 東芝 | 136 | 12 | 21 | 30 | 4 | 3 | 18 | 32 | 8 | 6 | 2 |
| 4 | 富士電機 | 121 | 16 | 23 | 49 | 2 | 1 | 11 | 4 | 6 | 8 | 1 |
| 5 | 日立製作所 | 106 | 12 | 16 | 38 | 2 | 5 | 13 | 6 | 9 | 5 | |
| 6 | 松下電工 | 100 | 26 | 15 | 17 | 6 | 1 | 9 | 2 | 15 | 9 | |
| 7 | 安川電機 | 57 | 6 | 20 | 7 | | | 7 | 7 | 3 | 6 | 1 |
| 8 | デジタル | 44 | | 14 | 22 | 2 | | | | 6 | | |
| 9 | 横河電機 | 43 | 7 | 16 | 5 | 2 | | 6 | 1 | 3 | 2 | 1 |
| 10 | 明電舎 | 38 | 9 | 7 | 9 | 1 | | 4 | 4 | 2 | 2 | |
| 11 | 日産自動車 | 34 | 2 | 5 | 18 | | | 2 | 2 | 2 | 1 | 2 |
| 12 | エフ エフ シー | 32 | 2 | 8 | 16 | 1 | | | | 2 | 3 | |
| 13 | キーエンス | 30 | 2 | 5 | 9 | 1 | 2 | 1 | 2 | 7 | 1 | |
| 14 | デンソー | 27 | 5 | 3 | 10 | 1 | | 2 | 1 | 2 | 3 | |
| 15 | 豊田工機 | 26 | 3 | 7 | 9 | 1 | | 3 | | 3 | | |
| 16 | トヨタ自動車 | 21 | 3 | 5 | 6 | | | | 1 | 4 | 2 | |
| 17 | キヤノン | 19 | 1 | 3 | 5 | 1 | | 4 | 1 | 1 | | 3 |
| 18 | ファナック | 19 | 6 | 2 | 7 | | 2 | | 1 | 1 | | |
| 19 | 松下電器産業 | 19 | 8 | 3 | 1 | | 1 | 2 | | 1 | 3 | |
| 20 | 本田技研工業 | 18 | 1 | 2 | 6 | 1 | | 2 | | 4 | 1 | 1 |
| 21 | マツダ | 17 | | 3 | 7 | | | 5 | | 2 | | |
| 22 | シャープ | 16 | 1 | 5 | 1 | 1 | 1 | 3 | 1 | 1 | 2 | |
| 23 | 光洋電子工業 | 15 | 2 | 4 | 5 | | | | 1 | 3 | | |
| 24 | 三菱重工業 | 11 | 1 | | 2 | | | 3 | 2 | | 2 | 1 |
| 25 | 日立京葉エンジニアリング | 10 | 2 | 2 | 5 | | 1 | | | | | |
| 26 | オークマ | 9 | | 3 | 3 | | | | | 2 | 1 | |
| 27 | 東芝機械 | 9 | 3 | 1 | 2 | | | | | 1 | 2 | |
| 28 | 富士通 | 9 | 1 | 2 | 1 | | | 2 | | | 1 | 2 |
| 29 | アレン ブラッドリー（米国） | 8 | 3 | 2 | 2 | | | 1 | | | | |
| 30 | オリンパス光学工業 | 8 | | 7 | | | | 1 | | | | |
| 31 | 山武 | 8 | 1 | 1 | 2 | | | | | 3 | 1 | |
| 32 | 島津製作所 | 8 | 2 | | 1 | | | 1 | 4 | | | |
| 33 | シャープマニファクチャリング | 7 | 1 | 2 | 1 | | 1 | 1 | | | 1 | |
| 34 | 新日本製鉄 | 7 | | | 6 | | | | | | 1 | |
| 35 | 日立情報制御システム | 7 | | | 2 | | | 2 | | 3 | | |
| 36 | 三洋電機 | 6 | | 2 | | | | 1 | 2 | | 1 | |
| 37 | 東洋電機製造 | 6 | | | 3 | | | | 1 | 2 | | |
| 38 | 日本電気 | 6 | 1 | | 1 | | | 2 | 1 | | | 1 |
| 39 | 日立那珂エレクトロニクス | 6 | | | 1 | 1 | | 3 | 1 | | | |
| 40 | 豊和工業 | 6 | | 2 | 1 | | | 2 | | 1 | | |
| 41 | 理化工業 | 6 | | 4 | | | | | 1 | | 1 | |
| 42 | シーメンス（ドイツ） | 5 | 3 | 1 | | 1 | | | | | | |
| 43 | 矢崎総業 | 5 | 1 | | | | | 1 | 1 | | 1 | 1 |
| 44 | 小松製作所 | 4 | 2 | 1 | | | | | | | | 1 |
| 45 | 石川島播磨重工業 | 4 | 1 | | 2 | | | 1 | | | | |
| 46 | 東芝エンジニアリング | 4 | | | 2 | 1 | | 1 | | | | |
| 47 | 日本電気エンジニアリング | 4 | 1 | | | | | 1 | | 2 | | |
| 48 | 日立エンジニアリング | 4 | | | 2 | | | 1 | | | 1 | |
| 49 | 日立プロセスコンピュータエンジニアリング | 4 | | 1 | 1 | | 1 | | 1 | | | |
| 50 | 富士通テン | 4 | | 2 | | | | 1 | | 1 | | |

主要企業20社の各企業を対象に、企業の概要、主要製品・技術、技術課題対応保有特許の概要、技術開発拠点および研究開発者の５項目に関し、企業情報、特許公報などをもとに示す。

　技術課題対応保有特許の概要の項目では、1.4節の技術開発の課題と解決手段の項目で作成した技術要素ごとの対応表をもとに、各特許に関する概要を記載したが、これはあくまで特許公報から抽出した発明の概要であり、特許権利の範囲を規定するものでないことを注意されたい。また、特許登録されている発明を中心に図面を記載した。

## 2.1 三菱電機

　総合電機メーカー大手。事業内容は重電機器、通信機器、電子デバイス、電化製品、産業機器などの製造・販売・サービス。
　プログラム制御技術関連製品として、プログラマブルコントローラ、インバータ、サーバ、産業用ロボット、FAシステムなどを提供。

　ネットワーク化技術、プログラム作成技術、グローバル化・高速化技術、信頼性技術に関して多数の特許（出願）を保有している。
　ネットワーク化技術については、表1.4.2-1に示されるように、PLC構成ユニット間通信におけるI/Oの遠隔化などの課題に対するものと、複数PLC間・マルチCPU間通信における分散化制御・通信の安定化を課題とするものが多い。これらの課題に関する解決手段として、データメモリを活用するものが多いが、後者については送信権制御を用いるものが多い。
　プログラム作成技術については、表1.4.3-1に示されるように、プログラム作成・変更容易化あるいはプログラム開発容易化を課題とする特許（出願）を多く保有している。これらの課題に関しては、プログラム作成の改善および表示画面に関するさまざまな解決手段を適用している。
　グローバル化・高速化技術については、表1.4.1-1に示されるように、PLCのグローバル化に対応した性能向上を課題とする特許（出願）を多く保有している。また、グローバル化にあたって、ほかの制御手段との連携化を課題とするものでは、演算処理の分担化による高速化を解決手段とするものに特許（出願）が集中している。

### 2.1.1 企業の概要

表2.1.1-1に三菱電機の企業の概要を示す。

表2.1.1-1 三菱電機の企業の概要

| | | |
|---|---|---|
| 1) | 商号 | 三菱電機 株式会社 |
| 2) | 設立年月 | 1921年1月 |
| 3) | 資本金 | 1,758億2,000万円 |
| 4) | 従業員 | 39,073名（2001年9月現在） |
| 5) | 事業内容 | 通信機器、AV機器、電子デバイス、電化製品などの開発・製造・販売・サービス |
| 6) | 技術・資本提携関係 | － |
| 7) | 事業所 | 本社/東京　支社/大阪、名古屋、福岡、広島他 |
| 8) | 関連会社 | 弘電社、島田理化工業 |
| 9) | 業績推移 | 3兆7,940億6,300万円（1999.3）　3兆7,742億3,000万円（2000.3）　4兆1,294億9,300万円（2001.3） |
| 10) | 主要製品 | AV機器、携帯電話、電化製品、サーバ、システムソリューションズ、衛星通信システム、エレベータ |
| 11) | 主な取引先 | － |
| 12) | 技術移転窓口 | 知的財産渉外部　TEL 03-3218-2134 |

## 2.1.2 プログラム制御技術に関連する製品・技術

表2.1.2-1にプログラム制御技術に関する三菱電機の製品を示す。

表2.1.2-1 三菱電機のプログラム制御関連製品

| 製品 | 製品名 | 発売時期 | 出典 |
|---|---|---|---|
| プログラマブル表示器 | MELSEC-GOT900 シリーズ | 1998年 | 三菱電機技報、2000年7月号 |
| 電子操作ターミナル | ET-900シリーズ | － | 同上 |
| 汎用シーケンサ | MELSEC-Qシリーズ | 2000年1月 | 同上 |
| マイクロシーケンサ | MELSEC-FXシリーズ | 2000年1月 | 同上 |

## 2.1.3 技術開発課題対応保有特許の概要

表2.1.3-1に三菱電機の技術課題対応保有特許の概要を示す。

表2.1.3-1 三菱電機の保有特許(1/12)

| 技術要素 | | 特許番号 | 特許分類 | 課題 | 【発明の名称】概要 |
|---|---|---|---|---|---|
| グローバル化・高速化 | グローバル化 | 特開平 7-244517 | G05B 19/4093 | ほかの制御手段との連携化 | 【モーション制御装置】 |
| | | 特開平 7-248812 | G05B 19/414 | | 【コントローラ】 |
| | | 特許第2810317号 | G05B 19/05 | | 【制御命令演算処理装置】命令の実行性能に影響を与えずに、POL命令の実行スケジューリングでのタスクスイッチ時間のオーバーヘッドを最小に抑える。汎用マイクロプロセッサμPと産業用プラント制御用のプログラミングPOL命令を実行する専用ハードウェアH/Wである専用プロセッサPOLGと、POLコードの命令が格納されているPOLコードメモリと、POLGがPOL命令の実行上使用するPOLソース空間とで構成する。 |
| | | 特開平 8-286717 | G05B 19/18 | | 【数値制御装置】 |
| | | 特開平 9-146623 | G05B 19/414 | | 【パソコンを用いた数値制御装置及びその制御方法】 |
| | | 特開平10- 31509 | G05B 19/18 | | 【数値制御装置】 |
| | | 特開平10-232705 | G05B 19/18 | | 【数値制御装置】 |
| | | 特開平10-240306 | G05B 15/02 | | 【制御命令演算処理装置】 |
| | | 特開平11-161615 | G06F 15/16 370 | | 【制御命令演算処理装置】 |
| | | 特開平11-272312 | G05B 19/05 | | 【サーボ装置】 |
| | | 特開平11-282513 | G05B 19/05 | | 【サーボシステムコントローラ】 |
| | | 特開平11-338522 | G05B 19/05 | | 【サーボシステムコントローラ】 |
| | | 特開2000-112513 | G05 B19/4155 | | 【位置決め制御装置】 |
| | | 特開2001-100812 | G05B 19/05 | | 【分散処理方式】 |
| | 上位コンピュータによる統合運転 | 特開平10- 91221 | G05B 19/05 | ワークの変更に対応 | 【リモートPLC装置を備えた制御装置及びその制御方法】 |
| | PLCのグローバル化対応 | 特開平10-149212 | G05B 19/4155 | ユーザプログラムの簡素化 | 【数値制御装置】 |
| | | 特開平 8-314512 | G05B 19/05 | 性能向上 | 【プログラマブルコントローラおよびそのプログラミング方法】 |
| | | 特許第2728151号 | G05B 19/05 | | 【プログラマブルコントローラ】デバイスの点数の割り付けを任意に変えられるようにし、シーケンスプログラムでのデバイス指定をCPUユニット2のデバイス記憶部4の実アドレスを指定する命令コードに変換することにより、各デバイスのデバイス記憶部4の先頭アドレスを可変のデータとして取り扱う。また、演算処理部5が命令を実行するとき、そのデバイスに相当するデバイス記憶部4の実アドレスを算出する処理を不要とし、命令の処理時間を短縮する。 |
| | | 特許第2914100号 | G05B 19/05 | | 【プログラマブルコントローラ用アナログ信号処理装置】アナログ信号の入力から出力までの遅れ時間がシーケンスプログラムの処理時間により影響を受けないPLC用アナログ信号処理装置を得る。PLC用アナログ信号処理装置内部において、PLCのCPUユニットより指示された関数式にもとづきアナログ入力量に対するアナログ出力量を算出出力する。 |
| | | 特開平 9- 34516 | G05B 19/05 | | 【シーケンス制御用プログラマブルコントローラ】 |
| | | 特開平11- 85227 | G05B 19/05 | | 【プログラマブルコントローラおよびその制御方法】 |
| | | 特開平11-249714 | G05B 19/05 | | 【プログラマブルコントローラ】 |
| | | 特開平11-327898 | G06F 9/32 320 | | 【制御命令処理装置】 |
| | | 特開2000- 29508 | G05B 19/05 | | 【プログラマブルコントローラ】 |
| | | 特開2001- 14018 | G05B 19/418 | | 【ファクトリーオートメーションシステムの制御方法、そのプログラムを記録した記録媒体、並びにその中央処理装置】 |

表2.1.3-1 三菱電機の保有特許(2/12)

| 技術要素 | | 特許番号 | 特許分類 | 課題 | 【発明の名称】概要 |
|---|---|---|---|---|---|
| グローバル化・高速化 | PLCのグローバル化対応 | 特許第2792778号 | G05B 19/05 | 性能向上 | 【プログラマブルコントローラ】シーケンスプログラムを順次読み出すパイプラインレジスタと、デバイス記憶手段の内容を一時記憶するラッチ手段と、ハードウエア命令を高速に演算するハードウエア演算手段と、この演算手段の結果を一時記憶するハードウエア演算結果レジスタとを設け、余分なメモリを使用せずに転送命令や微分命令を高速化する。 |
| | | 特許第2692387号 | G05B 19/05 | | 【プログラマブルコントローラ】CPUユニットは、A/D変換ユニットなどの第1特殊機能ユニットの出力データを参照可能に第1特殊機能ユニットに接続され、所定のシーケンスプログラムを繰り返し実行し、第2特殊機能ユニットは、所定の起動指令が与えられるとあらかじめ設定されたサンプリング周期で第1特殊機能ユニットの出力データをCPUユニットの処理機能に依存せずに取り込むとともに所定の処理を行う動作をあらかじめ設定されたサンプリング回数実行する。 |
| ネットワーク化 | ネットワーク化 | 特開平10-307611 | G05B 19/05 | 通信の安定化など | 【遠隔制御装置】 |
| | | 特開平10-289008 | G05B 19/05 | | 【プログラマブルコントローラの周辺機器及び動作モード切り換え方法】 |
| | | 特許第2848762号 | G05B 19/05 | | 【データ授受システムおよびその方法】効率のよい通信を実現すると共に、FAコントローラのマルチタスク処理にて待ち時間の短縮化を実現する。共有記憶装置7は、要求エリア11-iと応答エリア12-iのサイズを各組毎に可変長可能に管理する管理エリア10-iを有し、要求エリア11-iと応答エリア12-iのデータサイズをセットし、要求エリア11-iに要求データをセットするFAコントローラ1と、FAコントローラ1の要求データを読み出して、所定の処理を実行し、応答エリア12-iに応答データを書き込み、FAコントローラ1に応答するPLC2とを具備する。 |
| | | 特開平11- 39176 | G06F 9/46 360 | | 【FAシステム制御装置】 |
| | | 特開平11-305804 | G05B 15/02 | システム構成の変化に対応 | 【プログラマブルコントローラネットワークシステム用のコンピュータおよびプログラマブルコントローラネットワークシステム】 |
| | | 特開平 8-321858 | H04L 29/08 | 複数の通信仕様に対応 | 【ネットワークユニット】 |
| | | 特開平 9- 50312 | G05B 19/418 | | 【FAコントローラのデータ処理方法】 |
| | | 特開平11-272311 | G05B 19/05 | | 【データ処理装置およびデータ処理方法】 |
| | | 特開2000-148216 | G05B 19/05 | | 【プラントコントローラ通信装置】 |
| | | 特開平 8- 33055 | H04Q 9/00 301 | 高速化 | 【インバータのデータ送受信処理装置及びその処理方法】 |
| | 複数PLC間・マルチCPU間通信 | 特許第3046171号 | G05B 19/048 | 分散化制御・通信の安定化 | 【データロギング装置】データ収集精度を向上させ、操作性を向上させると共にPLCの負荷を軽減し、その拡張性を向上させる。通信により接続される複数台のPLC 1-20、1-24と、該PLCが保有する情報および通信回線上の情報の読出し、書込みができるFA用コントローラ1-15とを有するデータロギング装置において、FA用コントローラ1-15に接続されたものを統括PLC 1-20とし、この統括PLCは他のPLC 1-24あるいは自己の情報をメモリ1-4上に展開し、該情報をFA用コントローラに通知する。 |
| | | 特開平 8-335104 | G05B 19/05 | | 【ネットワークデータサーバ装置およびプログラマブルコントローラシステム】 |
| | | 特開平 9-190455 | G06F 17/40 | | 【データロガー装置のデータ転送システム】 |
| | | 特開2000-322114 | G05B 19/05 | | 【プログラマブルコントローラの周辺装置、プログラマブルコントローラ用周辺装置におけるプログラマブルコントローラとの通信制御方法および通信制御プログラムを記録したコンピュータ読み取り可能な記録媒体】 |
| | | 特開2001- 67107 | G05B 19/05 | | 【プログラマブルコントローラシステムおよびその情報伝送制御方法】 |

表2.1.3-1 三菱電機の保有特許(3/12)

| 技術要素 | | 特許番号 | 特許分類 | 課題 | 【発明の名称】概要 |
|---|---|---|---|---|---|
| ネットワーク化 | 複数PLC間・マルチCPU間通信 | 特許第2508872号 | G05B 19/05 | 分散化制御・通信の安定化 | 【プログラマブルコントローラの制御方法】他局と交信する際のインターロック処理に関するユーザプログラムの作成を不要にした。 |
| | | 特許第2526691号 | G05B 19/05 | | 【プログラマブルコントローラの制御方法】他局との間でデータ授受を行うデータリンク命令を複数実行し、この複数のデータリンク命令の動作がすべて終了したとき1つの動作完了フラグをセットすればよい場合において、これらのデータリンク命令と、動作完了フラグのアドレスを指定する命令1つとをシーケンスプログラムに記述すれば良いようにし、シーケンスプログラムのステップ数を少なくし、シーケンス処理を高速化できるようにした。 |
| | | 特許第2848736号 | H04L 12/40 | | 【ネットワークシステム】ネットワークシステムの作業効率と安全性を向上させる。親局/子局1、2は、ラッチ設定データを格納するラッチ設定データエリア9と、リンクパラメータを格納するリンク設定データエリア10と、サイクリック伝送機能やトランジェント伝送機能の実行および制御を行うデータリンク制御部7Aとを備え、前記データリンク制御部7Aと前記ラッチ設定データエリア9をデータバス20により接続したものである。 |
| | | 特許第2768598号 | H04L 12/42 | | 【プログラマブルコントローラ】各局の送信するリンクデータ量の少ない局から順にトークンをローテーションすることにより時間待ちをなくし、データリンクシステムとしてのリアルタイム性を向上させる。 |
| | | 特許第2880021号 | H04L 12/42 | | 【プログラマブルコントローラ用ネットワークシステムにおける局番重複状態/接続順序状態確認方法】各ユニットの局番設定の重複をどの局からも容易に確認でき、また、各ユニットの接続順序状態をどの局からも容易に確認できるようにし、作業効率を飛躍的に向上させる。制御回路リセット指示電文をn番目の局に送信し、テスト受信局の制御回路リセット処理時間待った後、同じn番目の局に局番重複テスト電文を送信し、テスト要求局は、テスト受信局からの局番重複テスト電文に対する結果電文の内容に基づいて局番の重複状態を確認する。 |
| | | 特開平11-46205 | H04L 12/423 | | 【ネットワークシステム】 |
| | | 特開2000-4243 | H04L 12/40 | | 【プログラマブルコントローラのデータ通信方法およびプログラマブルコントローラ】 |
| | | 特開平 8-123520 | G05B 19/18 | | 【駆動制御指令装置と複数台の駆動制御指令装置の同期制御システム及びその同期制御方法】 |
| | | 特許第3113121号 | H04L 29/06 | システム構成の変化に対応 | 【リンクデバイスの拡張方法およびその転送方法】管理局により設定した全局同一の共通リンクパラメータ1と各局毎に設定し自局のリンクデバイス受信エリアを決定する局固有の固有リンクパラメータ2の内容に基づいてデータリンクを実行する際に、ある局のリンクデバイス受信エリアを拡張するために、共通リンクパラメータ1の設定を変更した後、共通リンクパラメータ1とリンクデバイス拡張前から設定していた固有リンクパラメータ2とを自動的にチェックし、変更部分についてのリンクデバイス受信エリアを、その先頭アドレス、サイズを任意に周辺装置から新規の固有リンクパラメータ2、として入力して各局に設定する。 |
| | | 特開平11-119814 | G05B 19/05 | | 【プラント制御システム】 |

表2.1.3-1 三菱電機の保有特許(4/12)

| 技術要素 | | 特許番号 | 特許分類 | 課題 | 【発明の名称】概要 |
|---|---|---|---|---|---|
| ネットワーク化 | 複数PLC間・マルチCPU間通信 | 特許第2798329号 | H04L 12/28 | システム構成の変化に対応 | 【データ通信方法】子局は親局からのデータの受信待ち（S10）をし、データを受信した場合には、優先親局からのデータ受信か否かを判断し（S12）、優先親局からのデータ受信である場合にはデータ送信を実行する（S14）、代理親局からのデータ受信の場合には優先親局が異常か否かを判断し（S15）、異常でないと判断すれば代理親局からのデータ受信を廃棄し（S16）、異常であると判断すれば代理親局とデータ交信を実行する。 |
| | | 特許第3014059号 | G05B 19/048 | | 【プログラマブルコントローラ】外部装置と交信可能なデータリンクユニットを備えたPLCにおいて、データリンクユニットは、外部装置からデータを受信する受信手段と、この受信手段により受信したデータを解析する解析手段と、この解析手段により上記受信データがリセット要求であると判断されると、少なくともCPUユニットに対してリセット信号を送出するリセット信号送出手段を設け、リセット操作を容易に実行できる。 |
| | | 特開平 8- 83107 | G05B 19/05 | | 【プログラマブルコントローラ群の協調制御方法およびその機構】 |
| | | 特開2000-132212 | G05B 19/05 | | 【プログラマブルコントローラ用のネットワークユニット】 |
| | | 特開2000-341357 | H04L 29/06 | 複数の通信仕様に対応 | 【通信制御装置、計測制御システム、及び記録媒体】 |
| | | 特許第2839384号 | G05B 19/05 | 高速化 | 【プログラマブルコントローラ】 |
| | PLC構成ユニット間通信 | 特開平 8-211907 | G05B 19/048 | ユニット機種の認識・通信の安定化など | 【プログラマブルコントローラの周辺機器】 |
| | | 特開平10- 83373 | G06F 13/16 510 | | 【プログラマブルコントローラ】 |
| | | 特開平10-312203 | G05B 19/05 | | 【通信装置】 |
| | | 特開平11-259117 | G05B 19/4155 | | 【数値制御方法及びその装置】 |
| | | 特開平11- 39012 | G05B 19/05 | I/Oの遠隔化など | 【遠隔制御システム】 |
| | | 特開平 8-328636 | G05B 19/414 | | 【分散型リモートI/O式制御システムの制御方法】 |
| | | 特開2000-172307 | G05B 15/02 | | 【プロセスデータ収集装置の更新方法】 |
| | | 特開平10- 3303 | G05B 15/02 | | 【インターフェース装置】 |
| | | 特許第2539547号 | G05B 19/05 | | 【プログラマブルコントローラ】第1メモリと、第2メモリと、バスI/Oユニットの外部機器からの情報および第2メモリの入力エリアの情報を第1メモリの入力エリアに格納する一方、第1メモリの出力エリアの所定の内容をバスI/Oユニットの外部機器に出力するとともに第1メモリの出力エリアの所定の内容を第2メモリの出力エリアに格納し、第1メモリの記憶内容に基ずく演算処理を行うなどして、外部機器が遠くに分散していても配線のコストアップを防止するとともにプログラム作成やデバックが容易なPLCを構成する。 |
| | | 特許第2793447号 | G05B 19/05 | | 【コントローラのアクセス制御方式】コントローラのCPU実行速度を向上させ、かつ保守メンテナンスに必要なトレース機能をCPUに負担をかけずに実行でき、シミュレーションが容易に行えることを目的とする。入力／出力カード3、4とCPU1の間にイメージメモリ6を持ち、かつそのリフレッシュを入力／出力の変化時のみ行うようにした。また、そのイメージメモリ6の構成を第1メモリ6aと第2メモリ6bを有するようにしたことにより、データ同時性の確保が行える。 |
| | | 特開平 6-119014 | G05B 19/05 | | 【制御装置】 |
| | | 特開平 8-190411 | G05B 19/05 | | 【データ通信方法】 |
| | | 特開平11-305810 | G05B 19/05 | | 【プログラマブルコントローラ用のネットワークユニット】 |
| | | 特開2000-163108 | G05B 19/05 | | 【プログラマブルコントローラ】 |
| | | 特開2000-242317 | G05B 19/05 | | 【プログラマブルコントローラ】 |
| | | 特開平 9-230973 | G06F 3/00 | | 【プログラマブルコントローラおよびプログラマブルコントローラ用の入力ユニット、出力ユニット、インテリジェントユニット】 |
| | | 特開2001-100813 | G05B 19/05 | | 【プログラマブルコントローラ】 |
| | | 特開平10-307613 | G05B 19/12 | | 【プロセスデータ収集装置の更新方法】 |
| | | 特開平 8-202640 | G06F 13/00 353 | | 【分散処理システムのサイクリックデータ伝送方法】 |

表2.1.3-1 三菱電機の保有特許(5/12)

| 技術要素 | | 特許番号 | 特許分類 | 課題 | 【発明の名称】概要 |
|---|---|---|---|---|---|
| ネットワーク化 | PLC構成ユニット間通信 | 特許第2882238号 | G05B 19/05 | I/Oの遠隔化など | 【プログラマブルコントローラ、および、そのI/Oユニットの割付け方法】PLCのI/Oユニットの総I/O点数の範囲内で、バスI/OユニットのI/O点数とリモートI/OユニットのI/O点数との配分が柔軟にでき、システムの構築または変更が容易にできるPLCを得る。それぞれのユニットのユニット区画がバスI/Oユニットのユニット区画か、リモートI/Oユニットのユニット区画かを示す情報を記憶する第1記憶手段23を有し、この第1記憶手段23の記憶内容にもとづきI/Oデバイス情報の転送範囲が設定される。 |
| | | 特開平 9-319415 | G05B 19/05 | | 【プログラマブルコントローラ用リモートシステムにおける通信用バッファメモリ割り付け方法およびプログラマブルコントローラ用リモートシステム】 |
| | | 特開平10- 41964 | H04L 12/40 | | 【プログラマブルコントローラのネットワークシステム】 |
| | | 特許第2905075号 | G05B 19/048 | プログラムローディングの安定化 | 【プログラマブルコントローラおよびその排他制御交信方法】プログラムのデバッグや保守の効率を上げ、全体的な作業効率を飛躍的に向上させる。増設ケーブル5、増設I/Fユニット6a～6cによりバス延長され、かつ、分散された増設部に、それぞれプログラム装置2a～2cを接続し、接続された複数のプログラム装置2a～2cが互に排他制御信号発生手段7a～7cから出力される排他制御信号に基づいて排他制御されながら1台のCPUユニット1と交信する。 |
| プログラム作成 | プログラム開発・作成 | 特許第2526703号 | G05B 19/05 | プログラム作成・変更の容易化 | 【プログラマブルコントローラ】第1母線および接地線との間に接続され第2母線を活性状態または非活性状態にに設定するラダーブロックを有し、リセットラダーブロックがスキャンされたとき第2母線が非活性状態にあるか、または第2母線が活性状態にあると共に入力条件が成立状態であることを検出手段が検出し、この検出手段の検出出力に基づき、このリセットラダーブロックにより指定されたデバイスの内容がリセットされるようにし、第2母線が非活性状態にある場合にもデバイスをリセットするシーケンスプログラムを容易に作成できるようにする。 |
| | | 特許第2526710号 | G05B 19/05 | | 【プログラマブルコントローラのプログラミング方法】選択的に実行される部分を有する所定のプログラムのそれぞれの命令を入力し、第1記憶手段に格納する第1段階と、選択的に実行される実行プログラムの命令をマシン語に変換し、第1記憶手段の記憶内容等に基づき、命令がプログラム上の所定のルールを満足しているか否かをチェックしマシン語に変換した命令を第2記憶手段に格納する第2段階と、この第2段階を実行プログラムのそれぞれの命令に対し実行する第3段階とを行いPLCのプログラムを作成する。 |
| | | 特開平11-202909 | G05B 19/05 | | 【プログラマブルコントローラ用リンクユニット】 |
| | | 特開2000- 99117 | G05B 19/05 | | 【制御装置】 |
| | | 特開平 9- 73306 | G05B 19/05 | | 【オートプログラミング装置】 |
| | | 特開平10-171641 | G06F 9/06 530 | | 【ソフトウェア設計・試験支援装置】 |
| | | 特開平11- 85225 | G05B 19/05 | | 【プログラム作成装置】 |
| | | 特許第2875135号 | G05B 19/05 | | 【プログラマブルコントローラ用プログラム装置】ラダー図が表示されている画面を用いてプログラミング作業を実行する場合において、キー操作の回数を減らし、その作業性、操作性を向上させ、プログラミング作業の効率化を図る。編集中の画面情報を、プログラムを構成する最小単位の要素を基準とするマトリックスにより記憶するメモリ3と、入力された要素からコイルや演算命令を判別し、自動的にOR回路を作成することの可否を判断し、OR回路の作成時に付加する縦線あるいは横線の長さを演算する制御部4とを具備する。 |

表2.1.3-1 三菱電機の保有特許(6/12)

| 技術要素 | | 特許番号 | 特許分類 | 課題 | 【発明の名称】概要 |
|---|---|---|---|---|---|
| プログラム作成 | プログラム開発・作成 | 特開平10-333736 | G05B 23/02 301 | プログラム作成・変更の容易化 | 【稼働管理・監視装置】 |
| | | 特許第2526692号 | G05B 19/05 | | 【プログラマブルコントローラのプログラミング方法】1つのラダーシンボル、複数のデバイス名、およびそれぞれのデバイス間の演算内容を示す演算子から成る入力情報を入力する段階と、入力された演算子に応じて、デバイス名が付された複数のラダーシンボルの所定のラダー回路を示すように制御手段がラダーシンボルおよびデバイス名を示す所定のコードを画面イメージテーブルに格納する段階と、該画面イメージテーブルの内容に基づき表示手段が画面表示をする段階とを有する。 |
| | | 特開平 9- 6418 | G05B 19/05 | | 【設定表示装置】 |
| | | 特開平10- 83206 | G05B 19/05 | | 【シーケンスプログラム作成装置およびシーケンスプログラム作成方法】 |
| | | 特開平10-340108 | G05B 19/05 | | 【プログラマブルロジックコントローラの周辺装置】 |
| | | 特開2000-163107 | G05B 19/05 | | 【プログラマブルコントローラのプログラム編集装置】 |
| | | 特許第2790234号 | G05B 19/048 | | 【プログラマブルコントローラの局番重複テスト方法】マスタ局は指定された局番に対してコマンドフレームを送信する。その局番はコマンドフレームを受信し、ラインドライバのゲートを"H"に設定し、一定時間待ち、レスポンスフレームを送信し、一定時間待ちした後、ラインドライバのゲートを"L"に設定する。局番が重複であればレスポンスはマスタ局に正常受信されずタイムアウトとなり、マスタ局はタイムアウト後自局宛にコマンドフレームを送信することにより該局（テストした局番）が存在するのか、局番が重複しているのかを効率よく検出する。 |
| | | 特許第2901454号 | G05B 19/048 | | 【プログラマブルコントローラ】シーケンスプログラムに書かれているシーケンス命令毎のシミュレーションを可能にする。実行フラグメモリ0（25）が"0"のときは、各命令共シミュレーション動作をせず、通常動作を実行する。実行フラグメモリ0（25）が"1"のときは、シミュレーション動作となり、実行フラグメモリ1（26）の内容に従って処理を実行する。すなわち、実行フラグメモリ1（26）が"1"のとき、接点命令は接点を"1"（ON）として演算し、出力命令は出力を強制的"1"（ON）として演算する。また、実行フラグメモリ1（26）が"0"のとき、接点命令は接点を"0"（OFF）として演算し、出力命令は出力を強制的"0"（OFF）として演算する。 |
| | | 特開平10-289007 | G05B 19/05 | | 【プログラマブルコントローラにおける入出力データ伝達制御方法およびプログラマブルコントローラ】 |
| | | 特開2000-222012 | G05B 19/05 | | 【デバッグ支援装置およびデバッグ支援方法】 |
| | | 特開平 9-269806 | G05B 19/18 | | 【位置決め制御装置】 |

## 表2.1.3-1 三菱電機の保有特許(7/12)

| 技術要素 | | 特許番号 | 特許分類 | 課題 | 【発明の名称】概要 |
|---|---|---|---|---|---|
| プログラム作成 | プログラム開発・作成 | 特開平10- 21159 | G06F 13/00 351 | プログラム作成・変更の容易化 | 【ノード装置およびネットワークシステム】 |
| | | 特開平 9-179616 | G05B 19/4063 | | 【モニタシステム、モニタ装置およびそのセットアップ方法】 |
| | | 特開平10-333721 | G05B 19/05 | | 【プログラマブルコントローラ用プログラミングツール】 |
| | | 特開2000-181696 | G06F 9/06 540 | | 【プログラム制御装置およびプログラム制御方法】 |
| | | 特開2000-284877 | G06F 3/00 652 | | 【交信テーブル生成装置およびその方法】 |
| | | 特開平 9-212394 | G06F 12/00 510 | | 【データ処理装置】 |
| | | 特開平10- 11119 | G05B 19/05 | | 【計装制御用プログラム作成方法および計装制御用プログラム作成器】 |
| | | 特開平10-161713 | G05B 19/05 | | 【プログラム作成方法】 |
| | | 特開平11- 31005 | G05B 19/05 | | 【プログラマブルコントローラの周辺装置】 |
| | | 特開平 9-128012 | G05B 19/048 | | 【プログラマブルコントローラ用設定表示システム】 |
| | | 特開平 9-146620 | G05B 19/4063 | | 【モニタシステムおよびモニタ方法】 |
| | | 特開平10-326104 | G05B 19/05 | プログラム開発の容易化 | 【プログラマブルコントローラおよびシーケンスプログラム実行方法】 |
| | | 特開平 7-210217 | G05B 19/048 | | 【プログラマブルコントローラおよびそのプログラム容量変更方法】 |
| | | 特開平 9- 62314 | G05B 19/05 | | 【プログラマブルコントローラのためのラダー回路のプログラミング装置】 |
| | | 特開平 9-319412 | G05B 19/05 | | 【プログラマブルロジックコントローラのラダープログラム作成方法】 |
| | | 特開平 9-319410 | G05B 19/05 | | 【プログラマブルコントローラ】 |
| | | 特開2001- 14007 | G05B 19/05 | | 【ネットワーク分散デバイス管理装置】 |
| | | 特許第2787927号 | G05B 19/05 | | 【SFC言語自動生成装置およびその方法】タイムチャート専用用紙情報をディスプレイ装置に表示し、該表示されたタイムチャート専用用紙情報を用いて、キーボード等の情報編集を入力し、該入力情報に基づいて自動解析処理することによりSFC言語を生成する。 |
| | | 特開平 9- 6419 | G05B 19/05 | | 【プログラム作成装置】 |
| | | 特開2000-181514 | G05B 19/05 | | 【プログラマブルコントローラ用シーケンスプログラムの入出力デバイス番号割付方法およびプログラマブルコントローラの周辺装置】 |
| | | 特開平 9- 34517 | G05B 19/05 | | 【プラント制御保護装置】 |
| | | 特開平 5-297902 | G05B 9/03 | | 【プログラマブルコントローラのプログラム転送方法およびパラメータチューニング方法】 |
| | | 特許第2612113号 | G05B 19/02 | | 【スケジュール作成装置】スケジュール機器の登録をゾーン，グループ，機器の3つで行い、各登録機器をグループ化することで、登録の変更操作を簡略化して行なえるようにしたものである。グループが各ゾーンへ複数登録できることとし、このグループのゾーンへの登録，変更、および、機器のグループへの登録変更により、全体の変更を行なえることを大きな特徴としている。機器の登録，変更が簡単に行なうことができ、管理、運営面で大きな効果となる。 |
| | | 特開平 7-302103 | G05B 19/18 | | 【モーションコントローラ】 |
| | | 特開平11-338682 | G06F 9/06 530 | | 【プログラム作成支援装置およびプログラム作成支援方法】 |
| | デバッグ | 特開平11-272310 | G05B 19/05 | プログラム作成時のデバッグの容易化 | 【プログラマブルコントローラのエミュレーション装置】 |
| | | 特開平10-275004 | G05B 19/048 | | 【プログラマブルコントローラにおけるローカルデバイスのモニタ・テスト方法およびプログラマブルコントローラ】 |
| | | 特開平 9-212214 | G05B 19/05 | | 【ユニットデバッグ装置】 |
| | | 特開平 6-242808 | G05B 19/05 | | 【プログラマブルコントローラのプログラム保守ツール】 |
| | | 特開平 8-328614 | G05B 19/05 | | 【プログラマブルコントローラ装置】 |
| | | 特開平11-345146 | G06F 11/28 | | 【プログラマブルコントローラネットワークシステム用のネットワークユニット】 |
| | | 特許第2526690号 | G05B 19/048 | | 【プログラマブルコントローラの制御方法】入力ステップと出力ステップが相互に関係を有する1回路ブロック毎に入力ステップを先に実行し、次に出力ステップを実行するシーケンスプログラムを予めプログラムメモリに格納し、シーケンスプログラムを1回路ブロックだけ実行後一時停止する1回路動作指令入力により制御手段がシーケンスプログラムをプログラムメモリより順次読み出して実行し、出力ステップから入力ステップへの変化に基づき求めたステップでシーケンスプログラムの実行を一時停止し、1回路動作ステップ運転を容易に行う。 |

表2.1.3-1 三菱電機の保有特許(8/12)

| 技術要素 | | 特許番号 | 特許分類 | 課題 | 【発明の名称】概要 |
|---|---|---|---|---|---|
| 小型化 | 小型化 | 特開平 8-320709 | G05B 19/05 | コンパクト化 | 【シーケンサ入力装置】 |
| RUN中変更 | RUN中のプログラム変更 | 特開平 8-286715 | G05B 19/05 | 動作中処理への影響減 | 【プログラマブルコントローラおよびプログラマブルコントローラのプログラム変更方法】 |
| | | 特開2000-322111 | G05B 19/05 | 操作性向上 | 【プログラマブルコントローラ用プログラミングシステム、プログラミング装置、管理装置およびプログラミング方法】 |
| | RUN中の設定変更 | 特許第2833325号 | G05B 19/05 | 構成変更 | 【プログラマブルコントローラ】I/Oユニットはオンライン中にユニットの交換要求をCPUユニット1Cに知らせるスイッチ15と、ユニット交換可能状態を表示する表示器25を有し、SPUユニット1Cはユニット交換要求をデータ情報として受け取るユニット交換要求データテーブル16とユニット交換要求を割り込み信号として受け取る検出回路17と、ユニット交換状態を表示させる信号をI/Oユニット2B、3Bへ出力する表示器制御ポート24とを有す。I/Oユニットの指定番号を知らなくても、オンライン中のI/Oユニット交換を可能とする。 |
| | | 特許第2758307号 | G05B 19/05 | | 【プログラマブルコントローラ】CPU部から遠隔設置されたI/O装置に構成変更が発生した場合、制御を停止することなく、プログラムの変更を可能とする。CPU部1に設けられた警報装置11、14により、アラームを受けてプログラム記憶装置2内のプログラムおよびMS4におけるI/O登録用記憶装置5内のI/O登録を、各制御を停止させることなく変更可能にする。 |
| 監視・安全 | 監視 | 特許第2549575号 | G05B 19/048 | 障害の検出 | 【伝送バスモニタ装置】書き込み/読み出しが一方方向で行われる2ポートメモリを有する伝送インタフェースカードを計算機の汎用の拡張スロットに装着し、その伝送インタフェースカードを不完全な接触状態では伝送バスから開放される接続コネクタ、および当該接続コネクタが短絡した場合、その接続コネクタを伝送バスより切り離す切離装置を介して伝送バスに接続するように構成した。 |
| | | 特許第2963299号 | G05B 19/048 | | 【プログラマブルコントローラの周辺装置、及び内部情報設定方法】入力された入力値が設定可能範囲内であるか否かを判定し、設定値の誤入力を防止する。上下限値メモリ202および判定手段を周辺機器1011またはPC本体3104のいずれかに選択的に設ける。また、所定のキー1701を押すことにより、表示周期タイマ1502にもとづく所定の周期でデバイスメモリ3307の内容を順次連続的に表示する。また、デバイスメモリに文字情報を格納し、これを文字として表示する。 |
| | | 特開平 8-328973 | G06F 13/00 301 | | 【プログラマブルコントローラのバスチェック方法および装置】 |
| | | 特開平 8-123517 | G05B 19/05 | | 【プログラマブルコントローラの局番重複検出方法、局番重複局復列方法、局番重複局数測定方法および局番重複局解列方法】 |
| | | 特開平10- 84374 | H04L 12/42 | | 【2重化ループ伝送方式によるネットワークシステムにおける通信制御方法】 |
| | | 特開2000- 22726 | H04L 12/437 | | 【データリンクケーブルの接続状態検出方法】 |
| | | 特開2000-227803 | G05B 19/05 | | 【プログラマブルコントローラのデータリンクシステムの伝送制御方法および伝送制御システム】 |
| | | 特許第2856617号 | G05B 19/048 | 障害検出後の処理 | 【プログラマブルコントローラ】不必要なシステム停止を減少させる。システム全体を制御するCPUユニット2Aと、特殊機能ユニット(3、4)とから構成され、CPUユニット2A内部にて異常時に発生するエラーリセット信号を特殊機能ユニットが受け取る機能を有し、該CPUユニット2A内部でエラー発生時に出力するエラー情報のクラス分けを行うオペレーティングシステム20と、オペレーティングシステム20によるクラス分けに基づいてリセット信号を特殊機能ユニットに対して出力するか否かを判別するMPU9とを備える。 |

表2.1.3-1 三菱電機の保有特許(9/12)

| 技術要素 || 特許番号 | 特許分類 | 課題 | 【発明の名称】概要 |
|---|---|---|---|---|---|
| 監視・安全 | 監視 | 特許第2962387号 | G05B 19/05 | 障害検出後の処理 | 【プログラマブルコントローラおよびそれを用いた分散制御システムにおける特定他局のリセット方法、他局のリセット要因検出方法、異常局監視方法、同期起動方法および同期停止方法】異常によりダウンしたローカル局が設置されている場所に行くことなく復旧作業を可能とし、稼働効率を向上させる。電源部10は電源の異常を検出し、電源リセット信号14を出力する異常検出回路12を有し、CPU制御部100は装置を強制的にリセットさせる強制リセット信号118を出力するリセットスイッチ106を有し、データリンク制御部200は他局と交信するデータリンクI/F部204、CPU制御部100とI/Oユニット部300をリセットするリセット信号発生回路206、データリンク制御部200をリセットするリセット回路205は、電源リセット信号14および強制リセット信号118に基づいてリセット信号を出力。 |
| ^^ | ^^ | 特許第2762893号 | G05B 23/02 301 | 障害の分析 | 【プログラマブルコントローラ及びそのプログラマブルコントローラを用いたSFCプログラム実行方法】SFCプログラムのステップトレース実行時、ブロック間のトリガータイミングを合わせ、ブロック間の同期を取る。SFCプログラム実行時に複数ブロックの活性ステップ実行状態の履歴を記憶しておきトレースするSFCプログラム実行方法において、ステップトレースのメニューを選択する選択ステップ101と、上記選択ステップ101で選択されたメニューを設定する設定ステップ103と、上記設定ステップ103で設定されたメニューを実行する設定メニュー実行ステップ108と、上記設定メニュー実行ステップ108の実行後に実行されたトレースデータを表示する表示ステップ110を備えた。 |
| ^^ | ^^ | 特許第2905051号 | G05B 19/048 | ^^ | 【プログラマブルコントローラおよび周辺装置】プログラムのステップ間で関連するデバイスを使用時も、故障のデバイスをプログラムを作成せずに判断する。SFCの各ステップおよびトランジションに使用されているデバイス条件を記憶するデバイス条件記憶部9と、制御対象に故障発生時、デバイス条件記憶部9に記憶されているデバイス条件に基づいて故障箇所を検出する故障モニタ部7とを有する。 |
| ^^ | ^^ | 特開平 8-212112 | G06F 11/34 | ^^ | 【データの処理方法】 |
| ^^ | ^^ | 特開平11-327610 | G05B 19/048 | ^^ | 【プログラマブルコントローラシステム用のモニタ方法および装置】 |
| ^^ | ^^ | 特開2001- 34311 | G05B 19/048 | ^^ | 【プログラマブルコントローラの故障監視システム】 |
| ^^ | ^^ | 特開平10- 78805 | G05B 15/02 | 監視全体の制御 | 【ビル管理制御装置】 |
| ^^ | ^^ | 特開平10-254516 | G05B 19/05 | ^^ | 【プラント監視制御システム】 |
| ^^ | ^^ | 特開平11-288304 | G05B 19/048 | ^^ | 【機器系統の監視制御方法】 |
| ^^ | 安全 | 特開平11-296224 | G05B 23/02 301 | 障害の予防 | 【被保全装置の予防保全方法】 |
| ^^ | ^^ | 特許第2526704号 | G05B 19/048 | 操作性向上 | 【プログラマブルコントローラのモニタ制御方法およびモニタ制御装置】モニタ表示用に新たに活性ブロックモニタ指定テーブルを設け、予めユーザに自動モニタ表示させたいブロックを指定させ、指定されたブロックが起動すると、そのブロックのモニタ画面に自動的に切り換えられ活性ステップが反転表示などにより他のステップと区別可能に表示されるようにした。 |
| ^^ | ^^ | 特開平 8-278935 | G06F 13/10 320 | ^^ | 【プログラマブルコントローラ】 |
| ^^ | ^^ | 特開2000-112507 | G05B 19/048 | ^^ | 【モニタ装置】 |
| ^^ | ^^ | 特開平 8-305419 | G05B 19/05 | セキュリティ向上 | 【プログラマブルコントローラの遠隔操作装置】 |

表2.1.3-1 三菱電機の保有特許(10/12)

| 技術要素 | | 特許番号 | 特許分類 | 課題 | 【発明の名称】概要 |
|---|---|---|---|---|---|
| 信頼性 | 信頼性 | 特開平 6-338893 | H04L 12/42 | 可用性向上 | 【ネットワークの保全方法】 |
| | | 特開平 8-249017 | G05B 19/05 | | 【データ通信システム及びデータ通信方法】 |
| | | 特開平 8-328891 | G06F 11/20 310 | | 【待機冗長化構成の二重化システム】 |
| | | 特開2000- 35810 | G05B 19/05 | | 【ネットワークユニット】 |
| | | 特開平 9-307574 | H04L 12/42 | | 【二重化コントローラ用ネットワークシステム】 |
| | | 特開平10-268915 | G05B 19/05 | | 【二重化ＰＣシステム】 |
| | | 特開2000- 82018 | G06F 13/00 301 | | 【プログラマブルコントローラ】 |
| | | 特開2001-188603 | G05B 19/05 | | 【プラント制御システムおよびプロセスI/O装置の増設又は削除方法】 |
| 表示 | 稼動状態の表示 | 特開平 9-297605 | G05B 19/02 | 表示対象の設定の容易化 | 【画像処理装置およびそれに用いられる画像処理方法】 |
| | | 特許第3092645号 | G05B 19/048 | 表示画面の視認性向上 | 【プログラマブルコントローラの実行状態モニタ方法およびその装置】CRT上における1画面により多くのデバイス状態のモニタ情報を表示可能にして、多くのデバイス状態を迅速に、かつ、的確に検索することを実現し、作業効率を向上させる。PLCの実行するシーケンスプログラムの任意のステップ番号を指定し、該指定されたステップ番号から1画面に表示することのできるデバイス情報をPLC本体のメモリ領域あるいは周辺装置のメモリ領域より読み出し、例えば、デバイス＋回路シンボルのモニタパターン、回路シンボルのみのモニタパターン、使用しているデバイスの一括モニタパターン、指定されたデバイスを使用している回路のみのモニタパターン、の複数のモニタ情報パターンとして1画面に多くの情報を表示する。 |
| | | 特開平 9-114506 | G05B 19/05 | 保守性向上 | 【プログラム管理装置】 |
| | | 特許第2526696号 | G05B 19/048 | | 【プログラマブルコントローラのモニタ方法およびモニタ装置】I/Oデバイス名とPLCのモニタをおこなうモニタ装置の出力手段にI/Oデバイスの状態を出力する際のグラフなどの出力形式と，I/Oデバイスを出力手段に出力する開始条件とをモニタ装置に接続されたパーソナルコンピュータなどの処理装置により設定してモニタ装置のメモリに格納し、PLCの運転中で開始条件が成立したときにI/Oデバイスの内容を指定しておいた出力形式により出力手段に出力する。 |
| | | 特開平11-312013 | G05B 23/02 301 | | 【生産・組立システムにおける入力・モニタ方法および装置】 |
| | | 特開2001- 5504 | G05B 19/05 | | 【モーションコントローラおよびモーションコントローラ用周辺装置】 |
| | | 特許第2864759号 | G05B 19/048 | 高速化 | 【プログラマブルコントローラ】制御プログラムを実行して制御対象をプログラム制御するプログラム処理手段と、この処理手段のプログラム制御において必要とするあるいは実行結果であるデータを内部データとして格納する内部データ格納手段と、この内部データ格納手段に格納された内部データをプログラム処理手段の動作とは独立して読み込むタイミング情報および読み込んだ内部データを出力する際の出力形式情報を予め格納した情報格納手段と、この情報格納手段に格納されたタイミング情報に基づいて内部データを自発的に読み出すと共に、出力形式情方に基づいて、所定の形式で出力表示する表示手段とを設け、適切な表示タイミングで必要なデータのみ得る。 |
| | | 特開平 8-339209 | G05B 19/05 | | 【プログラマブルコントローラ用表示装置およびその表示情報書込方法】 |
| | | 特許第2765423号 | G05B 19/05 | | 【プログラマブルコントローラおよびその制御方法】機能命令に対応するマクロプログラムを解析して処理する必要がなく、しかも表示は従来と同様なPLCを得る。機能命令と機械語を対応させるテーブル（217、215、208b、221）を有し、機能命令を当該命令ステップに特定される機械語に変換してシーケンスプログラムとして記憶し、その機械語に付随して、対応する復元情報を記憶しておき、シーケンス処理の実行はマクロプログラムを用いない特定の機械語で、シーケンスプログラムの表示は復元情報から復元したラダー言語により行う。 |

57

表2.1.3-1 三菱電機の保有特許(11/12)

| 技術要素 | | 特許番号 | 特許分類 | 課題 | 【発明の名称】概要 |
|---|---|---|---|---|---|
| 表示 | 稼動状態の表示 | 特開平 7-319511 | G05B 19/048 | 高速化 | 【モニタ方法】 |
| | | 特開平 9- 9373 | H04Q 9/00 361 | | 【モニタ装置】 |
| | | 特開平 8-272428 | G05B 23/02 | 外部機器との整合性向上 | 【モニタ装置及びそのモニタ装置を用いた流れ作業装置】 |
| | 動作プログラムの表示 | 特許第2792772号 | G05B 19/048 | 設定・作成の容易さ | 【プログラマブルコントローラ及びそのシーケンスプログラムモニタ方法】プログラムをモニタしている同一画面上で、インデックス修飾後のデバイスとその状態をモニタできるようにし、操作性を向上させ、プログラムのデバッグ、保守効率を向上させる。CPUユニットにプログラムされたシーケンスプログラムの任意のシーケンス・ステップのプログラムを画面上に表示し、CPUユニットの実行に伴い表示したシーケンスプログラムのデバイス状態をモニタするプログラム装置と、プログラムされたシーケンスプログラムを実行中にプログラム装置に、インデックス修飾された任意のデバイスとその状態を伝達するCPUユニットとから構成されている。 |
| | | 特開平10-283005 | G05B 19/05 | | 【シーケンスプログラムの表示方法、および、実行方法】 |
| 特殊機能 | 構成・機能設定など | 特許第2542465号 | G05B 19/048 | 性能機能向上 | 【シーケンス制御方法】特殊機能部の多方向アクセスメモリのアドレスを意識せずにプログラムが作成しやすく、可読性の良好な特殊機能部対応命令をサポートする。CPUユニット1にてプログラムが実行され、特殊機能部対応命令が実行中であることを命令記号により判別し、上記命令ステップの内容が対応する特殊機能ユニット4Aの多方向アクセスメモリ41へ格納されると共に上記特殊機能ユニット4Aに対してその実行が要求され、上記特殊機能ユニット4Aにて上記多方向アクセスメモリ41へ格納された上記命令ステップの内容をメモリアドレスによらずに上記命令記号に基づいてアクセスし、実行される。 |
| | | 特許第3143330号 | G05B 19/05 | | 【プログラマブルコントローラ】SFCプログラムを実行するPLCにおいて、プログラムのブロック全体を制御し実行するブロック実行手段と、活性ブロックの活性ステップNo.を格納する情報格納テーブルと、この情報格納テーブルに格納されたステップNo.を調べ、その動作出力を実行するステップ実行手段と、上記活性ステップへの移行条件を実行する移行実行手段と、上記移行実行手段による移行成立時、ステップ属性をチェックし、移行保持ステップならば、実行ステップの抹消をせずに次ステップへ移行後も実行ステップを実行し続けるとともに、以後の移行成立により次々に「以降先ステップを起動する以降保持ステップ実行手段を備える。 |
| | | 特開平 8-235004 | G06F 9/46 340 | システム性能向上 | 【制御ソフトウエア実行システムの制御方法】 |
| | | 特開平11-175345 | G06F 9/445 | | 【プログラマブルコントローラ】 |
| | | 特開平10-187214 | G05B 19/05 | 設定効率向上 | 【プラント制御装置の設計支援装置および設計支援システム】 |

表2.1.3-1 三菱電機の保有特許(12/12)

| 技術要素 | | 特許番号 | 特許分類 | 課題 | 【発明の名称】概要 |
|---|---|---|---|---|---|
| 特殊機能 | 割込み | 特許第2827539号 | G05B 19/05 | 応答性改善 | 【プログラマブルコントローラの周辺装置】割込み要因に対応した割込み処理を実行する割込み処理実行手段と、外部機器としての種類に応じて接続チェック信号線を内蔵するか否かが規定され、かつ前記種類に関わらず同種のコネクタを具えた外部機器と、前記種類の異なる外部機器を接続替え可能な入出力インターフェースと、この入出力インターフェースを割込み要因とする割込み処理が実行されたら入出力インターフェースに接続された外部機器の種類を接続チェック信号線の有無に基づいて識別する識別手段と、これの識別結果をもとに接続された外部機器に対応した処理を実行させる実行処理切り替え手段とで構成する。 |
| | ジャンプ | 特許第2842520号 | G05B 19/05 | 高速化・多機能化 | 【シーケンス制御方法】監視タイマー値、次ステップへの移行条件を有する制御データが複数の動作ステップについて予め格納されているデータ群からステップ番号格納エリア（106）に格納されている情報にもとづき当該動作ステップにおける制御データが指定され、指定された制御データの監視タイマー値が有意であれば監視タイマーの計時動作をアクティブにし、次ステップへの移行条件の満足および監視タイマーの未タイムアップを条件に次ステップにおける制御データを指定する情報を制御データ指定エリア（106）に格納する。それぞれの動作ステップにおける経過時間の異常を検出する高速な制御方法である。 |
| | タイマ | 特許第2752513号 | G05B 19/05 | 特殊機能 | 【シーケンサ回路】シーケンス回路を動作させる基本クロックの1周期における"H"側あるいは"L"側の比率の何れかを大きくする手段を設け、状態保持回路が動くまでのセットアップタイムを増やし、高い周波数で動作させることができるようにした。 |
| | | 特許第2875136号 | G05B 19/05 | | 【プログラマブルコントローラおよびそのカウンタEND処理方法】PLC 1 の内部命令において外部接点などのON/OFF回数をカウントするカウント手段と、該カウント手段によりカウントされたカウント値とカウンタ機能命令内に設定される設定値とが等しく（カウントアップ状態に）なるとONする接点デバイスを有し、カウンタアップ状態になったとき、接点デバイスをONすると同時に、上記カウント手段をリセットし、次に、外部接点がONしたとき、接点デバイスをOFFするカウンタEND処理部4を具備する。カウンタ機能命令の高機能化を図る。 |
| | | 特開平 8- 66825 | G05D 16/20 | | 【デューテイソレノイドバルブの制御装置及び制御方法】 |
| 生産管理との連携 | 生産管理との連携 | 特開平11-167405 | G05B 19/048 | 計画作成簡単化 | 【稼働管理・監視装置】 |
| | | 特開平11-288305 | G05B 19/048 | | 【データ処理装置およびデータ処理方法】 |
| | | 特開平11-262843 | B23Q 41/08 | 加工効率向上 | 【物流制御装置】 |

## 2.1.4 技術開発拠点

表2.1.4-1に三菱電機の技術開発拠点を示す。

表2.1.4-1 三菱電機の技術開発拠点

| | |
|---|---|
| 東京都 | 本社、三菱電機エンジニアリング |
| 兵庫県 | 制御製作所、姫路製作所、北伊丹製作所、産業システム研究所<br>三菱電機エンジニアリング、三菱コントロールソフトウェア<br>エル・エス・アイ研究所 |
| 愛知県 | 名古屋製作所、稲沢製作所、三菱電機メカトロニクスソフトウェア<br>三菱電機エンジニアリング |
| 熊本県 | 熊本製作所 |
| 香川県 | 丸亀製作所 |
| 神奈川県 | 通信システム研究所 |
| 北海道 | 北海道支店 |

## 2.1.5 研究開発者

図2.1.5-1に出願年に対する発明者数と出願件数の推移を示す。
図2.1.5-2に発明者数に対する出願件数の推移を示す。

図 2.1.5-1 出願年に対する発明者数と出願件数の推移

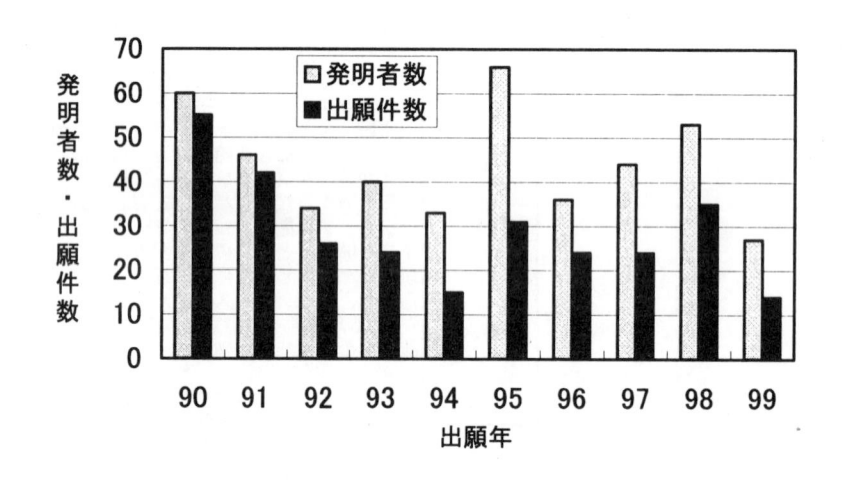

図 2.1.5-2 発明者数に対する出願件数の推移

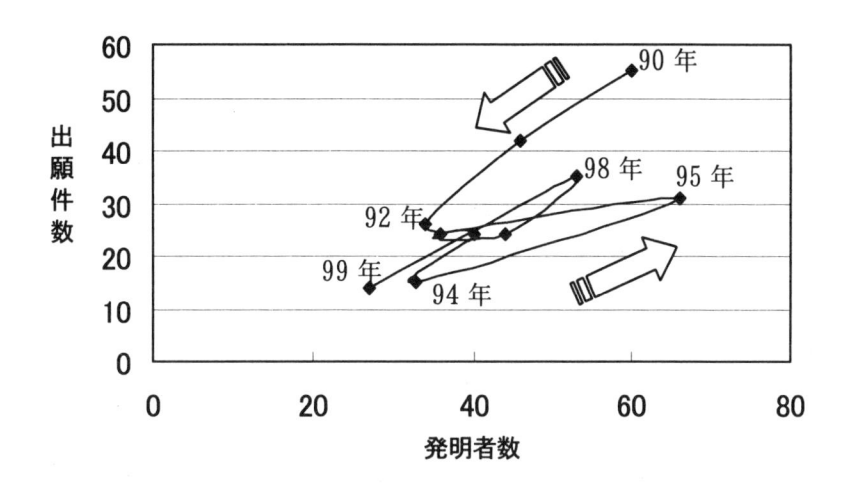

## 2.2 オムロン

制御機器メーカー最大手。旧立石電機。事業内容は、制御機器、FAシステム、電子部品、健康機器などの製造・販売・サービス。
プログラム制御技術関連製品として、プログラマブルコントローラ、表示器、スイッチ、センサなどを提供。

ネットワーク化技術、プログラム作成技術、グローバル化・高速化技術、特殊機能技術に関して多数の特許（出願）を保有している。
ネットワーク化技術については、表1.4.2-1に示されるように、PLC構成ユニット間通信におけるI/Oの遠隔化などの課題に対するものが多く、その解決手段としては、バス構成を用いるものとデータメモリを活用するものが多い。
プログラム作成技術については、表1.4.3-1に示されるように、プログラム開発の容易化を課題とする特許（出願）を多く保有している。この課題に関しては、プログラム言語の変換改良による解決を図るものが多い。

### 2.2.1 企業の概要

表2.2.1-1にオムロンの企業の概要を示す。

表2.2.1-1 オムロンの企業の概要

| | | |
|---|---|---|
| 1) | 商号 | オムロン 株式会社 |
| 2) | 設立年月 | 1948年5月 |
| 3) | 資本金 | 640億8,200万円 |
| 4) | 従業員 | 6,172名（2001年9月現在） |
| 5) | 事業内容 | 制御機器、FAシステム、電子部品、健康機器、パソコン周辺機器などの開発・製造・販売・サービス |
| 6) | 技術・資本提携関係 | — |
| 7) | 事業所 | 本社/京都、東京　工場/草津、三島、綾部、水口 |
| 8) | 関連会社 | オムロンフィールドエンジニアリング |
| 9) | 業績推移 | 5,552億8,000万円（1999.3）　5,553億5,800万円（2000.3）　5,942億5,900万円（2001.3） |
| 10) | 主要製品 | コントロール機器、駅務トータルシステム、コネクタ、電子血圧計、指紋照合システム |
| 11) | 主な取引先 | — |
| 12) | 技術移転窓口 | — |

## 2.2.2 プログラム制御技術に関連する製品・技術

表2.2.2-1にプログラム制御技術に関するオムロンの製品を示す。

表2.2.2-1 オムロンのプログラム制御関連製品

| 製品 | 製品名 | 発売時期 | 出典 |
|---|---|---|---|
| プログラマブルコントローラ | SYSMACシリーズ | — | FAシステム機器セレクションカタログ2002 |
| プログラマブルターミナル/表示器 | NT900SNT631/NT31 V | — | 同上 |

## 2.2.3 技術開発課題対応保有特許の概要

表2.2.3-1にオムロンの技術課題対応保有特許の概要を示す。

表2.2.3-1 オムロンの保有特許(1/7)

| 技術要素 | | 特許番号 | 特許分類 | 課題 | 【発明の名称】概要 |
|---|---|---|---|---|---|
| グローバル化・高速化 | グローバル化 | 特開平 8-110804 | G05B 19/05 | ほかの制御手段との連携化 | 【データ処理装置】 |
| | | 特開2001-125610 | G05B 19/05 | | 【制御装置、およびこの制御装置が実行するためのプログラムを生成するプログラミングツール】 |
| | | 特開平 8-249018 | G05B 19/05 | システム構成の変化に対応 | 【マルチプロセッサ演算装置、および該装置を有するプログラマブルコントローラ】 |
| | | 特開2000-339033 | G05D 3/00 | 性能向上 | 【位置決め制御装置の外部サポート回路】 |
| | | 特開2000-267703 | G05B 19/05 | 機能向上 | 【プログラマブルコントローラ】 |
| | | 特開2000-35811 | G05B 19/05 | | 【データ管理方法、データ管理装置及びそれらの記録媒体】 |
| | | 特開2000-35812 | G05B 19/05 | | 【データダウンロード制御方法、データダウンロード制御装置及び それらの記録媒体】 |
| | 上位コンピュータによる統合運転 | 特開2000-90057 | G06F 15/16 620 | システム構成の変化に対応 | 【グループオブジェクト及び制御システム】 |
| | PLCのグローバル化対応 | 特開平 8-249184 | G06F 9/38 370 | ユーザプログラムの簡素化 | 【演算装置およびその演算装置を使用したプログラマブルコントローラ】 |
| | | 特開平 9-44209 | G05B 19/05 | システム構成の変化に対応 | 【プログラマブルコントローラ】 |
| | | 特開平 9-44355 | G06F 9/30 310 | | 【プログラマブルコントローラ】 |
| | | 特開平10-11109 | G05B 15/02 | 性能向上 | 【制御装置】 |
| | | 特開平 6-332508 | G05B 19/05 | | 【プログラマブルコントローラ】 |
| | | 特開平 8-249176 | G06F 9/30 350 | | 【演算装置、及びこれを有するプログラマブルコントローラ】 |
| | | 特開平 8-249177 | G06F 9/38 310 | | 【デジタル制御装置】 |
| | | 特開平 8-272411 | G05B 19/05 | | 【ラダー命令処理装置】 |
| | | 特開平 8-272606 | G06F 9/35 | | 【ラダー命令処理装置】 |
| | | 特開平 9-91137 | G06F 9/32 350 | | 【データ処理装置】 |
| | | 特開平11-249710 | G05B 19/048 | | 【制御装置】 |
| | | 特開平10-111704 | G05B 19/05 | | 【プログラマブルコントローラ】 |
| | | 特開平 8-249019 | G05B 19/05 | | 【演算装置およびその演算装置を使用したプログラマブルコントローラ】 |
| | | 特開平 8-249022 | G05B 19/05 | | 【マルチプロセッサ演算装置、および該装置を有するプログラマブルコントローラ】 |
| | | 特開平 8-249023 | G05B 19/05 | | 【制御装置】 |
| | | 特開平 8-249024 | G05B 19/05 | | 【プログラマブルコントローラ】 |
| | | 特許第2847893号 | G05B 19/05 | | 【プログラマブルコントローラ】中央処理装置が制御するマスタバスに加えてファジィ推論演算ユニットが独自にデータ転送・外部通信などに使用できる内部バスを設けた。 |
| | | 特開平11-85518 | G06F 9/44 530 | | 【制御装置】 |
| | | 特開平 6-51812 | G05B 19/05 | スキャンタイムの短縮化 | 【プログラマブル・コントローラ】 |

表2.2.3-1 オムロンの保有特許(2/7)

| 技術要素 | | 特許番号 | 特許分類 | 課題 | 【発明の名称】概要 |
|---|---|---|---|---|---|
| ネットワーク化 | ネットワーク化 | 特許第2907233号 | G05B 19/05 | 通信の安定化など | 【プログラマブルコントローラの上位リンクシステム】PLC 2が直前に処理した一つの要求コマンドを記憶する記憶手段を設け、コマンドデータフォーマットに再送識別情報を付加し、前記再送識別情報により上位コンピュータ1よりPLC 2へのコマンド送信が再送であるか否かを判別し、再送であれば前記記憶手段が記憶している要求コマンドと新たな受信コマンドとを比較し、これが同一であれば、既に処理済みであることを上位コンピュータへ通知し、上位コンピュータ1はコマンドの再送を中止する。 |
| | | 特開2000- 3210 | G05B 19/05 | | 【プログラマブルコントローラ・システム及びプログラマブルコントローラ】 |
| | | 特開2000- 47715 | G05B 19/05 | | 【通信装置】 |
| | | 特開2000-137506 | G05B 19/05 | | 【プログラマブルコントローラ】 |
| | | 特開2001-100810 | G05B 19/05 | | 【コントローラ】 |
| | | 特開平 9-190407 | G06F 13/362 520 | | 【制御装置】 |
| | | 特開平 9-219715 | H04L 12/40 | | 【通信システム】 |
| | | 特開平11-282780 | G06F 13/00 351 | システム構成の変化に対応 | 【FAネットワークシステム】 |
| | | 特許第2847945号 | G05B 19/05 | | 【端末におけるネットワーク間通信制御方式】各端末の内部メモリに、各自のネットワークからデータ通信を行う相手先のネットワークまで経由するネットワークのアドレスと、ネットワーク間を中継する通信ユニットのノードアドレスと、アドレスを有するネットワークに接続されている通信ユニットの号機番号と、そのネットワークのアドレスとが設定されたルーチングテーブルをあらかじめ格納しておき、各端末が各自のルーチングテーブルに基づいてデータ通信を行うようにした。 |
| | | 特許第3129730号 | H04L 12/66 | | 【ネットワーク間相互通信方法】 |
| | | 特開平11-203114 | G06F 9/06 410 | 複数の通信仕様に対応 | 【マルチリモート装置】 |
| | | 特開2000-267704 | G05B 19/05 | | 【コントローラデータサーバおよびこのコントローラデータサーバを稼働させる記憶媒体】 |
| | | 特開2001-100809 | G05B 19/05 | | 【コントローラ】 |
| | 複数PLC間・マルチCPU間通信 | 特開平 8-339210 | G05B 19/05 | 分散化制御・通信の安定化 | 【プログラマブルコントローラ】 |
| | | 特開平11-242506 | G05B 19/048 | | 【プログラマブルコントローラ】 |
| | | 特開2000- 47717 | G05B 19/05 | | 【プログラマブルコントローラシステム】 |
| | | 特開2000-259215 | G05B 19/05 | | 【PLC用ツール装置、並びに、プログラム記録媒体】 |
| | | 特開2000-268016 | G06F 15/177 682 | | 【分散制御システム並びにその構成要素】 |
| | | 特開平 9- 91011 | G05B 19/05 | | 【負荷分散装置および方法】 |
| | | 特開平 9-212217 | G05B 19/05 | | 【通信装置】 |
| | | 特開平11- 7310 | G05B 19/05 | システム構成の変化に対応 | 【データ通信方法および装置】 |
| | | 特開平11-288307 | G05B 19/05 | | 【FAシステム】 |
| | | 特開2000-267710 | G05B 19/05 | | 【ネットワークルーティング情報生成方法および装置、およびネットワークルーティング情報生成方法が記録された記録媒体】 |
| | | 特開2000- 40055 | G06F 13/14 330 | 複数の通信仕様に対応 | 【マルチバスマスタ制御方法および制御装置】 |
| | | 特開平 8-123521 | G05B 19/19 | 高速化 | 【位置決め装置】 |

64

表2.2.3-1 オムロンの保有特許(3/7)

| 技術要素 | | 特許番号 | 特許分類 | 課題 | 【発明の名称】概要 |
|---|---|---|---|---|---|
| ネットワーク化 | PLC構成ユニット間通信 | 特開平11-259104 | G05B 19/048 | ユニット機種の認識・通信の安定化など | 【プログラマブルロジックコントローラ装置】 |
| | | 特開平10-275164 | G06F 17/40 | | 【情報収集方法および装置】 |
| | | 特開2000- 49891 | H04L 29/06 | | 【プログラマブルコントローラおよびその通信条件設定方法および通信条件設定装置】 |
| | | 特開平 6-350609 | H04L 12/28 | | 【データリンクシステム】 |
| | | 特許第3038900号 | G05B 19/05 | | 【プログラマブルコントローラシステム】ユーザプログラムを実行するPLC本体およびその周辺機器がともにアクセス可能な共有メモリを有するPLCシステムにおいて、ユーザプログラムは周辺機器からの共有メモリへのアクセスを禁止する命令とそれを解除する命令とを有している。 |
| | | 特開平10-161710 | G05B 19/05 | I/Oの遠隔化など | 【プログラマブルコントローラ】 |
| | | 特開平11-126107 | G05B 23/02 | | 【信号出力機器、信号入力機器および機器間の信号入出力システム】 |
| | | 特開平11-338518 | G05B 19/05 | | 【I/O装置、入出力方法およびI/O装置を使用した制御システム】 |
| | | 特開平11-338524 | G05B 19/05 | | 【汎用シリアルコミュニケーションインタフェースモジュール】 |
| | | 特開2000-138682 | H04L 12/28 | | 【スレーブ装置および省配線システム】 |
| | | 特開2000-269972 | H04L 12/28 | | 【センサ及び上位装置並びにセンサシステム】 |
| | | 特開2000-276687 | G08C 19/00 | | 【センサターミナル】 |
| | | 特開2000- 47766 | G06F 3/00 | | 【パラレルデータ伝送方法および装置、パラレルバスシステムにおける衝突防止方法および装置】 |
| | | 特開平 8-221108 | G05B 19/05 | | 【PLCのリモートI/Oシステム】 |
| | | 特開平11-161303 | G05B 19/05 | | 【センサ装置のリモートコントロール方法、センサ制御システム及びセンサ装置】 |
| | | 特開2000- 78229 | H04L 29/06 | | 【リモートターミナルのパラメータ設定方法及び装置】 |
| | | 特開平 9- 44212 | G05B 19/05 | | 【シリアル・コミュニケーション・インタフェースおよびシリアル・コミュニケーションのインタフェース方法】 |
| | | 特開平 9-128020 | G05B 19/05 | | 【PLCのリモートI/Oシステム】 |
| | | 特開平 9-212216 | G05B 19/05 | | 【PLCのリモートI/Oシステム】 |
| | | 特開平 6-124103 | G05B 19/05 | | 【プログラマブル・コントローラ】 |
| | | 特開平 6-124104 | G05B 19/05 | | 【プログラマブル・コントローラのリモートI/Oシステム】 |
| | | 特開平 6-230806 | G05B 19/05 | | 【プログラマブルコントローラのリモートI/Oシステム、および該システムに使用されるリモート親局ユニット】 |
| | | 特開平 7- 77931 | G09B 19/05 | | 【プログラマブルコントローラ】 |
| | | 特開平 9-128019 | G05B 19/05 | | 【PLCのリモートI/Oシステム】 |
| | | 特開平 9-179609 | G05B 19/05 | | 【制御装置】 |
| | | 特開平11-296210 | G05B 19/05 | | 【プログラマブルコントローラ】 |
| | | 特許第3136700号 | G05B 19/05 | | 【伝送速度切替機能付き省配線ターミナル装置】速い伝送速度を必要とするPLC等の制御機器にも対応できる省配線ターミナル装置。送信機1から伝送する信号の伝送速度を決定する内部発振器の発振周波数を、高い周波数と低い周波数とに切り替える切替手段1aを設け、この信号を受信する受信機2の内部発振器の受信速度を切り替える切替手段2bを設けた構成。 |
| | | 特開平11- 31006 | G05B 19/05 | | 【PLCリモートI/Oシステム】 |
| | | 特開平 6- 95718 | G05B 19/05 | | 【プログラマブル・コントローラのリモートI/Oシステム】 |
| | | 特開平10-320022 | G05B 19/05 | | 【プログラマブルコントローラ】 |
| | | 特許第2847957号 | G05B 19/05 | | 【増設システム】電源断状態の子局があったとしても、親局がその電源遮断状態の子局を飛ばして順次各子局にアクセスして、子局毎にアドレスを認識し、アドレスの重複などの異常を検出する。 |
| | | 特許第2847958号 | G05B 19/05 | | 【増設システム】親局が出力した子局認識信号により、その親局に近い子局から順次子局選択信号を出力させて子局を順次動作状態にし、親局がその動作状態によらずに子局に順次アクセスして,子局毎にそのアドレスを認識し、アドレスの重複などの異常を検出する。 |
| | | 特開2000-259208 | G05B 15/02 | | 【機器及び通信モジュール並びにマッピング情報の生成方法及びツール装置】 |
| | | 特開平 8-190484 | G06F 9/445 | プログラムローディングの安定化 | 【開発支援装置】 |
| | | 特開平 9- 62320 | G05B 19/05 | 高速化 | 【データ処理装置】 |

65

表2.2.3-1 オムロンの保有特許(4/7)

| 技術要素 | | 特許番号 | 特許分類 | 課題 | 【発明の名称】概要 |
|---|---|---|---|---|---|
| プログラム作成 | プログラム開発・作成 | 特開平 8-328619 | G05B 19/05 | プログラム作成・変更の容易化 | 【処理装置】 |
| | | 特許第2658578号 | G05B 19/05 | | 【プログラマブルコントローラ】プログラムの工程中、関連する複数の工程を1チャート化してサブチャートとするとともに、それらのサブチャート全体に停止およびリセットをかける上位工程を設け、サブチャート中の工程に対する訂正およびリセットはそのサブチャートの上位工程に対する停止およびリセット命令により実行できるようにした。これによりプログラム中のある工程部分に対する停止およびリセット動作をユーザにとって簡単な形でプログラミングすることができる。 |
| | | 特開平 8-249289 | G06F 15/16 350 | | 【メモリ制御装置およびその制御方法】 |
| | | 特開2000-132210 | G05B 19/05 | | 【制御装置及び協調制御方法】 |
| | | 特開平 9-198455 | G06F 19/00 | | 【取引処理装置】 |
| | | 特開平11-249877 | G06F 9/06 530 | | 【プログラム作成支援方法および装置】 |
| | | 特開2000-122706 | G05B 19/048 | | 【プログラマブルコントローラシステム並びにその構成機器】 |
| | | 特開2000-155605 | G05B 19/048 | | 【表示装置】 |
| | | 特開平10-340110 | G05B 19/05 | | 【プログラム作成支援方法およびプログラム作成支援装置】 |
| | | 特開平11-345115 | G06F 9/06 410 | | 【制御機器および記録媒体】 |
| | | 特開平11-338519 | G05B 19/05 | | 【プログラマブルコントローラ、プログラム作成支援装置及びプログラム作成支援方法】 |
| | | 特開2000-242314 | G05B 19/05 | | 【プログラム判別表示方法および装置】 |
| | | 特開平 6-51817 | G05B 19/05 | プログラム開発の容易化 | 【プログラマブルコントローラ】 |
| | | 特開平 6-51818 | G05B 19/05 | | 【プログラマブルコントローラ】 |
| | | 特許第3171221号 | G05B 19/048 | | 【プログラマブルコントローラ】MPU11は、指定したサブルーチンを実行する場合、当該サブルーチンの番号をワークメモリ14に退避して、MPU11内部のハードタイマ11aを起動し、サブルーチンの演算処理が終了したら、それと同時にハードタイマを停止させて、当該サブルーチンの実行時間を計測し、その実行時間をワークメモリ14に格納する。そして、最新サブルーチンの実行時間が最長サブルーチンの実行時間より大きい場合のみ実行時間を更新して出力し、各サブルーチンの実行時間を分析する。 |
| | | 特開平 8-179814 | G05B 19/05 | | 【ラダープログラム開発支援装置】 |
| | | 特開平10-320020 | G05B 19/05 | | 【プログラム変換方法およびプログラム変換装置】 |
| | | 特開平 8-166807 | G05B 19/05 | | 【制御プログラム作成装置】 |
| | | 特開平10-320019 | G05B 19/05 | | 【プログラム作成支援装置】 |
| | | 特許第2621631号 | G05B 19/05 | | 【プログラマブルコントローラ】各工程毎の処理情報と次工程に移る場合の遷移条件情報を記憶した工程情報記憶手段と、各遷移条件毎に前後につながる工程との接続情報を記憶した遷移条件情報記憶手段と、各工程に付随する処理プログラムを記憶した処理プログラム記憶手段と、各遷移条件の遷移条件プログラムを記憶した遷移条件プログラム記憶手段と、アクティブ状態にある工程をチェーン形式で記憶し、各工程を順次に処理する工程管理手段とを設け、SFCの図示表現に忠実な形でユーザプログラムの高速処理を行う。 |
| | | 特許第2700013号 | G05B 19/05 | | 【プログラマブルコントローラのためのユーザプログラム用コンパイラ】ソースプログラムが入力されたチャートのSFC言語におけるステップ、トランジション、連結線、各種ターミナルの全ての図示情報を含むものであっても、ソースプログラムより各ステップおよび各トランジションの座標と番号とを抽出してそれぞれ座標と番号とからなるステップテーブルおよびトランジションテーブルを作成してオブジェクトコードを得、サイズ効率の優れたオブジェクトプログラムを作成する。 |

表2.2.3-1 オムロンの保有特許(5/7)

| 技術要素 | | 特許番号 | 特許分類 | 課題 | 【発明の名称】概要 |
|---|---|---|---|---|---|
| プログラム作成 | プログラム開発・作成 | 特許第2653409号 | G05B 19/05 | プログラム開発の容易化 | 【プログラマブルコントローラのプログラム開発装置】チャート式プログラムモードを選択するとステップ、アクション、トランジションなどのプログラム要素がSFC言語の規則にしたがって自由に入力されるSFCプログラム開発環境が、またラダー図式プログラムモードを選択すると一つのステップとこれに付随する一つのアクションが自動作成され、自動作成された一つのアクションをラダー言語によるプログラミング空間として与えられる。これにより何れの言語でもプログラム可能である。 |
| | | 特開平 7-334212 | G05B 19/05 | | 【プログラマブルコントローラ】 |
| | | 特開2000-132208 | G05B 19/05 | | 【コントロール制御装置】 |
| | | 特開2000-242307 | G05B 19/05 | | 【プログラム作成支援方法および装置】 |
| | | 特開2000-259211 | G05B 19/05 | | 【制御プログラムソースのコンパイル方法及び装置】 |
| | | 特開平10- 31507 | G05B 19/05 | | 【シーケンスプログラムの作成支援装置及び作成支援方法】 |
| | | 特開2000-242313 | G05B 19/05 | | 【アドレス自動割付方法および装置】 |
| | | 特開平10-133734 | G05B 23/02 | | 【離散系シミュレータ】 |
| | | 特開平 9-251305 | G05B 19/05 | | 【プログラム作成装置】 |
| | | 特開平10-312204 | G05B 19/05 | | 【表示装置および 表示方法】 |
| | | 特開2000-242315 | G05B 19/05 | | 【設定表示器、プログラマブルコントローラ、プログラマブルコントローラシステムおよび表示部付き機器】 |
| | デバッグ | 特開平10- 91218 | G05B 19/05 | プログラム作成時のデバッグの容易化 | 【プログラマブル・コントローラ】 |
| | | 特開平11-259107 | G05B 19/05 | | 【制御装置】 |
| | | 特開平 8-272413 | G05B 19/05 | | 【プログラム実行システム】 |
| | | 特開平11-134216 | G06F 11/28 | | 【制御装置及び方法】 |
| | | 特開平 9-101810 | G05B 19/05 | | 【プログラマブルコントローラの入出力接点の変化記録データを解析する装置およびその方法】 |
| | | 特開平 9-146615 | G05B 19/048 | | 【シミュレーション補助装置およびシミュレーション補助方法】 |
| | | 特開平11- 73210 | G05B 19/05 | | 【エミュレーション方法およびエミュレータ装置】 |
| | | 特開平11-288308 | G05B 19/05 | | 【オンラインエディットシステム】 |
| | | 特許第2663959号 | G05B 19/048 | | 【プログラマブルターミナル】PLCからの画面切替え指示がI/Oモニタテーブル画面である場合には(ステップ110"Yes")I/O番号やI/O状態をPLCへ送り、そのI/O番号に対応したI/O状態を書替える。PLCからの画面切替え指示がI/Oモニタ画面である場合には(ステップ200"Yes")、そのI/Oモニタ画面に表示されたI/O番号に基づきPLC1にI/O状態を問合せ、モニタ内容を返答のあったI/O状態に書替える。プロコンを接続することなく、かつ、PLC側のラダーに負担もかけることなくI/O状態のモニタや変更を行う。 |
| | | 特開平 8-305417 | G05B 19/05 | | 【シーケンスプログラムのデバッグ装置およびデバッグ方法】 |
| | | 特開平 9- 62317 | G05B 19/05 | システム変更に対応したデバッグの容易化 | 【プログラマブル制御装置および方法】 |
| 小型化 | 小型化 | 特開平 6-324722 | G05B 19/05 | コンパクト化 | 【プログラマブルコントローラ】 |
| | | 特開平 8-272406 | G05B 19/048 | | 【サブベースユニット、処理ユニット、及びこれらを用いたプログラマブルコントローラ】 |
| | | 特許第3090071号 | G05B 19/05 | | 【制御装置】RS-232C用コネクタ部6およびペリフェラル用コネクタ部7を、表示部121～124が設けられている突出部4よりも低くし、ケーブルコネクタを前記コネクタ部6、7に装着したときに、該ケーブルコネクタが、前記突出部4よりも上方へ突出しないようにし配線のデッドスペースを低減し、小型化およびコストの低減を図った制御装置。 |
| | | 特開平 8-286711 | G05B 19/05 | | 【表示装置】 |
| RUN中変更 | RUN中のプログラム変更 | 特開平11-249881 | G06F 9/06 540 | 動作中処理への影響減 | 【制御装置】 |
| | | 特開平 9- 34518 | G05B 19/05 | | 【制御処理装置】 |
| | | 特開平 9- 44214 | G05B 19/05 | | 【プログラマブルコントローラ】 |
| | | 特開平 9-244717 | G05B 19/05 | 変更のタイミング | 【制御装置】 |
| | | 特開2001-142510 | G05B 19/05 | 操作性向上 | 【コントローラシステム及びプログラミングツール並びにコントローラ】 |

表2.2.3-1 オムロンの保有特許(6/7)

| 技術要素 | | 特許番号 | 特許分類 | 課題 | 【発明の名称】概要 |
|---|---|---|---|---|---|
| 監視・安全 | 監視 | 特許第3148771号 | G05B 19/048 | 障害の検出 | 【プログラマブルコントローラ】順不同に発生することを許容する複数の状態遷移を含む箇所を指定するとともに、この指定された箇所においては該箇所に含まれる複数のすべての状態遷移が終了するに要する時間と共通監視基準時間を比較することにより異常を監視する。また、特定の箇所を指定し、この指定された箇所に対応する監視基準時間を、所定の相関関数にしたがって動的に変更し、各状態遷移が順不同に発生する箇所または監視箇所相互に相関関係を有する箇所を含む場合も含めて異常を監視する。 |
| | | 特許第3074719号 | H04L 12/56 | | 【プログラマブルコントローラの通信方式】通信不能の異常が発生した場合、異常発生ノード通信ユニットではそのアドレスを発信側PLCに返信すると共に、自ユニットで発生した異常要因、異常発生時刻の履歴を記録するようにした。 |
| | | 特開平 9-128015 | G05B 19/048 | 障害検出後の処理 | 【PLCのリモートI/Oシステム】 |
| | | 特開平10- 11325 | G06F 11/30 305 | | 【プログラマブルコントローラ】 |
| | | 特開平10- 11326 | G06F 11/30 310 | | 【制御装置】 |
| | | 特開平 9-179799 | G06F 13/00 351 | 障害の分析 | 【ネットワークモニタシステム】 |
| | | 特開2000- 47707 | G05B 15/02 | | 【情報管理装置およびその制御方法】 |
| | | 特開2000-259237 | G05B 23/02 301 | | 【ロギング装置、ロギングシステム及びトリガ信号生成装置】 |
| | | 特開2000-259239 | G05B 23/02 301 | | 【ロギング装置、ロギングシステム及びロギングレポート】 |
| | | 特開平 5-134718 | G05B 19/05 | | 【故障診断のための診断対象のグループ化方法および装置】 |
| | | 特開平11-143529 | G05B 23/02 301 | | 【制御装置】 |
| | 安全 | 特開2000- 47718 | G05B 19/05 | 操作性向上 | 【プログラマブルロジックコントローラ、プログラマブルロジックコントローラのユニット、プログラマブルロジックコントローラの管理システム、およびプログラマブルコントローラの管理方法】 |
| | | 特開平 7-129076 | G05B 19/05 | セキュリティ向上 | 【プログラマブルコントローラおよびこのプログラマブルコントローラに備えられている通信装置】 |
| | | 特開2000- 56818 | G05B 19/05 | | 【プログラマブルロジックコントローラおよびその制御方法】 |
| 信頼性 | 信頼性 | 特開平11-353008 | G05B 19/048 | 可用性向上 | 【プログラマブル操作表示器およびそのデータ転送方法】 |
| | | 特開平 8- 95614 | G05B 19/05 | | 【制御装置】 |
| | | 特許第3082806号 | G05B 19/048 | | 【故障診断装置】入力信号にチャタリングやバウンシングが含まれていても確実に故障診断を行うことのできる故障診断装置。ROM(24)に格納された診断プログラムは、RAM(25)に登録された遷移監視時間帯以外においてはPLCからの入力信号のチャタリング対策を行わず、上記遷移監視時間帯になると、上記入力信号に遷移があるとこれを登録し、その後上記ランダムアクセスメモリ(25)に設定されたチャタリング監視時間に基づき上記入力信号のチャタリングを監視する。 |
| | | 特開平 6-131014 | G05B 19/05 | | 【プログラマブルコントローラのリモートI/Oシステム】 |
| | | 特開平 9-319411 | G05B 19/05 | | 【通信方法および装置】 |
| | | 特開平11- 85230 | G05B 19/05 | | 【制御システム、ターミナル及び入力用あるいは出力用の機器】 |
| | | 特開平11-272308 | G05B 19/048 | 障害波及防止 | 【制御装置】 |
| | | 特許第3074726号 | H04L 12/66 | 障害回復処理 | 【プログラマブルコントローラにおけるネットワーク間通信方式】ネットワーク同士間のデータ通信の中継エラー発生時に、中継エラー発生個所を示すネットワークアドレス、ノードアドレス、中継エラー発生原因、中継エラーを示すフラグをレスポンスとして送信元ノードへ返送するエラーレスポンス返信手段を設けた。 |

表2.2.3-1 オムロンの保有特許(7/7)

| 技術要素 | | 特許番号 | 特許分類 | 課題 | 【発明の名称】概要 |
|---|---|---|---|---|---|
| 表示 | 稼動状態の表示 | 特開平 6- 75608 | G05B 19/05 | 指定・設定の容易化 | 【プログラマブルコントローラのモニタ装置およびモニタ方法】 |
| | | 特開平 9-212213 | G05B 19/048 | 表示対象の設定の容易化 | 【プログラマブルコントローラシステム統合モニタツール】 |
| | | 特開平10-333896 | G06F 9/06 530 | | 【テーブルリファレンス方法および装置】 |
| | | 特開2001- 84013 | G05B 19/05 | | 【操作端末およびプログラマブルロジックコントローラ】 |
| | | 特開平 9- 91010 | G05B 19/05 | 表示画面の視認性向上 | 【データ処理装置及び表示装置】 |
| | | 特開平11-212604 | G05B 19/048 | 保守性向上 | 【プログラマブルコントローラにおけるCPU装置およびI/O増設装置】 |
| | | 特許第2906382号 | G05B 19/05 | 高速化 | 【プログラマブルコントローラにおけるユーザプログラムのトレース方式】命令自身を識別するための識別番号がオペランドとして設けられている識別命令をユーザプログラム中の任意の位置に設定し、ユーザプログラム実行中に上記識別命令が実行されるときだけ、その識別番号を表示装置に表示させ、実時間に近い処理速度でユーザプログラムの命令実行軌跡をトレースできるようにした。 |
| | | 特開2000- 10608 | G05B 19/05 | | 【通信装置、PLCユニットおよび表示器】 |
| 特殊機能 | 構成・機能設定など | 特開平 6-324720 | G05B 19/05 | 構成・機能設定の容易化 | 【プログラマブルコントローラ】 |
| | | 特開平 6-324718 | G05B 19/05 | | 【プログラマブルコントローラ、入力ユニットの時定数設定方法、入力ユニットおよびCPUユニット】 |
| | | 特開平 7-234706 | G05B 19/02 | | 【制御機器】 |
| | | 特開平 8-328992 | G06F 13/14 320 | | 【制御装置】 |
| | | 特開平10-105215 | G05B 19/05 | | 【シーケンサ】 |
| | | 特開平 6- 51816 | G05B 19/05 | 性能機能向上 | 【プログラマブルコントローラ】 |
| | 割込み | 特開平 8-328875 | G06F 9/46 311 | 応答性改善 | 【割込みインターフェース】 |
| | | 特開2001- 5505 | G05B 19/05 | 割込端子数制限緩和 | 【プログラマブル・コントローラ】 |
| | | 特開平 8-328621 | G05B 19/05 | 本体ソフトウェア負荷軽減 | 【制御装置】 |
| | | 特開平10- 91220 | G05B 19/05 | | 【プログラマブル・コントローラ】 |
| | | 特開2000-339009 | G05B 19/05 | | 【位置決め制御ユニット、CPUユニット、並びに、プログラマブル・コントローラ・システム】 |
| | タイマ | 特開平 8-249014 | G05B 19/05 | 精度向上 | 【プログラマブル・コントローラおよびプログラマブル・コントローラのタイマ装置の制御方法】 |
| | | 特開平 9-244716 | G05B 19/05 | | 【プログラマブル・コントローラのタイマ装置】 |
| 生産管理との連携 | 生産管理との連携 | 特開平11-249717 | G05B 19/05 | 搬送効率向上 | 【生産設備制御装置】 |
| | | 特開平11- 85259 | G05B 23/02 301 | 実績管理の効率向上 | 【稼動情報収集方法および装置】 |

## 2.2.4 技術開発拠点

表2.2.4-1にオムロンの技術開発拠点を示す。

表2.2.4-1 オムロンの技術開発拠点

| 京都府 | 本社 |
|---|---|
| 岡山県 | オムロン岡山 |
| 神奈川県 | オムロンテクノカルト |
| 東京都 | オムロンデータゼネラル |
| イギリス | オムロンエレクトロニクスエルティーディ |

## 2.2.5 研究開発者

図2.2.5-1に出願年に対する発明者数と出願件数の推移を示す。
図2.2.5-2に発明者数に対する出願件数の推移を示す。

図 2.2.5-1 出願年に対する発明者数と出願件数の推移

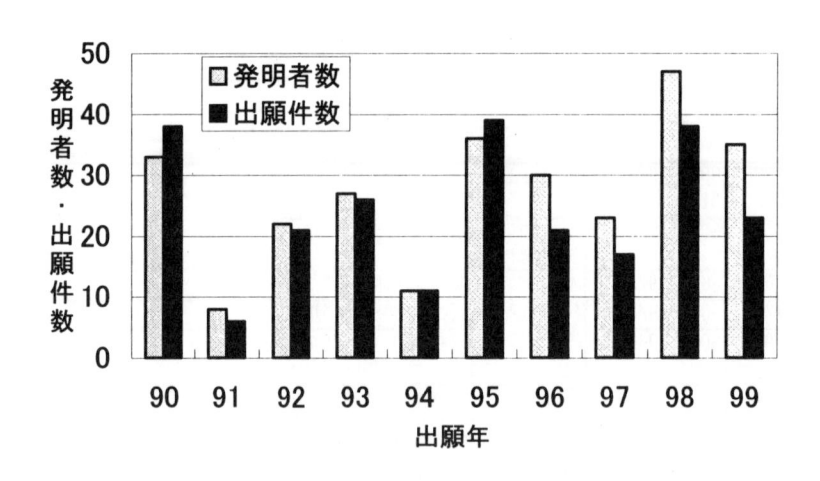

図 2.2.5-2 発明者数に対する出願件数の推移

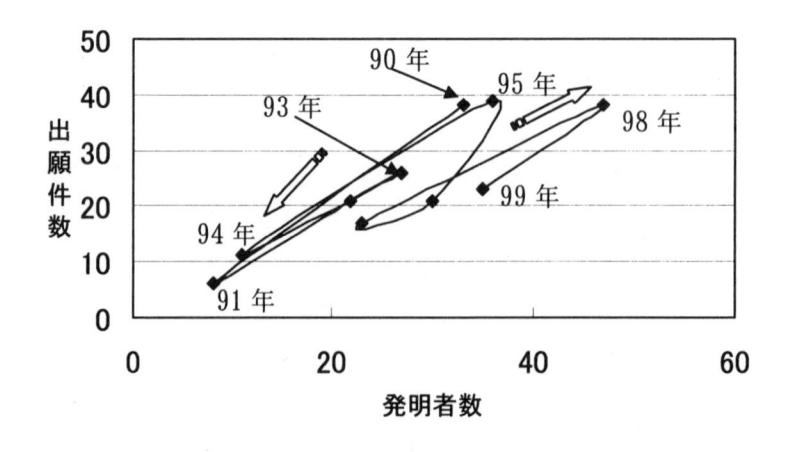

## 2.3 東芝

　総合電機メーカー大手。事業内容は、パソコン、AV機器、電子デバイス、電化製品、電力システムなどの製造・販売・サービス。
　プログラム制御技術関連製品として、プログラマブルコントローラおよび関連機器、製造システム、FAシステムなどのサービスソリューションを提供。

　信頼性技術、プログラム作成技術、ネットワーク化技術に関して多数の特許（出願）を保有している。
　信頼性技術に関しては、表 1.4.7-1 に示されるように、可用性の向上を開発の課題とするものが多く、バックアップ、デュアルシステムなど、およびノイズ対策により解決している。
　ネットワーク化技術については、表 1.4.2-1 に示されるように、PLC構成ユニット間通信におけるI/Oの遠隔化などの課題に対するものが多く、その解決手段としては、バス構成を用いるものとデータメモリを活用するものが多い。
　プログラム作成技術については、表 1.4.3-1 に示されるように、プログラム開発・作成の容易化を課題とするものが多い。

### 2.3.1 企業の概要

　表2.3.1-1に東芝の企業の概要を示す。

表2.3.1-1 東芝の企業の概要

| | | |
|---|---|---|
| 1) | 商号 | 株式会社 東芝 |
| 2) | 設立年月 | 1904年6月 |
| 3) | 資本金 | 2,749億2,200万円 |
| 4) | 従業員 | 51,340名(2001年9月現在) |
| 5) | 事業内容 | パソコン、AV機器、電子デバイス、電化製品、電力システムなどの開発・製造・販売・サービス |
| 6) | 技術・資本提携関係 | － |
| 7) | 事業所 | 本社/東京　工場/府中、青梅、大分、那須他 |
| 8) | 関連会社 | 東芝プラント建設、東芝テック |
| 9) | 業績推移 | 5兆3,009億200万円 (1999.3)　5兆7,493億7,200万円 (2000.3)　5兆9,513億5,700万円 (2001.3) |
| 10) | 主要製品 | パソコン、周辺機器、携帯電話、モバイル機器、AV機器、電力システム、医用機器、半導体 |
| 11) | 主な取引先 | － |
| 12) | 技術移転窓口 | 知的財産部　企画担当　TEL 03-3457-2501 |

## 2.3.2 プログラム制御技術に関連する製品・技術

表2.3.2-1にプログラム制御に関する東芝の製品を示す。

表2.3.2-1 東芝のプログラム制御関連製品

| 製品 | 製品名 | 発売時期 | 出典 |
|---|---|---|---|
| プログラマブルコントローラ | PROSEC Tシリーズ | － | http://www3.toshiba.co.jp/sic/seigyo/procon/index_j.htm |

## 2.3.3 技術開発課題対応保有特許の概要

表2.3.3-1に東芝の技術課題対応保有特許の概要を示す。

表2.3.3-1 東芝の保有特許(1/6)

| 技術要素 | | 特許番号 | 特許分類 | 課題 | 【発明の名称】概要 |
|---|---|---|---|---|---|
| グローバル化・高速化 | グローバル化 | 特開平10-214107 | G05B 19/05 | ほかの制御手段との連携化 | 【プラント制御装置】 |
| | 上位コンピュータによる統合運転 | 特開2001-22401 | G05B 7/02 | システム構成の変化に対応 | 【統合コントローラ及び制御システム並びに伝送装置】 |
| | PLCのグローバル化対応 | 特開平10-254514 | G05B 19/05 | 性能向上 | 【プログラマブルコントローラ】 |
| | | 特開平 7-244506 | G05B 19/05 | | 【プログラマブルコントローラ】 |
| | | 特開2000-259212 | G05B 19/05 | | 【プログラマブルコントローラ】 |
| | | 特開平 5-120007 | G06F 9/32 360 | | 【プログラマブルコントローラ】 |
| | | 特開平 8-202548 | G06F 9/30 330 | | 【プログラマブルコントローラの処理周期制御装置】 |
| | | 特開平 9-204206 | G05B 19/05 | | 【プログラマブルコントローラ】 |
| | | 特開平11-39160 | G06F 9/32 310 | | 【プログラマブルコントローラ】 |
| | | 特開平 8-249004 | G05B 13/02 | | 【プラント制御装置】 |
| | | 特許3190779号 | G05B 19/05 | | 【プログラマブルコントローラ】プログラム命令のオペランドでアドレス指定されるデータ8bと制御フラグ8aを対で格納するデータメモリ8を備え、シーケンス制御の高速スキャン動作を損うことなくデータ処理とプロセス制御処理を行う |
| | | 特開平 9-152904 | G05B 19/05 | | 【プログラマブルコントローラ】 |
| ネットワーク化 | ネットワーク化 | 特開平10-161714 | G05B 19/05 | 通信の安定化など | 【電力系統保護制御システムおよび分散制御システム】 |
| | | 特開平 9-114505 | G05B 19/05 | 高速化 | 【自動ボーレート最適化システム】 |
| | 複数PLC間・マルチCPU間通信 | 特許第2774669号 | G05B 19/05 | 分散化制御・通信の安定化 | 【プログラマブルコントローラのネットワーク構成方法】複数のPLCが互いにデータを共有するスキャン伝送のデータ伝送方法において、異なる伝送系統間でデータの転送を行うゲートウェイステーションの送信エリアの設定が不要で、伝送システムの変更が容易なPLCネットワークを構成する。 |
| | | 特許第2877558号 | G05B 19/05 | | 【プログラマブル・コントローラ二重化システム】高速のトラッキング量、低速のトラッキング量に基づいてトラッキング時のトラッキングバッファを分割するトラッキングバッファ分割手段を設け、効率的なトラッキングバッファの分割を実施し、トラッキング時間を小さくしたPLCの2重化システム。 |
| | | 特開平11-184508 | G05B 19/05 | | 【プログラマブルコントローラ】 |
| | | 特許第2774675号 | G05B 19/05 | | 【バスコントローラ】2系統のPLCと、共通のI/Oモジュールとの間に設置されるバスコントローラに、両方のPLCからI/Oモジュールへのアクセス内容の一致を検出する回路やI/Oバスのアービタ、両系のPLCのシステムバスを共通のI/Oバスに接続するためのバスマルチプレクサなどを設けた、同期2重系、待機2重系、機能分担2重系などのシステム。 |
| | | 特開平 9-219714 | H04L 12/40 | | 【伝送制御システム】 |
| | | 特開平 9-222908 | G05B 19/05 | システム構成の変化に対応 | 【プロセス制御システム】 |
| | | 特開2000-222013 | G05B 19/05 | | 【プログラマブルコントローラ】 |
| | | 特開2000-250612 | G05B 19/05 | | 【プログラマブルコントローラ】 |
| | | 特開2001-117607 | G05B 15/02 | | 【コントローラシステム、およびそれを適用したプラント】 |
| | | 特開平 6-309015 | G05B 19/05 | | 【プログラマブルコントローラ】 |
| | | 特許第3075825号 | G05B 19/05 | 複数の通信仕様に対応 | 【並列実行型プログラマブルコントローラ装置】自コントローラおよび他コントローラに割当てられた保持ブロックに対する制御データを保持する共有記憶手段14bと、これに保持される自制御データを伝送し、他コントローラから他制御データを受けると共有記憶手段の該当する保持ブロックに書き込むデータ配置手段14cとを備え、各実行形態のプログラムを個々のコントローラに分散配置し、各コントローラを並列実行する並列実行型PLC装置。 |
| | | 特許第3020776号 | G05B 19/05 | 高速化 | 【プロセス計装システム】複数のコントローラ111、112、…と1系統の外部プロセス入出力システム15との間に、インタフェース装置12とプロセスの予め定められた種類の入出力データを記憶する複数の入出力カード131、132、…とを有するユニット14を設け、プロセスに対する高速制御を実現する。 |

表2.3.3-1 東芝の保有特許(2/6)

| 技術要素 | | 特許番号 | 特許分類 | 課題 | 【発明の名称】概要 |
|---|---|---|---|---|---|
| ネットワーク化 | PLC構成ユニット間通信 | 特許第3075820号 | G06F 3/00 | I/Oの遠隔化など | 【終端抵抗検出回路】終端抵抗(302)の接続の有無に応じて第1の論理値(TRC)を決定する終端抵抗接続手段(303)と、次ユニットの有無に応じて第2の論理値(NUN)を決定するディジーチェーン信号線200Bと、第1の論理値(TRC)および第2の論理値(NUN)から終端抵抗の接続状態を判定する検出手段(306)を設けた。 |
| | | 特開平 7-311605 | G05B 19/05 | | 【プログラマブルコントローラ】 |
| | | 特許第2962431号 | G05B 19/05 | | 【プログラマブルコントローラ】PLCのI/Oユニットに一括入出力用のモジュールを設け、このモジュールにユニット内のI/Oの一括入出力を分担させることにより、複数のユニットにおけるI/Oの一括入出力を並列に実行させる。 |
| | | 特開平 8-249259 | G06F 13/00 354 | | 【データ伝送方式】 |
| | | 特開平10-83205 | G05B 19/048 | プログラムローディングの安定化 | 【プログラマブルコントローラ及びプログラミングツール及び制御システム並びに制御システムのデータ伝送方法】 |
| | | 特開平11-85219 | G05B 19/048 | 高速化 | 【プログラマブルコントローラ】 |
| | | 特開平 8-147013 | G05B 19/05 | | 【プログラマブルコントローラ】 |
| プログラム作成 | プログラム開発・作成 | 特開平 8-286702 | G05B 9/02 | プログラム作成・変更の容易化 | 【目標駆動型制御装置】 |
| | | 特開平 9-62310 | G05B 17/02 | | 【制御装置の制御論理設計方法】 |
| | | 特開平10-222212 | G05B 19/05 | | 【制御論理生成装置】 |
| | | 特開平10-97552 | G06F 17/50 | | 【CADデータ変換装置】 |
| | | 特開平11-24908 | G06F 9/06 530 | | 【ソフトウェア自動生成装置】 |
| | | 特開平10-307610 | G05B 19/05 | | 【プログラマブルコントローラのプログラミング装置】 |
| | | 特開平 8-137501 | G05B 9/03 | | 【プロセス制御装置】 |
| | | 特開平11-85224 | G05B 19/05 | | 【プログラムローディング装置】 |
| | | 特開2000-276213 | G05B 19/05 | | 【プログラマブルコントローラ】 |
| | | 特開平10-20905 | G05B 19/048 | | 【制御シーケンスプログラムのモニタ装置】 |
| | | 特開平10-83243 | G06F 3/023 | | 【制御データ変更装置及び方法】 |
| | | 特開平 9-237109 | G05B 19/05 | | 【システムデータ登録装置】 |
| | | 特許第2938246号 | G05B 19/05 | プログラム開発の容易化 | 【動作記述式プログラマブルコントローラ】制御対象のプラントの状態データと制御出力データとを関連付けて表した制御対象のプラントの動作を示すタイムチャートを複数のステップに分割し、プラントの状態変化とそれに続くプラントの状態とからなるデータテーブル形式でプログラムデータとして記憶しておき、状態変化があった状態データについては状変データを、状態変化がない状態データについては今回状態データを、被入力処理データとして蓄え、被入力処理データとプログラムデータとを比較して一致したステップを抽出し、その次のステップに規定されている制御出力データを抽出し、この制御出力データに対応する制御出力を出力する。 |
| | | 特開平 6-149313 | G05B 19/05 | | 【制御実行プログラム生成装置】 |
| | | 特開平 7-84516 | G09B 19/05 | | 【制御実行プログラム生成方法】 |
| | | 特許第2938374号 | G05B 19/05 | | 【順序シーケンス・プログラムの作成装置および制御装置】入力装置を介して順次指定された機能シンボルをプログラム作成画面上で順序シーケンス図として表示すると共に、テキスト形式で指定された各機能シンボル内での処理内容をステップ毎に順序テーブルに記憶する。作成された順序シーケンス図を、機能シンボル定義メモリおよび順序テーブルの記憶内容に基づいて制御装置が実行可能な実行プログラムに生成する。生成された実行プログラムを制御装置へ転送する。また、生成された実行プログラムから順序シーケンス図を逆生成し、逆生成した順序シーケンス図をプログラム作成画面上に表示する。 |

表2.3.3-1 東芝の保有特許(3/6)

| 技術要素 | | 特許番号 | 特許分類 | 課題 | 【発明の名称】概要 |
|---|---|---|---|---|---|
| プログラム作成 | プログラム開発・作成 | 特許第3150399号 | G05B 19/05 | プログラム開発の容易化 | 【制御仕様生成装置におけるメタ仕様生成方法および仕様生成方法】対象知識記憶装置30内の制御対象を階層的に管理するモデルを用い、設計者が階層に沿って対話的に動作の流れを入力することにより、メタ仕様獲得処理部8が制御仕様全体を系統立てて扱うための知識（メタ仕様）を獲得してメタ仕様記憶装置70に記憶する。そして、この知識（メタ仕様）を用いて仕様入力制御部16が制御仕様のうちの機器動作部を作成し、仕様入力部26が設計者と対話を行いながら制御仕様のうちの遷移条件部を作成する。 |
| | | 特許第3115237号 | G05B 19/05 | | 【制御プログラム作成装置及び制御プログラム作成方法】部分仕様ごとの部分プログラムである素制御関数1と、前記各関数間の優先順位とを与える。結合手段が、各素制御関数1に素フィルタ関数を結合することによって、フィルタリング機能を含む制御フィルタ部品を作成する。作成手段が、制御フィルタ部品を、優先順位が実現されるように組み合わせることによって、部品たる制御パイプ部品を作成する。合成手段が、各制御パイプ部品から全体の制御プログラムを作成する。素制御関数1および制御フィルタ部品のデータは保存手段に保存し、再利用する。システムを制御する制御プログラムを、効率的に作成する。 |
| | | 特許第3048433号 | G05B 19/05 | | 【プログラマブルコントローラのプログラミング装置】シンボルネームをプログラム中の命令のオペランドとして入力するPLCのプログラミング装置において、シンボルネームの先頭のブロック識別情報を分別し選択情報を与えるシンボルネーム分別手段と、分別されたオペランドにシンボルネームが入力されたか否かを判定し、シンボルネームでない場合はメモリアドレスを割り付け、またシンボルネームである場合はメモリアドレスの割り付けがされていないシンボルネームを、シンボルネームの識別情報に基づいてあるメモリアドレス以降に順次割り付けを行なうユーザデータメモリアドレス割付手段とを備えたことを特徴としている。事前のメモリアドレスの割付作業やチェック作業を不要とし、プログラム作成時の作業効率の向上を図る。 |
| | | 特開平 7- 56500 | G05B 19/05 | | 【プログラマブルコントローラ】 |
| | | 特開平 7-253876 | G06F 9/06 530 | | 【プログラム作成装置】 |
| | | 特開平 9- 91008 | G05B 19/05 | | 【プログラマブルコントローラ用の入力装置】 |
| | | 特開平 9-288569 | G06F 9/06 530 | | 【プログラマブルコントローラ】 |
| | | 特開2001- 22412 | G05B 19/05 | | 【プログラミング装置及びプログラマブルコントローラ並びにプログラムを記録したコンピュータ読み取り可能な記録媒体】 |
| | デバッグ | 特許第3015793号 | G05B 19/05 | プログラム作成時のデバッグの容易化 | 【プログラマブルコントローラ】シーケンスプログラムメモリのシーケンスプログラムはSFCプログラムにおけるステップの実行状態を管理する情報を、ステップを実行する命令のオペランドとして持っており、シーケンス演算プロセッサは内部に記憶したモニタ指定条件とステップを実行する命令のオペランドの内容との比較結果に従ってSFCプログラムの任意の実行状態におけるモニタを可能とすることを特徴とする。 |
| | | 特開平 8-278809 | G05B 23/02 | | 【プラント制御装置】 |
| | | 特開平 9- 97279 | G06F 17/50 | | 【プロセス制御論理の検証方法および装置】 |
| | | 特開平 6-242808 | G05B 19/05 | | 【プログラマブルコントローラのプログラム保守ツール】 |
| | | 特開平10- 63315 | G05B 19/05 | | 【タグシステム及びそのタグシステムを用いた監視制御装置】 |

表2.3.3-1 東芝の保有特許(4/6)

| 技術要素 | | 特許番号 | 特許分類 | 課題 | 【発明の名称】概要 |
|---|---|---|---|---|---|
| プログラム作成 | デバッグ | 特開平 8-211906 | G05B 19/048 | システム変更に対応したデバッグの容易性 | 【コントローラ装置】 |
| 小型化 | 小型化 | 特開平10- 11131 | G05B 23/02 | コンパクト化 | 【プラントの制御装置】 |
| | | 特開平11-143503 | G05B 19/048 | | 【プラント制御装置】 |
| | | 特開平 9-146616 | G05B 19/05 | 構成変更の容易化 | 【ワンチップサーボコントローラ】 |
| | | 特開平10- 83203 | G05B 15/02 | | 【デジタル出力処理装置】 |
| RUN中変更 | RUN中のプログラム変更 | 特開平11-259312 | G06F 9/46 340 | 動作中処理への影響減 | 【プログラマブルコントローラのパッキング方法および該パッキング方法を実施するプログラムを記録した記録媒体】 |
| | | 特開平 9-120306 | G05B 19/05 | | 【プログラマブルコントローラ】 |
| | | 特開平 9-288574 | G06F 9/06 540 | 変更のタイミング | 【プロセス制御装置】 |
| 監視・安全 | 監視 | 特開平 9-120305 | G05B 19/048 | 障害の検出 | 【プロセス制御動作監視装置】 |
| | | 特開平 9-311716 | G05B 23/02 302 | | 【LAN装置】 |
| | | 特開平 9- 54606 | G05B 19/05 | 障害検出後の処理 | 【データ伝送装置】 |
| | | 特開平 8-286736 | G05B 23/02 301 | 障害の分析 | 【デジタル制御システム】 |
| | | 特開平10-268912 | G05B 19/048 | | 【プログラマブルコントローラ及びそのエラートレース方法】 |
| | | 特開平 8-339224 | G05B 23/02 301 | | 【デジタル制御装置の評価装置と評価方法】 |
| | | 特開平 9- 34512 | G05B 19/048 | | 【プログラム監視装置】 |
| | | 特開平10-124141 | G05B 23/02 302 | | 【コントローラの故障解析装置】 |
| | | 特開2000- 86157 | B66C 15/06 | | 【クレーンモニタリングシステム及び記録媒体】 |
| | | 特許第2783673号 | H02J 13/00 311 | 監視全体の制御 | 【負荷制御装置】制御手段と伝送路を介して接続され、負荷に対する制御機能の選択変更および保護機能の設定内容への変更を伝送路を介して制御装置へ与えるとともに、入力した状態データを表示する監視手段を設け、制御装置を監視手段からの設定内容に基づいて負荷に対する制御を実行するとともに、運転状態を示す状態データを出力する。 |
| | | 特開平 8-286730 | G05B 23/02 | | 【分散型のプラント監視制御装置】 |
| | | 特開平11-231927 | G05B 23/02 | | 【監視制御システム】 |
| | | 特開平11-242507 | G05B 19/048 | | 【プラント制御システム】 |
| | | 特開2000-259214 | G05B 19/05 | | 【遠隔メンテナンス装置】 |
| | 安全 | 特開平 9-237115 | G05B 23/02 | 障害の予防 | 【監視制御装置】 |
| | | 特許第2695998号 | G05B 19/048 | 操作性向上 | 【プログラマブルコントローラ】各機器に対する操作禁止の選択・解除要求と各信号に対する模擬設定・解除受要求を複数の作業員から受け付け、その要求の作業が可能かを判断する。 |
| | | 特開平 9-101808 | G05B 19/048 | | 【プラント監視制御装置】 |
| | | 特開平 9-330228 | G06F 9/445 | | 【デジタル制御装置】 |
| 信頼性 | 信頼性 | 特許第2693627号 | G05B 19/048 | 可用性向上 | 【プログラマブルコントローラの二重化システム】両PLCのステータス信号をステータスバスを介して互いのステータス入出力ポートで受信させ、稼動側PLCの実行結果情報をデータバスインタフェイスによって待機側のメモリに順次書き込んでゆく。稼動側でエラーダウンが発生するとリセットを発行し、待機側に制御を引き継ぐ。 |
| | | 特許第2966966号 | G05B 19/05 | | 【プログラマブルコントローラの二重化装置】自分のプロセスコントローラの実行状態を複数のフェイズに分けて互いにそれをステータス/コマンドバスを介して相手のプロセスコントローラに常時通知し、相手と自分のプロセスコントローラフェイズから自分のプロセスコントローラの次に遷移すべきフェイズを決定するためのフェイズ管理テーブルを設ける。 |
| | | 特開平 8-227302 | G05B 19/05 | | 【データ処理装置】 |
| | | 特開平 9- 73304 | G05B 19/048 | | 【プログラマブルコントローラの制御システム】 |
| | | 特開平 9-244712 | G05B 19/048 | | 【負荷制御システム】 |
| | | 特開平 9-330106 | G05B 19/05 | | 【バックアップ機能付制御システム】 |
| | | 特開平10- 63303 | G05B 9/03 | | 【コンピュータ制御装置】 |
| | | 特開平10- 63530 | G06F 11/20 310 | | 【冗長型システム】 |
| | | 特開平11- 39002 | G05B 9/03 | | 【コントローラのバックアップシステム】 |
| | | 特開平11-184507 | G05B 19/048 | | 【コントローラシステム】 |

表2.3.3-1 東芝の保有特許(5/6)

| 技術要素 | | 特許番号 | 特許分類 | 課題 | 【発明の名称】概要 |
|---|---|---|---|---|---|
| 信頼性 | 信頼性 | 特開2000-228791 | H04Q 9/00 311 | 可用性向上 | 【コントロールシステム】 |
| | | 特許第2547903号 | G05B 19/02 | | 【並列制御システム】複数の被制御機器別に各制御タイミング情報を含む制御コマンドを発生するホストコンピュータHCと、時刻情報を発生する時計装置と、HCおよび時計装置の各出力情報を伝送する情報伝送手段と、複数の被制御機器それぞれに対応して設けられ、情報伝送手段を通じてHCから制御コマンドを、時計装置から時刻情報を受取り、時刻情報と制御コマンドとを比較して該当タイミングで対応する被制御機器の必要な制御を行う複数の機器コントローラとを具備し高い精度同時処理が可能で、信頼性に優れた並列制御システム。 |
| | | 特開平 9- 44217 | G05B 19/05 | | 【プログラマブルコントローラ】 |
| | | 特開平 9-325803 | G05B 19/05 | | 【プログラマブルコントローラ】 |
| | | 特開平10- 91201 | G05B 9/02 | | 【制御用PLCの誤出力防止方法】 |
| | | 特開平10- 91203 | G05B 9/03 | | 【プロセスコントローラ及びその通信方法】 |
| | | 特開平10-177492 | G06F 9/46 360 | | 【多重化プログラマブルコントローラ及びその多重化方法並びに制御システム】 |
| | | 特開平10-254515 | G05B 19/05 | | 【プラント制御装置】 |
| | | 特開平10-340103 | G05B 9/03 | | 【フェールセーフ出力装置】 |
| | | 特開平11- 24702 | G05B 9/03 | | 【二重化シーケンスコントローラ装置】 |
| | | 特開平11- 85530 | G06F 9/445 | | 【自己修復機能付コントローラ】 |
| | | 特開2001- 22414 | G05B 19/05 | | 【プロセスコントローラ、そのデータ転送方法およびプラン】 |
| | | 特開2001-109503 | G05B 9/03 | | 【分散形制御システム】 |
| | | 特開平 8-147012 | G05B 19/05 | | 【プログラマブルコントローラ】 |
| | | 特開平 8-328611 | G05B 19/05 | | 【プロセスI/O装置】 |
| | | 特開平10-124113 | G05B 19/048 | | 【遠方監視制御装置】 |
| | | 特開2001- 84012 | G05B 19/05 | | 【プログラマブルコントローラ装置】 |
| | | 特開平 8- 83119 | G05B 23/02 | | 【遠方監視制御装置】 |
| | | 特開平11-259101 | G05B 9/02 | 障害波及防止 | 【フェールセーフ出力装置】 |
| | | 特開平 7-248829 | G05D 7/06 | 障害回復処理 | 【多系並列流量制御装置】 |
| | | 特開平 8-137522 | G05B 19/08 | | 【プログラマブルコントローラ】 |
| | | 特開2000-298506 | G05B 19/05 | | 【プログラマブルコントローラ】 |
| 表示 | 稼動状態の表示 | 特許第2633741号 | G09G 5/00 510 | 指定・設定の容易化 | 【シーケンス表示装置】プラントの液移し替えにおいて、画像合成手段によって、画像データ記憶手段の記憶している画像データを入力指令に従ってマルチウィンドウ形式に合成し、タンク群の全体画像、指定された液移し元タンク画像、指定された液移し先タンク画像、これらの両タンク間を接続する配管画像、操作スイッチ画像のレイアウトデータを生成し、表示手段により、このレイアウトデータに従って合成画像を表示する。プラントの液移し替えに関連する部分を1枚の画面上に模式的に表示して、液移し替え操作を分かりやすくする。 |
| | | 特開平10- 63314 | G05B 19/05 | | 【プログラマブルコントローラの入出力装置】 |
| | | 特開平11- 24716 | G05B 19/05 | | 【プログラマブルコントローラ】 |
| | | 特開平10- 63312 | G05B 19/048 | 表示対象の設定の容易化 | 【プラント制御用プログラムの管理装置】 |
| | | 特許第3164757号 | G06F 17/50 650 | 保守性向上 | 【プラント保守支援CADシステム】各部門で共通利用する配管計装線図の計算機利用設計情報2aとプラントおよび系統の構成機器に関連する設計・保守情報2bを記憶する記憶装置2と、情報の入力装置3および表示装置4と印字の出力装置5、記憶装置2に情報の受入・受渡する情報伝達装置6と、入力補助装置7により得られた前記情報をキーワードとして関連する計算機利用設計情報および設計・保守情報を検索・処理する情報処理装置8とからなることを特徴とする保守管理業務の効率化と情報の信頼性向上システム。 |
| | | 特開平 9-244605 | G09G 5/00 550 | 高速化 | 【コンピュータ装置】 |

表2.3.3-1 東芝の保有特許(6/6)

| 技術要素 | | 特許番号 | 特許分類 | 課題 | 【発明の名称】概要 |
|---|---|---|---|---|---|
| 表示 | 稼動状態の表示 | 特開平 9- 16243 | G05B 23/02 | 高速化 | 【プログラマブルコントローラ】 |
| | 動作プログラムの表示 | 特開2001- 34312 | G05B 19/048 | 設定・作成の容易さ | 【プログラマブルコントローラ】 |
| 特殊機能 | 構成・機能設定など | 特開平 9-160608 | G05B 19/02 | 構成・機能設定の容易化 | 【プログラム変更形ディジタルコントローラ】 |
| | | 特開2001- 22413 | G05B 19/05 | システム性能向上 | 【プログラマブルコントローラ】 |
| | 割込み | 特開2001- 60104 | G05B 19/05 | 応答性改善 | 【プログラマブルコントローラ】 |
| | タイマ | 特許第2752278号 | G21B 1/00 | 特殊機能 | 【タイミング制御装置】カウンタ設定データを保存するメモリ切換器27を第1のメモリ25に切換え、ダウンカウンタ14に前記データを設定する。ダウンカウンタ14は、マスタパルスbを入力したとき前記データに基づいてタイミングパルス1を出力する。設定器10は第2のメモリ26にカウンタ設定データを保存し、マスタパルスbを入力したとき、切換器27を第2のメモリ26に切換え、前記データをダウンカウンタ14に設定し、運転中にカウンタの設定データを確実に、かつ、効率的に変更できる。 |
| | 現代制御理論適用 | 特開平 9-297607 | G05B 19/05 | 制御精度の向上 | 【プロセス制御装置】 |
| | | 特開平11- 65619 | G05B 19/05 | | 【信号処理装置及びその動作条件変更方法並びに信号処理装置における測定機器切換方法】 |
| 生産管理との連携 | 生産管理との連携 | 特開平 8-255735 | H01L 21/02 | 加工効率向上 | 【マルチチャンバシステム】 |
| | | 特開平11-212627 | G05B 23/02 | | 【多品種生産プロセス用運転ガイド表示装置】 |

## 2.3.4 技術開発拠点

表2.3.4-1に東芝の技術開発拠点を示す。

表2.3.4-1 東芝の技術開発拠点

| 東京都 | 本社事務所 |
|---|---|
| 東京都 | 府中工場 |
| 神奈川県 | 横浜事業所 |
| 神奈川県 | 生産技術研究所 |
| 神奈川県 | 総合研究所 |
| 神奈川県 | 柳町工場 |
| 神奈川県 | 研究開発センター |
| 神奈川県 | 京浜事務所 |
| 神奈川県 | 小向工場 |
| 三重県 | 三重工場 |
| 埼玉県 | 深谷工場 |
| 大阪府 | 関西支店 |

## 2.3.5 研究開発者

図2.3.5-1に出願年に対する発明者数と出願件数の推移を示す。
図2.3.5-2に発明者数に対する出願件数の推移を示す。

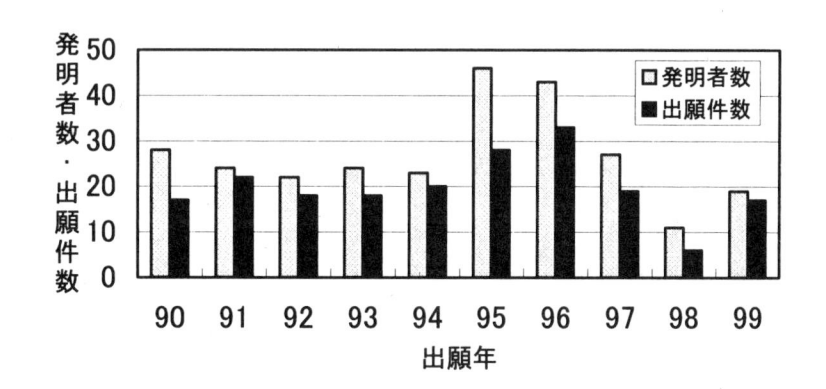

図2.3.5-1 出願年に対する発明者数と出願件数の推移

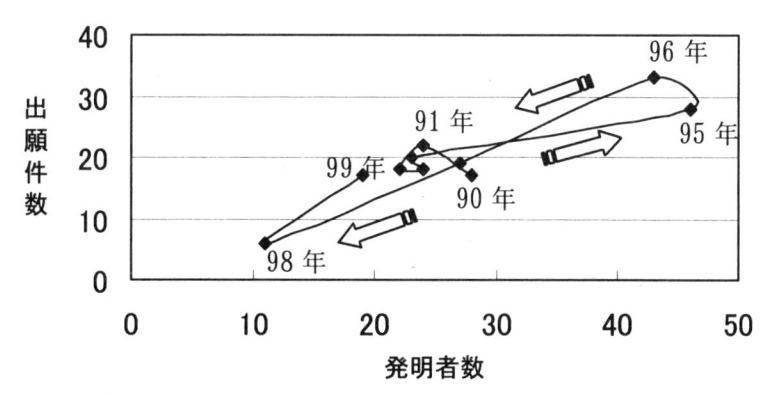

図2.3.5-2 発明者数に対する出願件数の推移

## 2.4 富士電機

　重電メーカー準大手。上下水道の水処理システム、自動販売機では世界トップクラス。事業内容は、電機システム、機器制御、電子、流通機器システムなどの製造・販売・サービス。
　プログラム制御技術関連製品として、プログラマブルコントローラおよび関連機器。

　プログラム作成技術、ネットワーク化技術、グローバル化・高速化技術、監視・安全技術に関して多数の特許（出願）を保有している。
　プログラム作成技術に関しては、表1.4.3-1に示されるように、プログラム開発作成にあたって、プログラムの作成・変更・開発の容易化という技術課題に対応した特許を多く保有している。プログラム開発の容易化という課題に対しては、プログラム変換の改良による対応を図るものが多い。

### 2.4.1 企業の概要

　表2.4.1-1に富士電機の企業の概要を示す。

表2.4.1-1 富士電機の企業の概要

| | | |
|---|---|---|
| 1) | 商号 | 富士電機 株式会社 |
| 2) | 設立年月 | 1923年8月 |
| 3) | 資本金 | 475億8,600万円 |
| 4) | 従業員 | 9,309名（2001年9月現在） |
| 5) | 事業内容 | 電機システム、機器・制御、電子、流通機器システムなどの開発・製造・販売・サービス |
| 6) | 技術・資本提携関係 | ― |
| 7) | 事業所 | 本社事務所/東京　本社/川崎　支社/関西、中部、九州、北海道他　工場/川崎、千葉、東京、松本、吹上、三重他 |
| 8) | 関連会社 | 富士電機冷機、富士電気工事、富士物流 |
| 9) | 業績推移 | 8,520億6,000万円（1999.3）　8,518億3,000万円（2000.3）　8,910億3,600万円（2001.3） |
| 10) | 主要製品 | 産業システム、制御機器、プログラマブル制御機器、パワー半導体、IC、自動販売機 |
| 11) | 主な取引先 | ― |
| 12) | 技術移転窓口 | 法務・知的財産権部　TEL 03-5435-7241 |

## 2.4.2 プログラム制御技術に関連する製品・技術

表2.4.2-1にプログラム制御に関する富士電機の製品を示す。

表2.4.2-1 富士電機のプログラム制御関連製品

| 製品 | 製品名 | 発売時期 | 出典 |
|---|---|---|---|
| プログラマブルコントローラ | MICREX-Fシリーズ | − | http://www.fujielectric.co.jp/kiki/product/index2.html |
| プログラマブルコントローラ | MICREX-Sシリーズ | − | 同上 |
| プログラマブルコントローラ | FLEX-PCシリーズ | − | 同上 |
| プログラマブルコントローラ | SPB | − | 同上 |
| プログラマブル操作表示器 | POD UG20シリーズ | − | http://www.fujielectric.co.jp/kiki/product/index.html |

## 2.4.3 技術開発課題対応保有特許の概要

表2.4.3-1に富士電機の技術課題対応保有特許の概要を示す。

表2.4.3-1 富士電機の保有特許(1/9)

| 技術要素 | | 特許番号 | 特許分類 | 課題 | 【発明の名称】概要 |
|---|---|---|---|---|---|
| グローバル化・高速化 | グローバル化 | 特開平11-272462 | G06 F9/26 330 | 他の制御手段との連携 | 【情報処理装置】 |
| | | 特開平10-207513 | G05B 19/05 | | 【電力変換装置の制御装置】 |
| | PLCのグローバル化対応 | 特許第2862151号 | G05B 19/05 | システム構成の変化に対応 | 【プログラマブルコントローラ】PLC本体に対して着脱可能なI/Oモジュールを有するPLCにおいて、I/Oモジュールの各々にPLC本体のシーケンス演算の対象となる入力信号およびシーケンス演算の結果として得られる出力信号を記憶する記憶手段を設ける。 |
| | | 特許第2853774号 | G05B 19/048 | 性能向上 | 【プログラマブルコントローラ】サブルーチンの戻り番地を記憶する指示を付加したサブルーチン実行命令を定め、この命令を実行する手段を設けることにより、シーケンスプログラムを簡易化した。 |
| | | 特許第2887849号 | G06F 9/46 340 | | 【定周期プログラムの管理方式】定周期プログラムの起動時間をリスト構造の管理テーブルにより管理することにより、定周期プログラムの数が多くなっても任意の定周期プログラムを起動するごとに行う管理テーブルの更新処理を高速に行えるようにした。 |
| | | 特許第2811983号 | G05B 19/05 | | 【プログラマブルコントローラ】NOP(No Operation)処理中であるときは演算手段により算出された演算結果の記憶手段に対する書き込みを禁止する書込禁止手段を設けた。 |
| | | 特許第2948340号 | G05B 19/05 | | 【命令処理装置】複数段の演算要素をバイパスするためのバイパス回路を設けることにより、縦接続が多段につながる場合でも信号の伝わる速度を速めることができる。 |
| | | 特許第3111496号 | G06F 9/32 320 | | 【多分岐命令の処理方式】レジスタに格納されているデータの任意のビットを抽出し、それを相対アドレスとしてジャンプすることにより、コードにより指定される処理ルーチンに入るまでの処理を高速化する。 |
| | | 特開平 7- 64470 | G05B 19/05 | | 【プログラマブルコントローラ】 |
| | | 特開2000-132206 | G05B 19/05 | | 【プログラマブルコントローラ】 |
| | | 特開2001-117610 | G05B 19/05 | | 【プログラマブルコントローラ】 |
| | | 特開2000-132209 | G05B 19/05 | | 【プログラマブルコントローラ】 |
| | | 特許第3024719号 | G05B 19/05 | | 【プログラマブルコントローラの演算処理方法】シーケンス命令の実行時間を短縮する。ビット演算プロセッサがシーケンス命令の実行対象のプロセッサの判別を行う際に応用命令の種類の識別も行って、応用命令に対応のプログラム情報の格納アドレスおよびオペランド情報をビット演算プロセッサからCPU10に引き渡す。 |
| | | 特開平 8-328852 | G06F 9/34 330 | | 【プログラマブルコントローラおよびそのレジスタ初期化方法】 |
| | | 実登2527849号 | G05B 19/05 | | 【プログラマブルコントローラおよびそのプログラミング装置】プログラム作成器はシーケンスプログラムに関連する1以上の演算プログラムを記憶する記憶手段と、PLCから指示された演算プログラムを前記記憶手段から読み出し演算実行し、その結果をPLCに送信する演算処理手段を有している。 |
| | | 特許第2943434号 | G05B 19/05 | スキャンタイムの短縮化 | 【プログラマブルコントローラ】SFC記述に基づいてアクションの実行／非実行を設定して動作するPLC 1において、記憶手段2は、アクションの先頭から次のアクションまでの命令数を設定されたアクション先頭データを記憶する。上記アクションが非実行設定のときは記憶手段2に記憶されたアクション先頭データの命令数をオフセットアドレスとして次のアクションの先頭へ移行する。 |

表2.4.3-1 富士電機の保有特許(2/9)

| 技術要素 | | 特許番号 | 特許分類 | 課題 | 【発明の名称】概要 |
|---|---|---|---|---|---|
| ネットワーク化 | ネットワーク化 | 特開平 8-314511 | G05B 19/05 | 通信の安定化など | 【プログラマブルコントローラの通信方法】 |
| | | 特開2000- 66708 | G05B 19/05 | | 【プログラマブルコントローラ】 |
| | | 特開2001- 34313 | G05B 19/05 | システム構成の変化に対応 | 【プロセス制御システム】 |
| | | 特許第2850567号 | G05B 19/05 | 複数の通信仕様に対応 | 【位置決め制御方法】サーボモータの移動量、送り速度を含む位置決めのためのデータをあらかじめ記憶しておき、PLCを含む外部装置により、そのうちの1つを選択して位置決め制御を行うにあたり、外部装置からの1または複数ビット信号によりサーボモータの制御を可能にした。 |
| | 複数PLC間・マルチCPU間通信 | 特開平10- 21206 | G06F 15/163 | 分散化制御・通信の安定化 | 【プログラマブルコントローラシステム】 |
| | | 特開平11-282514 | G05B 19/05 | | 【マスク情報生成装置及びマスク情報生成プログラムを記録したコンピュータ読み取り可能な記録媒体】 |
| | | 特許第2967933号 | G05B 19/05 | | 【シーケンステーブルの同期実行方法】各制御装置が自身に設置されたシーケンステーブルの当該の工程番号の制御が終了するつど、それぞれその工程番号と次の工程番号とから成る同期データを送信するとともに、自己を含むすべての制御装置の最新の同期データをそれぞれ自身内の所定の領域に更新格納する。 |
| | | 特開平11- 39007 | G05B 19/05 | システム構成の変化に対応 | 【PLCのリモート支援システムおよびその方法】 |
| | | 特開2000-347712 | G05B 19/05 | 複数の通信仕様に対応 | 【プログラマブルコントローラ】 |
| | | 特許第2761788号 | G05B 19/05 | | 【プログラム変換装置及びプログラム転送装置】PLC間でプログラム転送を行う際、転送元のPLCで動作する制御用言語と転送先のPLCで動作する制御用言語が互いに異なるか否かを判定し、異なっている場合には転送先のPLCで動作可能なプログラムに自動変換した後、更にその変換したプログラムを転送先のPLCに転送する。 |
| | | 特許第2766042号 | G05B 19/05 | | 【プログラム転送装置】プログラム転送制御手段は、転送元PLCに格納され、該PLC用の制御用言語で記述されている転送対象プログラムを中間言語で記述されたプログラムに変換し、更に転送先PLC用の制御用言語で記述されたプログラムに変換して、転送先PLCに転送する。 |
| | PLC構成ユニット間通信 | 特開2000- 39907 | G05B 19/05 | ユニット機種の認識・通信の安定化など | 【プログラマブルコントローラシステムにおけるメッセージ通信方法】 |
| | | 特開平11- 95812 | G05B 19/05 | | 【プログラマブルコントローラ】 |
| | | 特開平11- 65615 | G05B 19/048 | I/Oの遠隔化など | 【機能モジュールの位置検出方法】 |
| | | 特開平11- 98215 | H04L 29/08 | | 【シリアル伝送方法】 |
| | | 特開平 6-214620 | G05B 19/05 | | 【入出力データ交換方式】 |
| | | 特開2000-284812 | G05B 19/05 | | 【プログラマブルコントローラ、及びその入出力制御方法】 |
| | | 特開2001-147905 | G06F 15/177 670 | | 【プログラマブルコントローラシステム】 |
| | | 特許第3022906号 | G05B 19/05 | | 【プログラマブルコントローラの通信方法】PLCのウェイト保持状態を自動的に解除可能にする。PLCの強制ウェイト時間をタイマ52により計時し、強制ウェイト又は通常ウェイト時間をウェイト状態打切り用タイマ53により計時する。一定時間を経過しても入出力ユニット側からウェイト指示がなされない場合は、タイマ52のカウント終了によりPLCの強制ウェイト状態を解除する。 |
| | | 特開平11-338523 | G05B 19/05 | | 【プログラマブルコントローラにおける入出力制御方式】 |
| | | 特開平 5-158836 | G06F 13/00 353 | プログラムローディングの安定化 | 【プログラマブルコントローラのプログラミング装置】 |
| | | 特開平10-326184 | G06F 9/06 410 | | 【プログラマブルコントローラのインタフェース方法】 |
| | | 特開平11-282516 | G05B 19/05 | | 【プログラミング装置およびその通信方法】 |

83

表2.4.3-1 富士電機の保有特許(3/9)

| 技術要素 | | 特許番号 | 特許分類 | 課題 | 【発明の名称】概要 |
|---|---|---|---|---|---|
| プログラム作成 | プログラム開発・作成 | 特開平11- 95810 | G05B 19/048 | プログラム作成・変更の容易化 | 【プログラマブルコントローラ用プログラミング装置】 |
| | | 特開平 8-137520 | G05B 19/05 | | 【プログラマブルコントローラ用支援装置の管理方法】 |
| | | 特開平10- 20908 | G05B 19/05 | | 【制御プログラムの自動作成装置】 |
| | | 特開平11- 85229 | G05B 19/05 | | 【プログラマブルコントローラにおけるソフトウェア部品の入出力端子割付方法】 |
| | | 特開平11-265207 | G05B 19/048 | | 【プログラマブルコントローラの支援ツール】 |
| | | 特開平 8-328869 | G06F 9/45 | | 【PLCのオブジェクト生成装置】 |
| | | 特開平11-184510 | G05B 19/05 | | 【シーケンスプログラムの自動生成方法、シーケンスプログラム作成装置及びシーケンスプログラムを自動生成するプログラムを記憶した記憶媒体】 |
| | | 特開2000-284815 | G05B 19/05 | | 【プログラム作成器】 |
| | | 特開平10-116108 | G05B 19/048 | | 【プログラミング方法】 |
| | | 特開平11-353009 | G05B 19/05 | | 【共通処理ルーチンに対する指令入力処理の自動生成方法、共通処理ルーチンに対する指令の定義方法及び記録媒体】 |
| | | 特許第2900065号 | G05B 19/05 | | 【プログラマブルコントローラのプログラミング装置】シーケンスプログラムに対してページ毎にページ番号を付加することのできるプログラム作成器において、シーケンスプログラムの先頭ページに割り当てるページ番号とページ番号の間隔を指示入力する手段をそれぞれ設け、この指示されたページ番号および間隔を用いて付加すべきページ番号を予め定めた演算式により算出する。 |
| | | 特許第2762665号 | G05B 19/05 | | 【プログラマブルコントローラのプログラミング装置】シーケンスプログラムのフォーマットチェック用のデータを当該シーケンスプログラムを実行するPLCの機種毎に予め定めてこれを記憶し、プログラム作成器に接続したPLCの機種と、これと対応するフォーマットチェック用データを用いて、作成したシーケンスプログラムのエラー検出を行う。 |
| | | 特開平 8-297506 | G05B 19/05 | | 【プログラマブルコントローラ】 |
| | | 特開平10-232703 | G05B 19/048 | | 【プログラマブルコントローラ】 |
| | | 特開平11- 85231 | G05B 19/05 | | 【データ転送装置】 |
| | | 特開平10-111703 | G05B 19/05 | | 【プログラマブルコントローラのプログラミング装置】 |
| | | 特開平11-161305 | G05B 19/05 | | 【プログラマブルコントローラのプログラミング装置、並びに配置・結線方法、及び記録媒体】 |
| | | 特開平 8-185206 | G05B 19/05 | プログラム開発の容易化 | 【プログラマブルコントローラ用プログラム作成方法】 |
| | | 特開平 9-167005 | G05B 19/05 | | 【プログラマブルコントローラ】 |
| | | 特開平11- 96017 | G06F 9/45 | | 【プログラマブルコントローラシステムおよびそのプログラム作成方法】 |
| | | 特開平 9-222907 | G05B 19/05 | | 【制御演算装置用プログラム作成処理方法】 |
| | | 特開平 9-282014 | G05B 19/05 | | 【プログラム作成方法】 |
| | | 特開平11- 24910 | G06F 9/06 530 | | 【プログラミング装置およびプログラマブルコントローラシステム】 |
| | | 特許第3002052号 | G05B 19/05 | | 【プログラマブルコントローラのプログラム作成方法】回路図形プログラムから中間言語へ高速にコンパイルできるPLCのプログラム作成方法を実現する。ラダー図のシンボルをシンボル情報として表現しかつ並列接続線をもシンボル情報として表現する。 |
| | | 特許第2982490号 | G05B 19/05 | | 【SFCプログラミング方式】画像メモリに、例えば横にX座標0～2、縦にY座標0～2の3×3のXY座標領域に分割したメモリ領域50を設ける。そして、キー入力に基づいて先ずステップAの画像をメモリ領域50の座標(0、0)に描画するなどしてSFC記述の図形プログラムを一部自動作成する。 |

表2.4.3-1 富士電機の保有特許(4/9)

| 技術要素 | | 特許番号 | 特許分類 | 課題 | 【発明の名称】概要 |
|---|---|---|---|---|---|
| プログラム作成 | プログラム開発・作成 | 特許第2971251号 | G05B 19/05 | プログラム開発の容易化 | 【SFCプログラム作成器】継続ステップ図形入力部11a、図形記憶部12a、表示変換部13a、図形変換部15a、および命令記憶部18とで構成し、ページの継続性を即座に識別できるようにする。 |
| | | 特許第3124131号 | G05B 19/05 | | 【表形式回路記述装置及びその方法、並びに関数型言語変換装置及びその方法】複数の出力記述行に記述するための出力記述機能と、出力に対応する複数の入力記述行に記述するための入力記述機能とからなり、論理の複雑な回路や遅延動作（タイマ）を含む回路の記述も可能な条件表形式の論理回路記述方法。 |
| | | 特開平 8-234816 | G05B 19/05 | | 【プログラム作成方法】 |
| | | 特開2000- 99110 | G05B 15/02 | | 【工程歩進シーケンス作成装置】 |
| | | 特許第2900071号 | G05B 19/05 | | 【プログラマブルコントローラのプログラミング装置】キーボード入力装置のようなキー入力手段一台で複数種の情報コードを入力できるようにした。 |
| | | 特開平 9- 6417 | G05B 19/05 | | 【プログラマブルコントローラのプログラミング装置】 |
| | | 特許第2978008号 | G05B 19/05 | | 【メモリ管理方式】個々のオプション伝送カードの識別子を格納する識別子格納領域を有し、この識別子格納領域の識別子から装着されたオプション伝送カードの種類に変更があるか否かの認識を行う。そして、オプション伝送カードが他のオプション伝送カードに差し換わった場合は、ユーザプログラム領域を検索し、その領域内にオプション伝送カードをアクセスするためのオペランドがあれば、そのオペランドアドレスを該当のオプション伝送カードのアドレスに変換する。 |

表2.4.3-1 富士電機の保有特許(5/9)

| 技術要素 | | 特許番号 | 特許分類 | 課題 | 【発明の名称】概要 |
|---|---|---|---|---|---|
| プログラム作成 | プログラム開発・作成 | 特開平 9-128018 | G05B 19/05 | プログラム開発の容易化 | 【マルチプロセッサ式コントローラ用プログラミング装置】 |
| | | 特開平 9-282261 | G06F 13/14 330 | | 【プロセス入出力自動割付装置】 |
| | | 特許第3018732号 | G05B 19/048 | | 【プログラマブルコントローラ】制御回路2に通常運転時のプログラムにおけるステップの移行を禁止させてステップ動作の確認をしている状態か否かを判別するための移行禁止状態判別手段3と前回の移行条件が不成立であった状態から今回の移行条件が成立に変わったときに限り、ステップ動作の確認のための処理に対する移行処理が行われるよう制御するための移行処理制御手段4とを設ける。 |
| | | 特許第2900073号 | G05B 19/05 | | 【プログラマブルコントローラシステム】PLCの実行可能な機能を示す属性情報を記憶した記憶手段と、当該PLCをプログラム作成器に接続したときに、記憶手段内の属性情報をプログラム作成器に送信する送信手段とを備え、属性情報は当該PLCに関連する全機種にわたる動作命令について、自己において実行の可否をビット情報の形態で示す。 |
| | | 特許第3114828号 | G05B 19/05 | | 【プログラミング装置】作成したプログラムを機械語に変換しPLC10に書き込む際に、PLC10に書き込む機械語プログラムと同一のプログラムを補助記憶部4に記憶する。作成プログラムの試験を行う場合には、PLC10内の機械語プログラムを読み出して、補助記憶部4内の機械語プログラムとの一致を判定し、一致しない場合には、補助記憶部4内の機械語プログラムを再度PLC10に書き込むよう指示し、PLC10内の機械語プログラムとプログラミング装置内の機械語プログラムとを一致させた後、試験を行う。 |
| | | 特許第2911667号 | G05B 19/05 | | 【プログラマブルコントローラのプログラミング装置】プログラム作成器において、ユーザのレベルに応じて変更可能なシステムプログラム一覧の表示を実現する。システム表示禁止のデータを編集する画面を表示装置部に表示し(ステップS1、S2)、入力装置部で編集した(ステップS3、S5)、編集データを補助記憶部に保存する(ステップS4、S6)。次に、ユーザがコントローラ内のプログラム一覧の表示を指令したときに(ステップS11)、前記ファイル上のデータを参照し(ステップS12)、システムプログラムを表示するか否かを決定する(ステップS13、S15)。 |
| | | 特許第3021926号 | G05B 19/05 | | 【プログラマブルコントローラの逆コンパイル装置及び逆コンパイル方法】PLC実行プログラムから逆コンパイルされたメインフローの命令A、t31、B、t32、D・・・等は、表示用画素情報メモリ40の物理X座標0の位置(Y座標0、1、2・・)に格納され、分岐した命令t41、C、t39、E、t37、G等は、先に分岐した命令の延長経路40-1、40-2等と共に分岐順に物理X座標1、2、3の位置に書き込まれる。このとき物理X座標1、2、3に対応する論理X座標が(1)、(FF)、(FF)から(2)、(1)、(FF)へ、さらに(3)、(2)、(1)へと書き替えられる。最小限のワークメモリ空間の使用で高速に実行できる。 |
| | | 特開平 9- 69001 | G05B 19/05 | | 【操作表示器】 |
| | | 特開平 9-128014 | G05B 19/048 | | 【インターロック処理方式】 |
| | | 特開平 9- 16219 | G05B 19/05 | プログラム入力の容易性 | 【回路図作成装置および回路図翻訳装置】 |
| | | 特開平 8-212059 | G06F 9/06 410 | | 【プログラマブルコントローラのシステム定義装置】 |

表2.4.3-1 富士電機の保有特許(6/9)

| 技術要素 | | 特許番号 | 特許分類 | 課題 | 【発明の名称】概要 |
|---|---|---|---|---|---|
| プログラム作成 | デバッグ | 特開平11-282515 | G05B 19/05 | プログラム作成時のデバッグの容易化 | 【プログラマブルコントローラおよび記録媒体】 |
| | | 特開平11-338732 | G06F 11/28 | | 【プログラマブルコントローラ支援装置および記録媒体】 |
| | | 特開平 8- 87308 | G05B 19/048 | | 【プログラマブル・コントローラ】 |
| | | 特許第2600484号 | G06F 11/28 | | 【プログラマブルコントローラ】プログラムメモリに格納されたプログラムを順次読み出して記憶制御手段の第1および第2の記憶回路に出力命令の重複使用を登録したのち、再度プログラムメモリからプログラムを順次読み出して第1および第2の記憶回路に登録された重複使用状態により2回目以降に検出した出力番号はもちろんのこと1回目に検出した出力番号をも二重書きであるとして出力する。 |
| | | 特開平 6- 51973 | G06F 9/06 440 | | 【シーケンスプログラムのエラー修正方法】 |
| | | 特開2001- 22407 | G05B 19/04 | システム変更に対応したデバッグの容易化 | 【デバッグ装置、シーケンスプログラム作成装置、プログラム実行装置、デバッグ方法、プログラム作成方法及びデバッグプログラムを記録した記録媒体】 |
| 小型化 | 小型化 | 特開平11- 95807 | G05B 19/048 | コンパクト化 | 【プログラマブルコントローラのベースボード】 |
| | | 特許第2914538号 | G05B 19/05 | 構成変更の容易化 | 【プログラマブルコントローラ】メモリを有効利用する。ワードデータ中の特定ビットを指定するパラメータをデータ識別名に付加し、CPU210がこのパラメータの存在を検出したときに、CPU210はデータメモリ240の中のワードデータの特定ビットを上記パラメータの示すビット位置に基づき、読み/書きする。 |
| RUN中変更 | RUN中のプログラム変更 | 特許第3114907号 | G05B 19/05 | 動作中処理への影響減 | 【プログラマブルコントローラのシーケンスプログラムの変更方法】シーケンスプログラムの変更所要時間を短縮する。PLCが運転中の場合にはシーケンスプログラムの修正に用いるシーケンス命令の種類を限定し、文法チェックの対象を減らして、シーケンスプログラムの変更処理の中の文法チェック処理の時間を短縮する。 |

表2.4.3-1 富士電機の保有特許(7/9)

| 技術要素 | | 特許番号 | 特許分類 | 課題 | 【発明の名称】概要 |
|---|---|---|---|---|---|
| 監視・安全 | 監視 | 特許第3114909号 | G05B 19/05 | 障害検出後の処理 | 【プログラマブルコントローラの演算エラー処理方法】エラー処理の実行要否の判別処理を第1の演算プロセッサ側において不要にする。第2の演算プロセッサ210からの割込み要求を入力したときのみ第1の演算プロセッサ200はエラー処理を実行する。 |
| | | 特開平 8-278813 | G05B 23/02 302 | 障害の分析 | 【自動制御システムの入出力データトレース方法】 |
| | | 特開平 8-314539 | G05B 23/02 302 | | 【異常解析用データ収集方法】 |
| | | 特開平 9-160610 | G05B 19/048 | | 【異常解析用データ収集方法】 |
| | | 特開平10-124116 | G05B 19/05 | | 【制御装置のトレンドデータ収集方法】 |
| | | 特開平 4-350736 | G06F 11/32 | | 【プログラマブルコントローラ】アプリケーションプログラムの演算処理によって選択されるユーザメッセージを記憶する第1記憶手段と、故障診断により検出できる故障内容についてのメッセージ情報を、故障の種類ごとに記憶する第2記憶手段と、プログラム作成器で表示すべきユーザメッセージ情報およびシステムメッセージ情報を記憶する第3記憶手段などを設け、故障診断メッセージを変更する際、プログラム作成器側での修正変更処理を不要にする。 |
| | | 特開平11-231928 | G05B 23/02 301 | | 【RAS表示システム、RAS表示装置、及びRAS表示方法】 |
| | | 特開2000-242324 | G05B 23/02 | | 【RAS表示装置】 |
| | 安全 | 特許第3196481号 | G05B 19/05 | 障害の予防 | 【制御装置用出力装置】上位の制御演算装置から出力される二値信号の変化回数を計数し、外部機器の寿命を推定する。上位の制御演算装置2から出力される二値論理信号を入力して記憶し、この信号に対応した電圧パルス信号を出力する第1出力回路3と、この電圧パルスを入力されて、このパルス数を計数する第1カウンタ1と、第1カウンタ1の出力を制御演算装置2からの制御信号により、常時は第1カウンタ1が出力する信号の通過を阻止し、第1カウンタ1の内容が読み込まれる場合には、信号を通過させる回路開閉手段5とを備える。 |
| | | 特許第3196482号 | G05B 19/05 | | 【制御装置用入力装置】外部機器からの二値信号の変化回数を計数した数値から外部機器の寿命を推定してシステムの予防保全に役立てる。第1カウンタ1と第1回路開閉手段6と、第2回路開閉手段5とアンド論理素子81、82を備え、外部信号を入力すべき制御信号を入力されて、外部からの信号を第1回路開閉手段6を介して制御演算装置2に出力するとともに外部信号の変化回数を第1カウンタ1に積算し、タイマ読み出し信号を入力されて、第1カウンタ1の内容を制御演算装置2に出力する。 |
| | | 特開平 8-168162 | H02H 3/02 | セキュリティ向上 | 【多機能保護リレー】 |

表2.4.3-1 富士電機の保有特許(8/9)

| 技術要素 | | 特許番号 | 特許分類 | 課題 | 【発明の名称】概要 |
|---|---|---|---|---|---|
| 信頼性 | 信頼性 | 特開平10-232704 | G05B 19/05 | 可用性向上 | 【二重化プログラマブルコントローラ】 |
| | | 特開平11-65603 | G05B 9/03 | | 【二重化プロセス入出力装置】 |
| | | 特開2000-242301 | G05B 9/02 | | 【分散制御におけるフェールセーフ方式】 |
| | | 特開平8-320710 | G05B 19/05 | 保守性向上 | 【遠隔制御方法】 |
| 表示 | 稼動状態の表示 | 特許第2727717号 | G05B 19/05 | 表示画面の視認性向上 | 【プログラマブルコントローラシステム】プログラム作成器に着脱可能な記憶媒体に、作成のシーケンスプログラムおよびコメント情報を記憶し、このシーケンスプログラムをPLCにローディングするものにおいて、シーケンスプログラムのローディングの際に、表示対象のコメント情報の一部を読み出し、記憶しておく記憶手段をPLCまたはプログラム作成器のいずれかに設け、ローディングのシーケンスプログラムを表示するときには、記憶媒体のコメント情報と記憶手段のコメント情報の一部との内容の一致比較を行うことにより、装着の記憶媒体がローディングのシーケンスプログラムを読み出した記憶媒体であるか否かを識別し、記憶媒体の誤り装着を防止する。 |
| | | 特開平8-179811 | G05B 19/048 | | 【シーケンスローダおよびインストール方法】 |
| | | 特開平8-255010 | G05B 19/05 | | 【プログラミング装置におけるコメント表示装置】 |
| | | 特開平9-91032 | G05B 23/02 301 | | 【制御中の工程名称を表示するプログラマブルコントローラ】 |
| | | 特開平11-282727 | G06F 11/32 | | 【モニタシステム、及びモニタ方法】 |
| | 動作プログラムの表示 | 特許第3164730号 | G05B 19/05 | | 【表形式回路記述生成装置とその方法】PLC上で動作する機械語のプログラムから、その制御内容を表す表形式のソースである表形式回路記述を生成する装置と方法を提供する。機械語/FCL変換装置22は、PLC21のプログラムを関数型中間言語(FCL)に変換し、FCL格納装置23に格納する。FCL格納装置23から1回路抽出装置24により取り出された1回路分のFCLは、NET情報変換装置27により、表形式のデータ構造を持つNET情報に変換され、NET情報格納装置31に格納される。出力名・タイマ生成装置33は、NET情報から出力信号名とタイマ設定値の記号を生成し、入力名・入力論理生成装置34は、NET情報から入力信号名とロジックシンボルを生成し、表形式回路記述の各記述欄に対応してソース格納装置35に格納され、表面表示装置37より、画面38上に表示される。 |
| 特殊機能 | 構成・機能設定など | 特許第3011814号 | G05B 19/05 | 構成・機能設定の容易化 | 【入出力割付可変プログラマブルコントローラ】入出力装置への入出力メモリの割付を随時変更して設定可能にする。CPU100の設定値設定部107は表示部140に画面表示によるメモリ条件の入力を行い、メモリ条件設定部103は入力されたディジタル入出力データの先頭アドレスおよびバウンダリ値を記憶部DTおよびDBに、アナログ入出力データの値を記憶部ATおよびABに設定する。データテーブル部104は設定されたDT、DB、AT、ABおよび入出力部120の入出力装置120-i(i=1、2、n)毎の局番PNに基づいて、数式DT+DB×PN=ADまたはAT+AB×PN=ADよりアドレスADを算出し、「0」から「99」まで100個の局番に割付け、データ入出テーブルを作成する。このテーブルに基づいてCPU100は入出力装置120-iと、その装置番号に割付けられた入出力メモリのアドレス間のデータ入出力を行う。 |
| | | 特開平11-31003 | G05B 19/048 | | 【機能モジュールの位置検出装置】 |
| | | 特開平10-27011 | G05B 19/05 | 性能機能向上 | 【プログラマブルコントローラ】 |
| | 割込み | 特開2000-76065 | G06F 9/22 360 | 応答性改善 | 【情報処理装置、及びその割込み制御方法】 |

表2.4.3-1 富士電機の保有特許(9/9)

| 技術要素 | | 特許番号 | 特許分類 | 課題 | 【発明の名称】概要 |
|---|---|---|---|---|---|
| 特殊機能 | ジャンプ | 特許第2921259号 | G06F 9/42 310 | 高速化・多機能化 | 【多分岐命令の処理方式】PLCにおいて、多分岐命令処理を高速に行う。アドレスB01のロード命令でレジスタ11に、処理Dの実行を指定する中間コード30を読み込む。次のアドレスB02の多分岐コール命令は、中間コード30の命令コード31を抽出して現在アドレス「B02」に加算し、アドレス「B06」を作成する。ジャンプテーブル内のアドレス「B06」にジャンプし、ジャンプ命令「JMP」により、処理ルーチンの先頭アドレス「DDDD」にジャンプして処理Dを実行する。復帰アドレス演算器17は、多分岐コール命令の上記ビット長を指定するコードに基づいて、設定し得る最大ジャンプテーブル長データ「16」を算出し、これを現在アドレスに加算して戻り番地「B18」を算出し、処理D実行後アドレス「B18」に復帰する。 |
| | タイマ | 特開平 7-253811 | G05B 21/02 | 精度向上 | 【サンプリング制御回路】 |
| | | 特開平11-219202 | G05B 9/03 | | 【二重化パルス出力装置】 |
| | | 特開2001-175307 | G05B 19/048 | | 【二重化パルス出力装置】 |
| 生産管理との連携 | 生産管理との連携 | 特許第2589623号 | G05B 19/02 | 搬送効率向上 | 【バッチ式プラントの運転管理システム】化学プラントにおける工程管理、作業指示および工程進捗管理を確実にかつ効率的および経済的に行うに適するバッチ式プラントの運転管理システム。原料または中間製品を移送容器を用いて製造工程ごとに移送し、製品化するバッチ式プラントにおいて、前記移送容器の移動を制御する搬送制御手段と、前記製品化するための機器を制御するプロセス制御手段と、これらの手段を統括し、前記各製造工程における作業を予め分析記憶している統括制御手段からなり、前記搬送制御手段と前記プロセス制御手段には、前記移送容器または前記機器の制御情報を入力する遠隔通信入力手段を有する。 |

## 2.4.4 技術開発拠点

表2.4.4-1に富士電機の技術開発拠点を示す。

表2.4.4-1 富士電機の技術開発拠点

| 神奈川県 | 本社 |
|---|---|

## 2.4.5 研究開発者

図2.4.5-1に出願年に対する発明者数と出願件数の推移を示す。
図2.4.5-2に発明者数に対する出願件数の推移を示す。

図2.4.5-1 出願年に対する発明者数と出願件数の推移

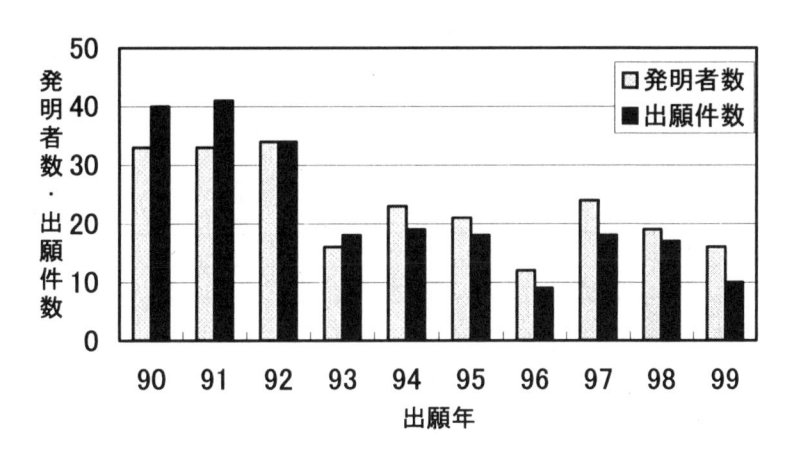

図2.4.5-2 発明者数に対する出願件数の推移

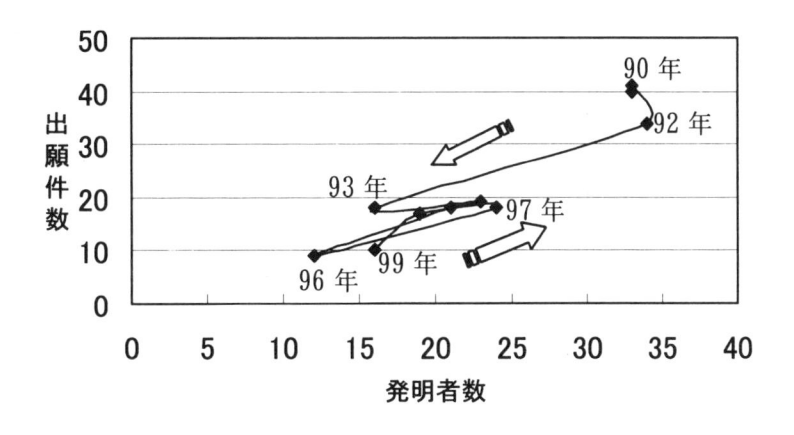

## 2.5 日立製作所

　総合電機メーカー大手。事業内容は、情報・エレクトロニクス、電力システム、産業システム、交通システム、家電品の製造・販売・サービス。
　プログラム制御技術関連製品として、プログラマブルコントローラおよびその関連製品、産業システムなどのソリューションサービスを提供。

　プログラム作成技術、RUN中変更技術、監視・安全技術に関して多くの特許（出願）を保有している。
　プログラム作成技術については、表1.4.3-1に示されるように、プログラム作成・変更の容易化、プログラム開発の容易化、およびプログラム作成時のデバッグの容易化を課題とする特許（出願）を多く保有している。これらの課題に対応する解決手段としては、プログラムの最適化・実行手順の改良に関するものが多い。

### 2.5.1 企業の概要

　表2.5.1-1に日立製作所の企業の概要を示す。

表2.5.1-1　日立製作所の企業の概要

| | | |
|---|---|---|
| 1) | 商号 | 株式会社 日立製作所 |
| 2) | 設立年月 | 1920年2月 |
| 3) | 資本金 | 2,817億5,500万円 |
| 4) | 従業員 | 55,916名（2001年9月現在） |
| 5) | 事業内容 | パソコン、AV機器、電子デバイス、電化製品、電力システムなどの開発・製造・販売・サービス |
| 6) | 技術・資本提携関係 | － |
| 7) | 事業所 | 本社/東京　支社/関西、横浜 |
| 8) | 関連会社 | 日立ハイテクノロジーズ、日立キャピタル、日立アジア他 |
| 9) | 業績推移 | 7兆9,773億7,400万円（1999.3）　8兆12億30万円（2000.3）　8兆4,169億8,200万円（2001.3） |
| 10) | 主要製品 | AV機器、パソコン、メインフレーム、ストレージ、エレベータ、半導体、発電システム、ソリューション |
| 11) | 主な取引先 | － |
| 12) | 技術移転窓口 | 知的財産権本部ライセンス第一部　TEL 03-3212-1111 |

## 2.5.2 プログラム制御技術に関連する製品・技術

表2.5.2-1にプログラム制御に関する日立製作所の製品を示す。

表2.5.2-1 日立製作所のプログラム制御関連製品

| 製品 | 製品名 | 発売時期 | 出典 |
|---|---|---|---|
| プログラマブルコントローラ | HIDIC-Hシリーズ | 1987年6月 | http://www.vanet.hitachi.co.jp/public/Div/iced/products/plc/index.htm |
| プログラマブルコントローラ | H8Qシリーズ | 2001年9月 | 同上 |

## 2.5.3 技術開発課題対応保有特許の概要

表2.5.3-1に日立製作所の保有特許を示す。

表2.5.3-1 日立製作所の保有特許(1/7)

| 技術要素 | | 特許番号 | 特許分類 | 課題 | 【発明の名称】概要 |
|---|---|---|---|---|---|
| グローバル化・高速化 | グローバル化 | 特開平7-75357 | H02P 1/56 | ほかの制御手段との連携化 | 【子局同時起動方法及び装置】 |
| | PLCのグローバル化対応 | 特許第2581611号 | G05B 19/05 | ユーザプログラムの簡素化 | 【プログラマブルコントローラの制御方法】フローチャート式言語プログラムに強制ジャンプ機能および強制インターロック機能を設けることにより、現場操作盤で機器を起動した後はフローチャート式言語プログラムの連動工程を運転状態へ強制的にジャンプさせ、以降フローチャート式言語プログラムで制御できる。これによりプログラムの生産性および保守性が向上する。 |
| | | 特開平10-198407 | G05B 19/05 | | 【プログラマブルコントローラおよびそのデータエリア拡張方法】 |
| | | 特開2000-242320 | G05B 19/418 | | 【プラント制御装置】 |
| | | 特許第2901714号 | G05B 19/05 | | 【プログラマブルコントローラ】サービスタスク処理の処理時間に応じてタスク処理サイクル時間を変更できるようにし、処理内容に応じた実行環境で周辺サービスを実行でき、また周辺サービス処理の処理効率や周辺装置に対する応答性も向上させる。 |
| | | 特許第3126006号 | G05B 19/05 | システム構成の変化に対応 | 【プログラマブルコントローラ】PLCの複数のCPU1、2、3の夫々に、シーケンスプログラムを1回路単位に読み出し実行する機能を持たせ、各CPU1、2、3からのデータメモリ10とユーザプログラムメモリ11およびPI/Oバスコントローラ13のアクセスをバス競合管理回路14で管理させ、各CPU1、2、3間のシーケンスプログラムの実行をユーザプログラムメモリ11内の実行管理テーブルで管理する。これにより、並列実行について何ら考慮することなくシーケンスプログラムを作成することができ、シーケンスプログラムを各CPUが自動的に並列に実行し、シーケンスプログラムを高速処理できる。 |
| | | 特許第2922963号 | G05B 19/05 | 性能向上 | 【シーケンスコントローラ】ゲートアレイを用い、更に論理回路機能をユーザ指定で書替え可能にすることにより、演算処理を高速に行えるようにした。 |

表2.5.3-1 日立製作所の保有特許(2/7)

| 技術要素 | | 特許番号 | 特許分類 | 課題 | 【発明の名称】概要 |
|---|---|---|---|---|---|
| グローバル化・高速化 | PLCのグローバル化対応 | 特許第3024410号 | G05B 19/05 | 性能向上 | 【プログラマブルコントローラ】シーケンスプログラムメモリ1に格納されたシーケンス命令を読みだしてビット・ワード演算命令を判別するシーケンス命令フェッチ・デコーダ、ワード演算命令のアドレッシングモードを解読し、該アドレッシングモードのデータアクセスをマイクロプロセッサに対し固定番地で行わせるパラメータコントロール、マイクロプロセッサの命令語でなる前記固定番地にアクセスするワード演算プログラムとで構成し、マイクロプロセッサのワード演算命令の解読処理を不要にし高速化する。 |
| | | 特許第2848060号 | G05B 19/05 | | 【プログラマブルコントローラおよびシーケンス制御方法】ビット演算命令を実行するSPU1と、ワード演算命令を実行するMPU2と、両命令の混在命令を実行順に格納するビット演算用メモリ3と、ワード演算命令のオブジェクトを実行順に格納するワード演算用メモリ4とを設ける。さらに、SPU1はその実行中にワード演算命令を認識すると停止中のMPUに開始指令を渡す切替手段11（CIR）を、また、MPU2はその実行中に次の命令をフェッチするプリフェッチ手段12を設けることにより高速処理を可能にする。 |
| | | 特開平10-307607 | G05B 19/05 | | 【主プロセッサ及びプログラマブルコントローラ】 |
| | | 特開平 6- 43916 | G05B 19/05 | | 【シーケンス制御装置】 |
| | | 特許第3095276号 | G05B 19/05 | スキャンタイムの短縮化 | 【シーケンスコントローラ】PLCとインテリジェント高機能モジュールとの間における送受信のためのデータ転送処理について、ユーザが指定する時間だけ、1スキャン中にデータ転送処理が可能とし、全データの転送が終了するまでのスキャン回数を小さくし、高速なデータ転送を可能とする。 |
| ネットワーク化 | ネットワーク化 | 特開平11-237905 | G05B 19/048 | 通信の安定化など | 【電化製品の制御システム及び制御方法】 |
| | | 特許第3107323号 | G05B 19/05 | | 【電話回線自動アクセス機能付プログラマブルコントローラ】シーケンス制御の内容をシーケンスプログラムの形で記憶するユーザメモリ3と、シーケンスプログラムをメモリ3から読み出し制御を実行するCPU1と、制御のための外部信号を入出力する入出力インタフェース部4と、電話回線などの公衆通信網にPLCの情報を送出または情報の受信を行う公衆回線インタフェース部6と、シーケンスの制御状態に従いシーケンスプログラムに書かれた公衆回線専用の通信命令に従い公衆回線インタフェース部6に指令する手段とを設ける。 |
| | | 特開2000-322113 | G05B 19/05 | | 【電子制御装置の通信方法】 |
| | | 特許第3085403号 | G05B 19/05 | 複数の通信仕様に対応 | 【プログラマブルコントローラ】通信インターフェースに接続相手からの通信パラメータの変更要求信号を入力する入力手段と、該入力手段による変更要求に基づき通信パラメータの変更を指示する指示手段とを設け、該指示手段からの指示に基づき送信された接続相手からのデータ構成と伝送制御手段をパラメータとして持った通信パラメータ変更コマンドで通信パラメータのデータ構成、伝送制御手段の少なくとも一方を変更する。 |
| | 複数PLC間・マルチCPU間通信 | 特開2001- 92795 | G06F 15/16 620 | 分散化制御・通信の安定化 | 【分散型プログラマブルサーボコントローラシステム】 |
| | | 特開平10-307612 | G05B 19/05 | | 【複数のプロセッサを有するプログラマブルコントローラ】 |

表2.5.3-1 日立製作所の保有特許(3/7)

| 技術要素 | | 特許番号 | 特許分類 | 課題 | 【発明の名称】概要 |
|---|---|---|---|---|---|
| ネットワーク化 | 複数PLC間・マルチCPU間通信 | 特開平11-305811 | G05B 19/05 | 分散化制御・通信の安定化 | 【コントローラ、分散処理システム及び監視方法】 |
| | | 特開平11-312007 | G05B 19/05 | | 【プログラマブルコントローラ】 |
| | | 特開平 9- 73305 | G05B 19/05 | | 【データ処理システムおよびプログラマブルコントローラ】 |
| | | 特開平10- 93575 | H04L 12/28 | システム構成の変化に対応 | 【プログラマブルコントローラ】 |
| | PLC構成ユニット間通信 | 特開平 7-162279 | H03K 17/78 | I/Oの遠隔化など | 【トランジスタ出力回路、シーケンサ、スイッチング電源、インバータ】 |
| | | 特開平 8- 83109 | G05B 19/05 | | 【プログラマブルコントローラ】 |
| | | 特許第2851730号 | G05B 19/05 | | 【プログラマブルコントローラ】複数の外部入力機器からの信号を受ける複数の信号入力端子4と、外部から電源を供給するためにそれぞれ外部に露出された電源供給端子8および接地端子5とを有する入力回路を備えたPLCにおいて、電源供給端子8または接地端子5と複数の信号入力端子4との間にそれぞれ定電流素子13を配置し、内部回路の変更なしで各種の外部入力機器を接続可能にする。 |
| | | 特開平11-288401 | G06F 13/42 350 | | 【プログラマブルコントローラ】 |
| | | 特開平 8-227303 | G05B 19/05 | | 【プログラマブルコントローラのメモリ拡張方法】 |
| | | 特開2001-175310 | G05B 19/05 | プログラムローディングの安定化 | 【プログラマブルコントローラとそのデータ設定装置】 |
| プログラム作成 | プログラム開発・作成 | 特許第2885957号 | G05B 19/05 | プログラム作成・変更の容易化 | 【シーケンスプログラムのプログラミング方法および装置】各PLCの機種に対応した応用命令の文法チェック情報およびシーケンスプログラムへの変換情報をプログラム作成器外部から読み込むことにより、同一のプログラム作成器で多機種のPLCのシーケンスプログラムを作成できるようにした。 |
| | | 特開平 8-137519 | G05B 19/05 | | 【シーケンス制御装置】 |
| | | 特開平 9-146617 | G05B 19/05 | | 【シーケンス制御プログラム入力装置】 |
| | | 特開平 9-160611 | G05B 19/05 | | 【プログラマブルコントローラ】 |
| | | 特開平10-293604 | G05B 19/05 | | 【高速シーケンス制御方法とその装置、プログラム作成方法】 |
| | | 特許第2530380号 | G05B 19/05 | | 【プロセス制御方法及び制御用コントローラ】フローチャート式言語プログラムで複数の制御対象を制御する全体フローを記述するとともに、各制御対象を制御するラダープログラムを制御対象ごとに記述し、該ラダープログラム内に、自動運転時には前記フローチャート式言語プログラムの実行結果にしたがって当該制御対象を制御可能とするとともに手動運転時にはフローチャート式言語プログラムの実行結果にかかわらず、手動スイッチで当該制御対象を制御可能とした。 |
| | | 特開平11-345007 | G05B 19/05 | | 【プログラマブルコントローラ】 |
| | | 特開2000-132207 | G05B 19/05 | | 【サイクルタイム設定方式】 |
| | | 特許第2916015号 | G05B 19/05 | | 【プログラマブルコントローラのプログラミング装置】外部入力データを入力設定するための入力手段と、該入力手段からの外部入力データが格納される記憶手段と、該記憶手段上の外部入力データを繰り返し数分演算することによって、基本構成単位の繰り返しからなるシーケンスプログラムを自動生成した上、記憶手段に格納する演算手段と、記憶手段上のシーケンスプログラムをラダー回路図として表示する表示手段とを有している。 |
| | | 特許第3112297号 | G05B 19/048 | | 【プログラマブルコントローラ用ソフトウェアの検証方法及びその装置】PLCのシーケンス制御ロジック中のフィードバックループの動作を検証する際、フィードバックループで信号遅延が生じない場合と生じた場合とで該フィードバックループの出力が変化するか否かを調べ、変化がある場合には誤動作する可能性があると判定する。 |
| | | 特開平10- 40085 | G06F 9/06 530 | | 【保守管理装置及び保守管理方法】 |
| | | 特開2000-148213 | G05B 19/05 | | 【プログラマブルコントローラ】 |
| | | 特開2000-293209 | G05B 19/05 | | 【プログラマブルコントローラ及びそのプログラミング方法とプログラミング装置】 |
| | | 特開平 9-244714 | G05B 19/05 | | 【プログラミング装置】 |

表2.5.3-1 日立製作所の保有特許(4/7)

| 技術要素 | | 特許番号 | 特許分類 | 課題 | 【発明の名称】概要 |
|---|---|---|---|---|---|
| プログラム作成 | プログラム開発・作成 | 特許第3053265号 | G05B 19/05 | プログラム作成・変更の容易化 | 【シーケンスプログラムの検索時の画面表示方法】シーケンスプログラムを構成する回路を回路中の回路要素(検索要素)にて検索する場合、回路要素複数とこれらの複数の回路要素の満たす条件とを指定可能とし、シーケンスプログラムを回路単位に検索し、同一回路内に指定した全ての検索要素と条件を満たす回路を特定し、特定した回路を表示装置等に出力する。複数の検索要素を指定してシーケンスプログラムの検索を行うので、一回の検索操作でシーケンスプログラムの中から目的回路を迅速かつ確実に検索することができる。 |
| | | 特開平 6-35683 | G06F 9/06 430 | プログラム開発の容易化 | 【プログラム自動生成方法及びその装置並びにデータ入力方法及びその装置】 |
| | | 特開2000-242480 | G06F 9/06 530 | | 【制御プログラム自動生成装置】 |
| | | 特開2000-357005 | G05B 19/05 | | 【プログラマブルコントローラ】 |
| | | 特開平 5-307403 | G05B 19/05 | | 【プログラム管理方法及びプログラム管理装置とプラントコントローラシステム】 |
| | | 特開平 8-320711 | G05B 19/05 | | 【図面編集処理装置】 |
| | | 特開2000- 3209 | G05B 19/05 | | 【プログラマブルコントローラ】 |
| | | 特許第2965767号 | G05B 19/05 | | 【プログラマブルコントローラのプログラミング装置およびそのタイマ設定時間の入力方法】プログラム作成器でタイマの設定時間を入力する方法であって、タイマ設定時間を小数点付き数字により入力し、該小数点以下の数字の桁数によりタイムベースを指定する。PLCのシーケンスプログラム作成時において、タイマ設定時間の誤入力を防止し、タイマ設定時間の入力を効率的に行える。 |
| | | 特開平 8-227301 | G05B 19/048 | | 【シーケンス制御プログラム動作検証装置】 |
| | | 特許第2880330号 | G05B 19/05 | | 【プログラマブルコントローラのプログラミング装置】PLC(PC)からプログラミング装置PGMに、ユーザプログラムメモリ2の内容を転送した後、従来行っていたオンラインの編集処理をプログラミング装置PGM側についても追加することにより、両者のメモリ1、2の記憶内容を同一とする。メモリ転送作業の削減、メモリ不一致によるトラブル防止の効果がある。 |
| | | 特許第2600533号 | G06F 3/033 360 | | 【タッチ入力装置】タッチパネル10と対象候補選定装置70と入力解析装置80を設け、タッチ座標20の近辺に表示してあるシンボル21～23に優先順位をつけ、タッチパネル30、マイク40、キーボード50からの入力命令を解析することによって、操作者の意図しているシンボルを特定し、プラント100に制御命令を送信する。タッチ対象候補に優先順位をつけることで、その中から操作者の意図するシンボルを効率的に特定できる。 |
| | | 特開平 5-250014 | G05B 19/05 | | 【プログラマブルコントローラの周辺装置】 |
| | | 特許第2898398号 | G05B 19/05 | プログラム入力の容易化 | 【プログラマブルコントローラのプログラミング装置】各種回路シンボルおよび各回路シンボルに付与されるパラメータからなるラダーダイアグラムを表示する表示手段と、回路シンボルを入力するシンボル入力手段と、パラメータを入力するパラメータ入力手段とを備え、シンボル入力手段およびパラメータ入力手段の一方は、他方の入力動作と無関係に入力動作可能に構成し、シーケンスプログラムを入力するときのキー入力手順を自由にする。 |

表2.5.3-1 日立製作所の保有特許(5/7)

| 技術要素 | | 特許番号 | 特許分類 | 課題 | 【発明の名称】概要 |
|---|---|---|---|---|---|
| プログラム作成 | デバッグ | 特許第3042761号 | G06F 17/50 | プログラム作成時のデバッグの容易化 | 【論理エミュレーションシステムにおけるプログラマブルデバイスのプログラムデータ生成方法およびプログラマブルデバイスのプログラムデータ生成装置】LSIの論理回路を定義する論理データを最適化してPDのプログラムデータを生成し、プログラムデータに基づいて論理回路をPDに展開し、PDを用いて前記論理回路の性能・動作等を検証する論理エミュレーションシステムにおけるPDのプログラムデータ生成方法において、論理回路をターゲットとするLSIに実装するためのフロアプラン情報に基づきフロアプランと類似の配置に、論理回路の論理データを複数の単位ブロックに分割して少なくとも1個のPDに自動的に割り当てる。 |
| | | 特開平10-63310 | G05B 19/02 | | 【自動デバッグ装置の処理方式】 |
| | | 特開2000-293208 | G05B 19/048 | | 【シーケンス制御システム】 |
| | | 特開平6-242808 | G05B 19/05 | | 【プログラマブルコントローラのプログラム保守ツール】 |
| | | 特開平8-106320 | G05B 19/4155 | | 【自動機械及び自動機械の制御方法】 |
| | | 特許第3123720号 | G05B 19/05 | | 【プログラマブルコントローラのプログラミング方法及びプログラミング装置】大カーソルとその中で移動する小カーソルとを設けることにより、入力操作を容易にし、入力情報の部分修正を可能にした。 |
| | | 特許第2978260号 | G05B 19/05 | | 【プログラマブルコントローラのプログラミング方法及びその装置】検索開始ポインタと、対象回路ポインタと、対象接点ポインタとでシーケンス制御回路のラダー回路中の検証対象を指定することにより、関連する回路部分を自動的に検索し、可視表示する。 |
| | | 特開平10-149208 | G05B 19/05 | | 【プログラムの比較方法およびコントローラプログラムの作成装置】 |
| | | 特許第2951751号 | G05B 19/05 | システム変更に対応したデバッグの容易化 | 【プログラマブルコントローラ、並びにプログラム編集表示方法およびプログラム編集表示装置】ユーザプログラムを格納し被制御対象の制御時に演算装置からアクセスされるユーザメモリを備えるPLC本体と、ユーザメモリに格納されたユーザプログラムを読み出した上、画面に表示させながら編集した後、編集後プログラムを前記ユーザメモリに書き戻すプログラム編集装置とを設ける。 |
| | | 特開平9-237204 | G06F 11/28 340 | | 【プログラマブルコントローラ・デバッグシステムおよびその方法】 |
| | | 特開平10-198405 | G05B 17/02 | | 【シーケンス制御装置】 |
| 小型化 | 小型化 | 特開平8-202478 | G06F 3/00 | コンパクト化 | 【信号収集装置】 |
| | | 特開平8-328622 | G05B 19/05 | | 【ラダーシーケンス処理装置】 |
| RUN中変更 | RUN中のプログラム変更 | 特許第2875842号 | G05B 19/05 | プログラム変更の高速化 | 【プログラマブルコントローラ】ユーザプログラムを実行するシーケンスプロセッサと、ユーザプログラムのコピーを行う管理用プロセッサと、同一アドレスでアクセスされユーザプログラムを格納する2つのメモリと、管理用プロセッサがアクセスするメモリを選択するメモリ選択手段とを有するRUN中にユーザプログラムの内容変更可能なPLC。 |
| | | 特許第2846760号 | G05B 19/05 | | 【プログラマブルコントローラ】プラント等を制御する制御プログラムの実行を停止することなくプログラムの変更を行なう。CPUは、メモリMのエリアA内のプログラムを実行しプラントを制御中にプログラムを書き替える場合、DMACはサイクルスチルモードでプログラムをエリアAよりエリアBにコピーし、割込み処理でエリアB上のプログラムを書き替え、実行するプログラムをエリアA上のものよりエリアB上のプログラムに切り換える。その後、サイクルスチルモードで、書き替えたプログラムをエリアBよりエリアAにコピーし、実行するプログラムをエリアA上にコピーしたプログラムを切り換える。 |
| | | 特開2000-357004 | G05B 19/048 | 変更のタイミング | 【プログラマブルコントローラ】 |
| | | 特開平11-175113 | G05B 19/05 | 操作性向上 | 【プログラマブルコントローラ】 |
| | RUN中の設定変更 | 特許第2875841号 | G05B 19/05 | 設定定数変更 | 【プログラマブルコントローラ】シーケンス制御とPID制御を並列処理するPLCにおいて、PID定数を制御途中でも変更可能にする機能を設ける。 |

表2.5.3-1 日立製作所の保有特許(6/7)

| 技術要素 | | 特許番号 | 特許分類 | 課題 | 【発明の名称】概要 |
|---|---|---|---|---|---|
| 監視・安全 | 監視 | 特開平 9- 50305 | G05B 19/048 | 障害の検出 | 【プログラマブルコントローラおよびその故障検出方法】 |
| | | 特開平 8-339202 | G05B 9/03 | | 【誤制御防止方法およびプラント監視制御システム】 |
| | | 特開平10- 39907 | G05B 19/18 | | 【自動化システムにおけるトラッキング方法および装置】 |
| | | 特開2001-154732 | G05B 23/02 302 | | 【リモートPI/O異常検出】 |
| | | 特許第2915961号 | G05B 19/05 | 障害の分析 | 【プログラマブルコントローラ】制御対象である機械装置の故障や不良動作の発生時において、予め記憶された機械装置の属性、動作、および状態を示す情報を記述したコメントを活用することによって故障や不良動作の原因の解析を行う。 |
| | | 特開平11-110011 | G05B 19/048 | | 【プロセス制御装置】 |
| | | 特開2000-339019 | G05B 23/02 | 監視全体の制御 | 【プラント監視制御装置】 |
| | 安全 | 特開2000-56814 | G05B 19/048 | 障害の予防 | 【プログラマブルコントローラ】 |
| | | 特開平 9- 91007 | G05B 19/048 | 操作性向上 | 【プロセス制御装置】 |
| | | 特開平 9-159496 | G01D 21/00 | | 【監視装置】 |
| | | 特開平10-171525 | G05B 23/02 301 | | 【スイッチユニットの局番設定方法】 |
| | | 特開平10-260707 | G05B 19/05 | | 【プロセスオペレータズコンソール及びオペレーションキーボード】 |
| | | 特開2000-132205 | G05B 19/048 | | 【プログラマブルコントローラのモニタ装置】 |
| 信頼性 | 信頼性 | 特開平 8-106301 | G05B 9/03 | 可用性向上 | 【プラントプロセス制御システム】 |
| | | 特開平10- 78807 | G05B 19/048 | | 【制御システム及びその無線通信方法】 |
| | | 特開平10-133966 | G06F 13/00 301 | | 【プロセス入出力装置】 |
| | | 特許第2799104号 | G05B 9/03 | | 【プログラマブルコントローラの二重化切替装置】瞬間停電に対し、各装置の停電復電タイミングにバラツキが生じても、制御優先権保持手段によりプラント制御している常用系が停電前と復電後で変化しないようにし、プラント制御の連続性を保つことができる二重化された待機冗長制御方式のPLCの二重化切替装置。 |
| | | 特開平 8- 87307 | G05B 19/048 | 警告表示 | 【プログラマブルコントローラ】 |
| | | 特開平10-187231 | G05B 23/02 301 | 保守性向上 | 【プロセス入出力装置】 |
| 表示 | 稼動状態の表示 | 特開平 5- 53641 | G05B 23/02 301 | 指定・設定の容易化 | 【プロセス制御システムにおける画面表示方法およびマンマシンインタフェース装置】 |
| | | 特開平 8-161005 | G05B 19/048 | | 【シーケンス監視制御装置】 |
| | | 特許第3038279号 | G05B 19/05 | | 【プログラマブルコントローラシステム】リンクシステム、インタロックなどによりつながれた複数のCPU1-4～1-6からなるPLCと、プログラミング装置1-1とを備えたシステムにおいて、個々のシーケンスプログラムを処理すべきCPUのアドレスを示すプログラムデータ情報と、外部配線による各CPU間の相互関係を示すI/O No.情報と、各々のCPUが全体のシステム構成の中の自分の位置付けを認識するためのCPU情報とを何れかのメモリに格納し、複数個のCPU1-4～1-6のシーケンスプログラムを一本化したシーケンスプログラムとしてモニタできるようにした。 |
| | | 特開平 9- 6639 | G06F 11/22 330 | 表示対象の設定の容易化 | 【プログラマブルコントローラ試験用データターミナル】 |
| | | 特許第2541698号 | G05B 23/02 301 | | 【プラントの中央制御盤】プラントを構成する系統のシーケンス制御を監視する場合に、シーケンス制御を開始させるシーケンス制御対応に設けられたマスタースイッチが投入されたとき当該シーケンス制御の対象となる系統図を表示画面に表示させることにより運転員の操作感覚に合った方法で制御対象の系統図を画面に表示させる。 |
| | | 特開平11-288309 | G05B 19/05 | | 【制御プログラムの作成方法およびその装置並びに制御装置のモニター装置とそのモニター方法】 |
| | | 特開平 8-202412 | G05B 19/048 | 保守性向上 | 【シーケンス制御工程名称表示方式】 |
| | | 特開平 9-101817 | G05B 23/02 | | 【プラント監視・制御方法及び装置】 |
| | | 特開平 8-314533 | G05B 23/02 301 | 外部機器との整合性向上 | 【設備状態監視装置及び方法】 |

表2.5.3-1 日立製作所の保有特許(7/7)

| 技術要素 | | 特許番号 | 特許分類 | 課題 | 【発明の名称】概要 |
|---|---|---|---|---|---|
| 特殊機能 | 構成・機能設定など | 特開2000-339008 | G05B 19/048 | 性能機能向上 | 【プログラマブルコントローラ】 |
| | 割込み | 特公平 7- 92691 | G05B 19/05 | 応答性改善 | 【プログラマブルコントローラ】指定の周期の間に実行される連続系制御ループの数を最小または指定の周期間に実行される連続系制御ループの所定演算時間の最大値を最小とする条件で各ループの実行時間を設定するようにし、複数の連続系制御ループの実行が一時に集中しないようにした。 |
| | | 特開2001- 92505 | G05B 19/05 | | 【プログラマブルコントローラ】 |
| | タイマ | 特開平 9- 62308 | G05B 15/02 | 精度向上 | 【デジタル計装システム】 |
| | | 特開平 8-305420 | G05B 19/05 | 点数拡大 | 【制御用処理装置】 |

## 2.5.4 技術開発拠点

表2.5.4-1に日立製作所の技術開発拠点を示す。

表2.5.4-1 日立製作所の技術開発拠点

| | |
|---|---|
| 茨城県 | 大みか工場 |
| 茨城県 | 日立研究所 |
| 茨城県 | 計測器事業部 |
| 茨城県 | エネルギー研究所 |
| 茨城県 | 自動車機器事業部 |
| 茨城県 | 水戸工場 |
| 茨城県 | 機械研究所 |
| 茨城県 | 那珂工場 |
| 茨城県 | 日立工場 |
| 茨城県 | 電力・電機開発本部 |
| 茨城県 | 国分工場 |
| 茨城県 | 計測器グループ |
| 新潟県 | 産業機器事業部 |
| 千葉県 | 産業機器事業部 |
| 神奈川県 | 生産技術研究所 |
| 神奈川県 | オフィスシステム事業部 |
| 神奈川県 | システム開発研究所 |
| 神奈川県 | ビジネスシステム開発センタ |
| 東京都 | デバイス開発センタ |
| 東京都 | デバイス開発研究所 |

## 2.5.5 研究開発者

図2.5.5-1に出願年に対する発明者数と出願件数の推移を示す。
図2.5.5-2に発明者数に対する出願件数の推移を示す。

図 2.5.5-1 出願年に対する発明者数と出願件数の推移

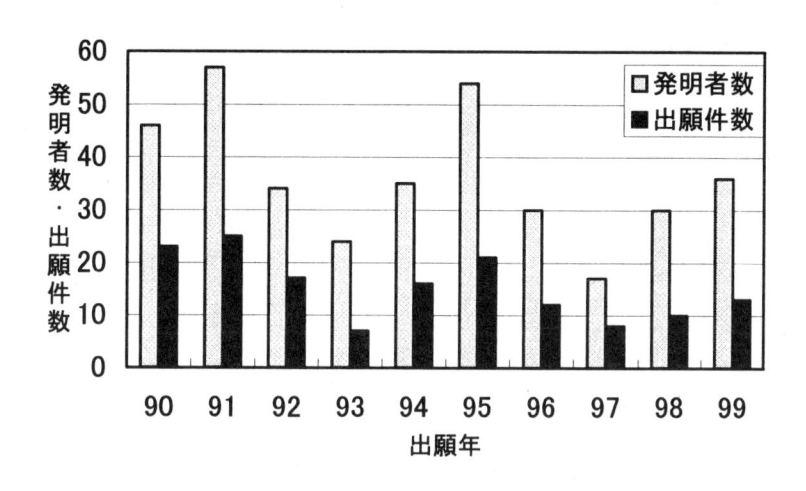

図 2.5.5-2 発明者数に対する出願件数の推移

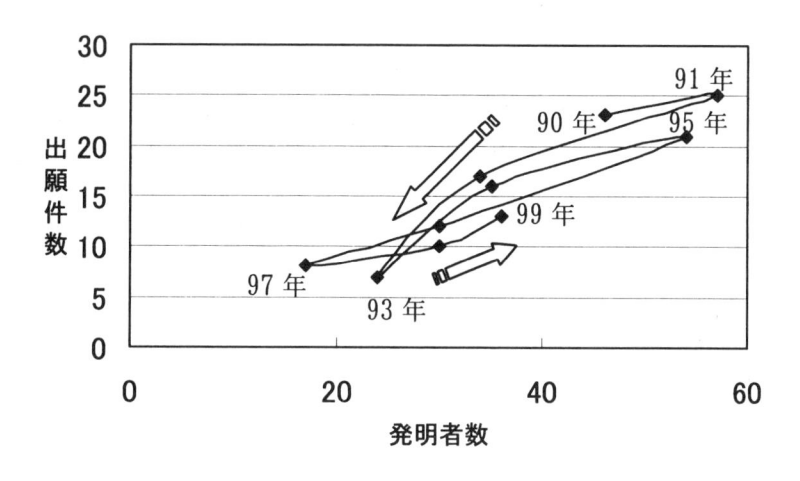

## 2.6 松下電工

　住宅・ビル設備の総合メーカー。電器製品、電子部品でも有力。事業内容は、制御機器、電子材料、情報機器、照明、住建などの製造・販売・サービス。
　プログラム制御技術関連製品として、プログラマブルコントローラおよびその関連製品、FAシステム機器などを提供。

　グローバル化・高速化技術、プログラム作成技術、表示技術、監視・安全技術などについて多くの特許（出願）を保有している。
　グローバル化・高速化技術に関しては、表1.4.1-1に示されるように、PLCのグローバル化に対応した性能向上を課題とする特許が多い。この解決手段としては、パイプライン処理で高速化するものに集中している。

### 2.6.1 企業の概要

表2.6.1-1に松下電工の企業の概要を示す。

表2.6.1-1 松下電工の企業の概要

| | | |
|---|---|---|
| 1) | 商号 | 松下電工 株式会社 |
| 2) | 設立年月 | 1935年12月 |
| 3) | 資本金 | 1,250億3,000万円 |
| 4) | 従業員 | 16,743名（2001年5月現在） |
| 5) | 事業内容 | 制御機器、電子材料、情報機器、照明、住建などの開発・製造・販売・サービス |
| 6) | 技術・資本提携関係 | － |
| 7) | 事業所 | 本社/大阪、東京　工場/本社、津、四日市、瀬戸、彦根他 |
| 8) | 関連会社 | サンクス、明治ナショナル工業、ナショナル建材工業 |
| 9) | 業績推移 | 1兆1,325億4,400万円（1998.11）1兆1,024億5,400万円（1999.11）1兆1,810億9,100万円（2000.11） |
| 10) | 主要製品 | PC/FAシステム、機器照明器具、電気設備、住宅設備と建材、空気清浄機、電子材料 |
| 11) | 主な取引先 | － |
| 12) | 技術移転窓口 | 知的財産部　TEL 06-6908-0677 |

## 2.6.2 プログラム制御技術に関連する製品・技術

表2.6.2-1にプログラム制御に関する松下電工の製品を示す。

表 2.6.2-1 松下電工のプログラム制御関連製品

| 製品 | 製品名 | 発売時期 | 出典 |
|---|---|---|---|
| プログラマブルコントローラ | FPシリーズ | － | http://www.naisplc.com/j/product/index.htm |
| プログラマブル表示器 | GT/GVシリーズ | － | 同上 |

## 2.6.3 技術開発課題対応保有特許の概要

表2.6.3-1に松下電工の保有特許を示す。

表 2.6.3-1 松下電工の保有特許(1/7)

| 技術要素 | | 特許番号 | 特許分類 | 課題 | 【発明の名称】概要 |
|---|---|---|---|---|---|
| グローバル化・高速化 | PLCのグローバル化対応 | 特開平11-353174 | G06F 9/30 310 | ユーザプログラムの簡素化 | 【プログラマブルコントローラ】 |
| | | 特開平10-133720 | G05B 19/05 | システム構成の変化に対応 | 【プログラマブルコントローラ】 |
| | | 特許第2573391号 | G05B 19/05 | 性能向上 | 【プログラマブルコントローラ】ユーザがプログラムした基本命令および応用命令よりなるソース命令を格納するソース命令メモリと、応用命令を機能分割して得た縮小命令のみをソース命令メモリに格納されたソース命令のうちの応用命令に対応付けて格納する縮小命令メモリと、ソース命令メモリの基本命令及び縮小命令メモリの縮小命令をプログラムカウンタにより適宜読み出して負荷をシーケンス制御する演算部とで構成し、応用命令を高速処理する。 |
| | | 特開平 9- 34514 | G05B 19/05 | | 【プログラマブルコントローラのマルチタスク制御方式およびマルチタスク式プログラマブルコントローラ】 |
| | | 特許第3112311号 | G05B 19/048 | | 【データ比較手段を備えたプログラマブルコントローラ】各組のデータのメモリ上での先頭位置を指定する一対の先頭指定手段1，2と、比較すべきデータのデータ長を設定するデータ長設定手段3を設ける。繰り返し手段5は、先頭指定手段1，2により指定した先頭位置から始めてデータ長指定手段3により指定したデータ長だけ各組のデータを単位長ずつ一致検出手段4に順次与える。一致検出手段4による比較をデータ長に相当する回数だけ繰り返した後にデータの不一致が検出されていなければフラグ出力手段6によって一致フラグを立てる。 |

表 2.6.3-1 松下電工の保有特許(2/7)

| 技術要素 | | 特許番号 | 特許分類 | 課題 | 【発明の名称】概要 |
|---|---|---|---|---|---|
| グローバル化・高速化 | PLCのグローバル化対応 | 特許第2607319号 | G05B 19/05 | 性能向上 | 【プログラマブルコントローラ】コプロセッサの内部に演算の実行中に使用される各フラグをそれぞれ格納する複数のDフリップフロップFFよりなるフラグレジスタ31を設け、各DフリップフロップFFごとに書込許可ビットを設定するフラグ用フィールドをコプロセッサの一部の命令コードに設ける。書込許可ビットが書込許可状態であると、ALU30から発生したフラグがDフリップフロップFFに取り込まれる。また、データメモリのフラグ設定領域のアドレスを指定すると、セレクタ33を介して、フラグレジスタ31に格納されたフラグがデータバッファ37に取り込まれる。データメモリへのアクセス回数を低減し、命令実行時間の短縮を図る。 |
| | | 特開平 7-210220 | G05B 19/05 | | 【プログラマブルコントローラ】 |
| | | 特開平 9- 54603 | G05B 19/05 | | 【プログラマブルコントローラ】 |
| | | 特開平 9- 44213 | G05B 19/05 | | 【プログラマブルコントローラ】 |
| | | 特開平 9-231073 | G06F 9/355 | | 【プログラマブルコントローラ】 |
| | | 特開平 9-244713 | G05B 19/05 | | 【プログラマブルコントローラ】 |
| | | 特許第2834837号 | G05B 19/05 | | 【プログラマブルコントローラ】シーケンス命令をコンパイルした専用実行命令を演算専用CPUでパイプライン制御するようにし、マイクロコードフェッチを不要にし、高速処理を可能にした。 |
| | | 特公平 8- 31027 | G06F 7/52 320 | | 【プログラマブルコントローラ用除算器】被除数および除数より商および剰余も求める除算部を制御するコントローラを設け、除算中に他の処理をおこなうことができるように構成した。パイプライン化によって高速演算が可能である。 |
| | | 特公平 8- 31028 | G06F 7/52 320 | | 【プログラマブルコントローラ用除算器】被除数および除数より商および剰余も求める除算部を制御するコントローラを設け、コントローラは被除数および除数がPLCより与えられて演算開始信号が入力されると、被除数及び除数に基づいて繰り返し回数を求めるとともに、繰り返し回数だけ減算が行われたことを判定して演算終了信号を出力して商および除数を引き渡すようにした。除算中に他の処理をおこなうことができ、パイプライン化によって高速演算が可能である。 |
| | | 特許第3027627号 | G05B 19/05 | | 【プログラマブルコントローラの演算プロセッサ】データ処理用の応用命令をRISC型のデータ処理命令にコンパイルしてマルチビットプロセッシングユニットでパイプライン実行をする。複数ワードにおよぶ応用命令を高速実行することができる。 |
| | | 特許第2721610号 | G05B 19/05 | | 【プログラマブルコントローラ】コントローラ34は、命令デコーダ33でデコードした命令が微分命令であるときに、プログラムカウンタ41の出力値をデクリメントする。また同時に、命令レジスタ32への次命令のフェッチを中断させ、微分命令に要するデータをデータメモリに書込む。その後、次命令のフェッチを再開させる。 |
| | | 特許第2721611号 | G05B 19/05 | | 【プログラマブルコントローラ】アドレスを共用したオブジェクトプログラムメモリおよびデータメモリを備える。コントローラ34は、命令デコーダ33でデコードした命令が微分処理を含む応用命令であるパルス型応用命令であるときに、プログラムカウンタ41の出力値をデクリメントする。また同時に、命令レジスタ32への次命令のフェッチを中断させ、微分処理に要するデータをデータメモリに書込む。その後、次命令のフェッチを再開させる。 |

表 2.6.3-1 松下電工の保有特許(3/7)

| 技術要素 | | 特許番号 | 特許分類 | 課題 | 【発明の名称】概要 |
|---|---|---|---|---|---|
| グローバル化・高速化 | PLCのグローバル化対応 | 特許第3000857号 | G06F 9/32 340 | 性能向上 | 【プログラマブルコントローラ】命令フェッチ処理を行う第1ステージIFと、命令デコードおよびレジスタフェッチ処理を行う第2ステージID/RF と、算術論理演算またはデータアドレス計算または分岐先計算を行う第3ステージEXと、データメモリへのメモリアクセス処理を行う第4ステージMEM と、ビット演算または汎用レジスタへの書き込み処理または分岐処理を行う第5ステージWB/BPUとをパイプライン実行させる。ハードウエアの単純化、制御の単純化が図れパイプライン多段化が容易になる。 |
| | | 特開平 9- 97180 | G06F 9/38 350 | | 【プログラマブルコントローラ】 |
| | | 特許第3063593号 | G06F 9/38 330 | | 【プログラマブルコントローラ】5段パイプライン構造のPLCで、プログラムカウンタPCのインクリメントを停止させる制御信号PC-HZDの値に関わらず、プログラムカウンタPCの値に1を加えた値を、プログラムカウンタPCを駆動しているクロック信号φ3よりも早いタイミングで変化するクロック信号φ2で駆動されるレジスタPC1 にラッチし、そのレジスタPC1 の値をプログラムカウンタPCの値の代わりに命令メモリIRのアドレスとして用いて命令をフェッチする。 |
| | | 特許第3206394号 | G06F 9/38 310 | | 【5段パイプライン構造のプログラマブルコントローラ】パイプラインステージ1段の時間内に演算を終了することができない命令を実行する専用の演算ブロックSUBALUと、演算ユニットMULT等を設け、一定時間(該当命令の演算終了に必要な時間)、プログラムカウンタPCのインクリメントを停止させ、レジスタ書き戻し、データメモリ書き込み等の制御信号を無効にすることで、パイプラインを停止させて該当命令を実行するように構成されている。 |
| | | 特許第3185649号 | G06F 9/38 310 | | 【プログラマブルコントローラ】5段パイプライン構造のPLCで、ビット処理命令を実行するために、ビット処理命令専用のメモリアドレス計算ブロックを設けて、このビット処理命令専用のメモリアドレス計算ブロックに、複数のパイプラインサイクルにわたってデータメモリのアドレスを計算させ、メモリアクセス要求を発行させることにより、連続する複数のパイプラインステージでメモリアクセスを行うことを可能とする。 |
| | | 特開平10-207708 | G06F 9/38 310 | | 【プログラマブルコントローラ】 |
| | | 特開2001- 14161 | G06F 9/38 310 | | 【プログラマブルコントローラ】 |
| | | 特開2001-125770 | G06F 7/00 | | 【演算方法及び演算装置】 |
| | | 特開平 7- 44090 | G09B 19/05 | | 【マルチCPUシステム】 |
| ネットワーク化 | ネットワーク化 | 特開平 7- 36365 | G09B 19/05 | 通信の安定化など | 【プログラマブルコントローラのリンク処理方式】 |
| | | 特開平 4-250754 | H04L 29/06 | システム構成の変化に対応 | 【プログラマブルコントローラのシリアルポートの制御方式】 |
| | | 特開2000-242325 | G05B 23/02 | 複数の通信仕様に対応 | 【設備コントローラ】 |
| | | 特開2000-286878 | H04L 12/40 | 高速化 | 【通信システム】 |
| | 複数PLC間・マルチCPU間通信 | 特開平 9- 16224 | G05B 19/05 | 分散化制御・通信の安定化 | 【連動制御システム】 |

105

表 2.6.3-1 松下電工の保有特許(4/7)

| 技術要素 | | 特許番号 | 特許分類 | 課題 | 【発明の名称】概要 |
|---|---|---|---|---|---|
| ネットワーク化 | 複数PLC間・マルチCPU間通信 | 特開2001-147705 | G05B 19/05 | システム構成の変化に対応 | 【プログラマブルコントローラのデータリンク方法】 |
| | | 特開2001- 42905 | G05B 19/05 | 複数の通信仕様に対応 | 【プログラマブルコントローラ】 |
| | PLC構成ユニット間通信 | 特開平 7- 36366 | G09B 19/05 | ユニット機種の認識・通信の安定化など | 【プログラマブルコントローラのリンク処理方式】 |
| | | 特開平 7-168608 | G05B 19/048 | | 【シーケンサの動作表示装置】 |
| | | 特開平 8- 69355 | G06F 3/05 | I/Oの遠隔化など | 【アナログ/デジタル変換装置】 |
| | | 特開平11-312136 | G06F 13/12 340 | | 【I/Oコントローラ】 |
| | | 特開2000-163106 | G05B 19/05 | | 【プログラマブルコントローラ】 |
| | | 特開2000-181512 | G05B 19/05 | | 【プログラマブルコントローラの遠隔入出力装置及びその遠隔入出力装置におけるユニット情報の報知方法】 |
| | | 特開平11-312006 | G05B 19/05 | | 【アクセス装置】 |
| | | 特開2000-242311 | G05B 19/05 | | 【プログラマブルコントローラ】 |
| プログラム作成 | プログラム開発・作成 | 特開平10- 27012 | G05B 19/05 | プログラム作成・変更の容易化 | 【データ設定装置】 |
| | | 特開平 7- 64474 | G09B 19/05 | | 【データ設定器】 |
| | | 特開平 7- 64611 | G05B 19/048 | | 【プログラマブルコントローラのプログラミング/デバッグ機器】 |
| | | 特開平 9- 16225 | G05B 19/05 | | 【PIDユニットを備えるプログラマブルコントローラ】 |
| | | 特開平 8- 69303 | G05B 19/05 | | 【制御システム】 |
| | | 特開平 9-230913 | G05B 19/05 | | 【プログラマブルコントローラのプログラミングツール】 |
| | | 特開2000-194547 | G06F 9/06 530 | | 【プログラム作成装置】 |
| | | 特開平 8-234814 | G05B 19/05 | プログラム開発の容易化 | 【プログラマブルコントローラによるPID制御方法】 |
| | | 特開2000-242310 | G05B 19/05 | | 【プログラム作成装置及びその装置に格納される格納プログラムを記録した記録媒体】 |
| | | 特許第3149456号 | H05B 37/02 | | 【遅延動作機能付機器】テスト的に動作確認をする場合のテスト時間を短縮し、効率的に動作確認をできるようにする。遅延動作機能付機器10において、遅延時間を短縮するテスト用の遅延短縮手段18を設け、テスト時のみ遅延短縮手段18を実行できるようにした。また、機器内に遅延動作機能部14を備えた遅延動作機能付機器10において、機器内に遅延時間を短縮するテスト用の遅延短縮手段18を設けると共に該遅延短縮手段18を機器の外部から制御する外部制御手段Bを設けた。更に、前記遅延短縮手段をリードスイッチ18とし、磁場Bを外部制御手段とした。 |
| | デバッグ | 特開平 9-265413 | G06F 11/28 | プログラム作成時のデバッグの容易化 | 【プログラマブルコントローラのデバッグシステム】 |
| | | 特開平10- 69303 | G05B 15/02 | | 【制御装置】 |

表 2.6.3-1 松下電工の保有特許(5/7)

| 技術要素 | | 特許番号 | 特許分類 | 課題 | 【発明の名称】概要 |
|---|---|---|---|---|---|
| プログラム作成 | デバッグ | 特許第2559924号 | G05B 19/05 | プログラム作成時のデバッグの容易化 | 【プログラマブルコントローラ】オブジェクトコードにソースコードの対応する箇所に関する情報を持たせることによって、ソースコードとオブジェクトコードとの対応箇所の検出を短時間で行う。オブジェクトコードの命令コードにソースコードの各単位を構成するワード数を格納するコード数フィールドを設ける。また、オブジェクトコードの命令コードにソースコードの各単位に対応するブロックの終了位置を示す終了位置支持フィールドを設ける。コプロセッサは、コード数フィールドの値を積算する加算器31を備え、加算器31の出力値を一時レジスタ32に格納する。終了位置指定フィールドの値によりブロックの終了が示されると一時レジスタ32の出力値がアドレスレジスタ34に取り込まれる。 |
| | | 特開平 9-230915 | G05B 19/05 | | 【プログラミング装置】 |
| | | 特開2000-181515 | G05B 19/05 | | 【プログラマブルコントローラ用デバッグツールおよびその処理方法】 |
| | | 特開平10-143237 | G05B 23/02 | | 【制御動作の解析方法及びこれを用いた解析装置】 |
| | | 特開平 9- 62537 | G06F 11/28 | システム変更に対応したデバッグの容易化 | 【表示装置の動作確認用シミュレーション装置】 |
| 小型化 | | 特許第3032549号 | G05B 19/05 | コンパクト化 | 【表示装置】表示装置にPLCの機能を組み込んでPLCを不要にし、小規模システムの低廉化を図る。 |
| | | 特開平 5-204414 | G05B 19/05 | | 【プログラマブルコントローラシステム】 |
| | | 特開平 9-204209 | G05B 19/05 | | 【プログラマブルコントローラ】 |
| | | 特開平 5-173611 | G05B 19/05 | 高密度化 | 【プログラマブルコントローラの入力回路】 |
| | | 特開平 9-230914 | G05B 19/05 | 構成変更の容易化 | 【コントローラ】 |
| | | 特開2001- 14010 | G05B 19/05 | | 【制御システム】 |
| RUN中変更 | RUN中の設定変更 | 特開平 5-119811 | G05B 19/05 | 設定定数変更 | 【プログラマブルコントローラ】 |
| 監視・安全 | 監視 | 特開平 9- 22308 | G05B 19/048 | 障害の検出 | 【設備の異常動作検出方法】 |
| | | 特許第2721609号 | G05B 19/05 | 障害検出後の処理 | 【プログラマブルコントローラ】メインプロセッサとコプロセッサとの間で演算エラー情報の整合性を保ち、演算エラーの発生時にメインプロセッサに実行処理を引き渡す必要がない。コプロセッサ21で演算エラーが生じると、演算エラーフラグをエラー制御フラグレジスタ41とフラグレジスタ31に格納する。エラー制御フラグレジスタ41は演算エラーが生じた後の実行再開時にリセット信号によりリセットし、フラグレジスタ31は演算エラーが発生したブロックの次ブロック以後で演算エラーが生じなかったときにリセットする。コプロセッサ21の内部処理はエラー制御フラグレジスタ41の設定値に基づいて命令の実行制御を行い、メインプロセッサに対してはフラグレジスタ31の設定値に基づいて演算エラーの情報を共有する。 |

107

表 2.6.3-1 松下電工の保有特許(6/7)

| 技術要素 | | 特許番号 | 特許分類 | 課題 | 【発明の名称】概要 |
|---|---|---|---|---|---|
| 監視・安全 | 監視 | 特許第3126493号 | G05B 23/02 301 | 障害の分析 | 【設備故障診断方法】シーケンスプログラムの表現形式にかかわりなく、トラブルの発生原因を検出する。比較手段7は、設備が1サイクルの動作開始後の経過時間が正常動作時間記憶手段5に設定された基準時間を超えたとき故障発生と判定する。次ステップ探索手段10は、故障が発生したサイクル内で最後に正常な動作を行った出力をシーケンスプログラムと照合し、次に動作する出力を抽出する。原因条件探索手段11は、抽出した出力を動作させる入力条件のうち満たされていない条件を抽出する。条件機器対応テーブルに基づき、上記条件に対応する機器名を表示手段4に表示する。 |
| | | 特開平 9- 26805 | G05B 19/048 | | 【設備故障診断装置】 |
| | | 特開平10- 97318 | G05B 23/02 302 | | 【自動化設備システムに於ける異常診断基準パターンの作成方法およびその基準パターンを用いた自動診断装置】 |
| | | 特開平11-338512 | G05B 19/048 | | 【表示器】 |
| | | 特開2000-112517 | G05B 23/02 | | 【要素部品設計装置及び通信チェック表示プログラムを記録した記録媒体】 |
| | 安全 | 特開平 5- 53647 | G05D 3/10 | 障害の予防 | 【プログラマブルコントローラの位置決めユニット】 |
| | | 特開2001-154713 | G05B 19/05 | 操作性向上 | 【プログラマブルコントローラの通信局設定装置】 |
| 信頼性 | 信頼性 | 特開2001-184108 | G05B 19/05 | 障害波及防止 | 【プログラマブルコントローラの入出力ユニット及びその起動方法】 |
| | | 特許第2559929号 | G05B 19/05 | 障害回復処理 | 【プログラマブルコントローラ】命令を強制的に実行させる強制実行フラグと、実行を停止させる外部エラーフラグとをセットする手段を設ける。命令により強制実行フラグがセットされる強制実行フラグレジスタ34と外部エラーフラグがセットされるエラーフラグレジスタ35を設ける。出力値に基づいてマルチビット処理ユニット32の実行状態を制御することができる実行制御ユニット33を設ける。実行制御ユニット33は、外部エラーフラグがエラーフラグレジスタ35にセットされるとマルチビット処理ユニット32の処理を停止させる。また、実行制御ユニット33は、強制実行フラグが強制実行フラグレジスタ34にセットされると、エラーフラグレジスタ35の内容にかかわらず、マルチビット処理ユニット32の実行を許可する。 |
| 表示 | 稼動状態の表示 | 特開平 9- 62321 | G05B 19/05 | 指定・設定の容易化 | 【表示装置の画面選択方式】 |
| | | 特開平11- 39008 | G05B 19/05 | | 【プログラマブルコントローラ用のプログラム作成装置】 |
| | | 特開2000- 10694 | G06F 3/00 652 | | 【遠隔監視制御システム】 |
| | | 特開平11- 45110 | G05B 23/02 301 | 表示対象の設定の容易化 | 【プログラマブル操作表示器】 |
| | | 特開2000- 99137 | G05B 23/02 301 | 表示画面の視認性向上 | 【表示器】 |
| | | 特開平11-338515 | G05B 19/05 | 保守性向上 | 【プログラマブルコントローラ及びそれらを用いたプログラマブルコントローラシステム】 |
| | | 特開2000- 99139 | G05B 23/02 301 | 高速化 | 【表示装置】 |
| | | 特開2000- 99138 | G05B 23/02 301 | | 【表示器の表示画面切替方法】 |
| | | 特開2000- 20112 | G05B 19/048 | | 【表示器】 |
| | | 特開平 6- 75610 | G05B 19/05 | | 【プログラマブルコントローラの表示装置】 |
| | | 特開2000-276214 | G05B 19/05 | | 【プログラマブルコントローラ】 |
| | | 特開平10-303991 | H04L 25/02 302 | 高信頼性 | 【表示器】 |

表 2.6.3-1 松下電工の保有特許(7/7)

| 技術要素 | | 特許番号 | 特許分類 | 課題 | 【発明の名称】概要 |
|---|---|---|---|---|---|
| 表示 | 稼動状態の表示 | 特開平 9- 62319 | G05B 19/05 | 外部機器との整合性向上 | 【表示装置】 |
| | | 特開2000- 99114 | G05B 19/048 | | 【表示器及びその表示器を用いた表示器システム】 |
| | 動作プログラムの表示 | 特許第3168039号 | G05B 19/048 | 設定・作成の容易さ | 【プログラマブルコントローラ】リモート入出力部に接続した表示装置の機能のうち使用頻度の高い機能については特殊命令を用いずにプログラムで制御できるようにしたPLCを提供する。PLC10のリモート入出力部12に伝送線Lを介して表示装置20を接続する。表示装置20に対してリモート入出力部12の入出力をそれぞれ複数点数ずつ割り付ける。表示装置20の機能のうちで使用頻度が高い機能については、表示装置20に割り付けた入出力点数のうちの所定点数を固定的に割り付ける。 |
| 特殊機能 | 構成・機能設定など | 特開平10-133719 | G05B 19/05 | 構成・機能設定の容易化 | 【プログラマブルコントローラ】 |
| | | 特開平10-240316 | G05B 19/05 | | 【プログラマブルコントローラ】 |
| | | 特開平11- 65618 | G05B 19/048 | | 【ベースボード及びそれに装着される電源ユニット並びにCPUユニット】 |
| | | 特開平11-161304 | G05B 19/05 | | 【プログラマブルコントローラ】 |
| | | 特開平 8- 16201 | G05B 7/02 | 性能機能向上 | 【プログラマブルコントローラのPID演算におけるバンプレス処理方式】 |
| | タイマ | 特開平10- 69305 | G05B 19/05 | 精度向上 | 【プログラマブルコントローラの命令実行方法】 |
| | 現代制御理論適用 | 特開平 8-202414 | G05B 19/05 | 制御精度の向上 | 【プログラマブルコントローラ】 |
| | | 特開平 9- 16206 | G05B 13/02 | | 【ファジィ制御用コントローラ】 |
| | | 特開平 9- 16208 | G05B 13/02 | | 【ファジィ制御用プログラマブルコントローラ】 |

## 2.6.4 技術開発拠点

表2.6.4-1に松下電工の技術開発拠点を示す。

表 2.6.4-1 松下電工の技術開発拠点

| 大阪府 | 本社 |
|---|---|

## 2.6.5 研究開発者

図2.6.5-1に出願年に対する発明者数と出願件数の推移を示す。
図2.6.5-2に発明者数に対する出願件数の推移を示す。

図 2.6.5-1 出願年に対する発明者数と出願件数の推移

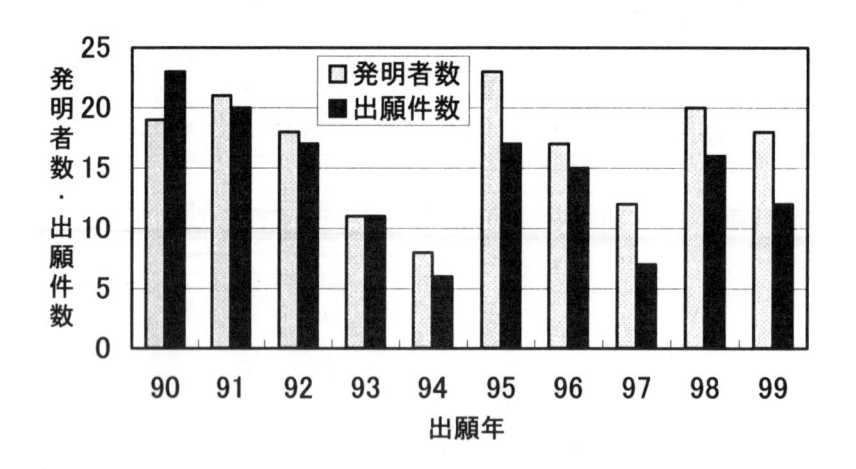

図 2.6.5-2 発明者数に対する出願件数の推移

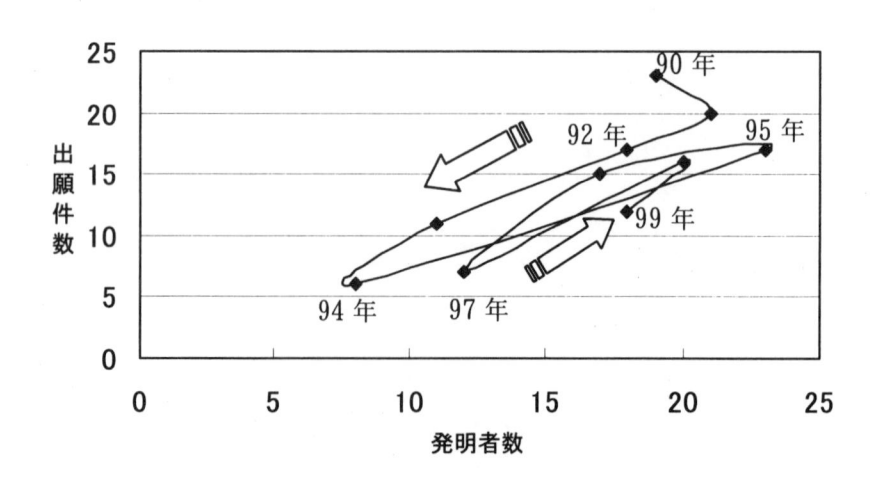

## 2.7 安川電機

電機メーカー大手。ロボットメーカー大手。シーメンス（ドイツ）と技術提携。事業内容は、メカトロ機器、産電機器、メカトロシステム、産電システムなどの製造、販売、サービス。

プログラム制御技術関連製品としては、産業用ロボット、サーボモータ、インバータおよび産電システムなどを提供。

ネットワーク化技術、信頼性技術関連の出願が多い。

表1.4.2-1を参照すると、分散化制御・通信の安定化の課題を、同期化・待機化といった解決手段や、I/Oの遠隔化の課題を、データの記憶書き込み・読み出しといった解決手段、

表1.4.7-1を参照すると、可用性向上の課題を、デュアルシステムなどといった解決手段、

による出願が多く見られることがわかる。

### 2.7.1 企業の概要

表2.7.1-1に安川電機の企業の概要を示す。

表2.7.1-1 安川電機の企業の概要

| | | |
|---|---|---|
| 1) | 商号 | 株式会社 安川電機 |
| 2) | 設立年月 | 1915年7月 |
| 3) | 資本金 | 155億4,000万円 |
| 4) | 従業員 | 3,544名（2001年9月現在） |
| 5) | 事業内容 | メカトロ機器、産電機器、メカトロシステム、産電システムなどの開発・製造・販売・サービス |
| 6) | 技術・資本提携関係 | 技術提携/シーメンス（ドイツ） |
| 7) | 事業所 | 本社/北九州市　支社/東京　支店/大阪、名古屋、中国、九州　向上/八幡、小倉、行徳、東京 |
| 8) | 関連会社 | ワイ・イー・データ、安川エンジニアリング |
| 9) | 業績推移 | 2,274億5,700万円（1999.3）　2,298億4,400万円（2000.3）　2,660億6,800万円（2001.3） |
| 10) | 主要製品 | モートマン、超メカトロ、サーボ、コントローラ、システムソリューション、省電力機器 |
| 11) | 主な取引先 | ー |
| 12) | 技術移転窓口 | ー |

### 2.7.2 プログラム制御技術に関連する製品・技術

表2.7.2-1にプログラム制御に関する安川電機の製品を示す。

表 2.7.2-1 安川電機のプログラム制御関連製品

| 製品 | 製品名 | 発売時期 | 出典 |
|---|---|---|---|
| ロボティクス・オートメーション | MOTOMANシリーズ 超メカトロ | — | http://www.yaskawa.co.jp/ja/products/products.htm |
| モーションコントロール | サーボ&コントローラ インバータ | — | 同上 |

### 2.7.3 技術開発課題対応保有特許の概要

表2.7.3-1に安川電機の保有特許を示す。

表2.7.3-1 安川電機の保有特許(1/3)

| 技術要素 | | 特許番号 | 特許分類 | 課題 | 【発明の名称】概要 |
|---|---|---|---|---|---|
| グローバル化・高速化 | グローバル化 | 特開平10-320021 | G05B 19/05 | ほかの制御手段との連携化 | 【プログラマブルコントローラおよび位置決め制御装置】 |
| | | 特開2001-84010 | G05B 19/02 | 機能向上 | 【ネットワーク型サーボアンプを用いたモーションコントローラの指令方法】 |
| | PLCのグローバル化対応 | 特許第3166831号 | G05B 19/05 | ユーザプログラムの簡素化 | 【モーションプログラムの同時実行方法】プログラムのステップ番号毎に並列番号を示すテーブル2と、ステップ番号に対応したプログラムの格納部3と、テーブルとプログラム格納部によりプログラムの歩進を管理する歩進管理部1と、歩進管理部からの複数のプログラム指令を実行する並列演算部4～6と、演算部からの払い出しデータをサーボアンプ7a～11aに出力するサーボ制御部7～11とを有して、同タイミングに複数のプログラムを実行し、再び、1つのプログラムに合流するモーションプログラムの同時実行を行う。 |
| | | 特開平10-177405 | G05B 19/05 | システム構成の変化に対応 | 【プログラマブルロジックコントローラ】 |
| | | 特開平 9-288505 | G05B 19/05 | 性能向上 | 【ラダープログラム実行装置及び実行方法】 |
| | | 特開平10-254509 | G05B 19/02 | | 【プログラマブルコントローラ】 |
| ネットワーク化 | ネットワーク化 | 特開平11-305812 | G05B 19/05 | 通信の安定化など | 【分散型CPUシステムの同期方法】 |
| | | 特開平 7-175405 | G09B 19/05 | システム構成の変化に対応 | 【サーボ制御装置のパラメータ指定方法】 |
| | | 特開平 6- 89108 | G05B 19/05 | 高速化 | 【プログラマブルコントローラとモーションコントローラのデータの授受方法】 |

表2.7.3-1 安川電機の保有特許(2/3)

| 技術要素 | | 特許番号 | 特許分類 | 課題 | 【発明の名称】概要 |
|---|---|---|---|---|---|
| ネットワーク化 | 複数PLC間・マルチCPU間通信 | 特開平11-296211 | G05B 19/05 | 分散化制御・通信の安定化 | 【入出力装置】 |
| | | 特許第2526835号 | G05B 19/05 | | 【プログラマブルコントローラの二重化同期制御方式】二重化された演算部の処理において、二重化同期が必要な処理のみ、それぞれ異なる同期レベル番号を設けて処理を識別するとともに、処理の優先度を設定する。そして優先度の高い処理は優先度の低い処理に割り込んで同期レベル番号を送出できるようにした。 |
| | | 特開平11-259105 | G05B 19/05 | | 【外部同期可能なプログラマブルコントローラ装置】 |
| | | 特開平11-338516 | G05B 19/05 | | 【位置制御装置】 |
| | | 特開2000-29509 | G05B 19/05 | | 【マスタースレーブ伝送方法及び装置】 |
| | | 特開平 7-306703 | G05B 19/05 | | 【FAコントローラ間のI/O結合方法】 |
| | | 特開平11- 95818 | G05B 19/05 | システム構成の変化に対応 | 【電子装置の筐体識別番号付加方法】 |
| | | 特開平11-212608 | G05B 19/05 | | 【通信パラメータを含めたシステム構成の自動設定装置】 |
| | | 特開平 6-131017 | G05B 19/05 | | 【シーケンスコントローラシステムにおけるソフトウェア処理方法】 |
| | PLC構成ユニット間通信 | 特開平10- 91213 | G05B 19/048 | ユニット機種の認識・通信の安定化など | 【プログラマブルコントローラ】 |
| | | 特開平10- 91217 | G05B 19/05 | I/Oの遠隔化など | 【リモートI/Oシステム】 |
| | | 特開平 6- 95716 | G05B 19/05 | | 【プログラマブルコントローラとマンマシンインターフェース装置間の伝送インタフェース装置】 |
| | | 特開平10-260706 | G05B 19/05 | | 【プログラマブルコントローラ】 |
| | | 特開平11- 24713 | G05B 19/05 | | 【プログラマブルコントローラリモートI/OシステムのI/Oデータ高速転送方法】 |
| | | 特開平10-187213 | G05B 19/05 | | 【プログラマブルコントローラ】 |
| | | 特開2000- 29507 | G05B 19/05 | | 【I/O伝送方法】 |
| | | 特開平11-296212 | G05B 19/05 | | 【PCリンクでリモートI/O装置が接続されたときの出力割り付け情報の配信方法とその装置】 |
| プログラム作成 | プログラム開発・作成 | 特開平11-249715 | G05B 19/05 | プログラム作成・変更の容易化 | 【シーケンスプログラムの自動生成方法とモーションコントローラ】 |
| | | 特開平11-167407 | G05B 19/05 | | 【プログラマブルコントローラのプログラムコード表示装置】 |
| | | 特開2000-311008 | G05B 19/05 | プログラム開発の容易化 | 【モーションコントローラのプログラミング方法】 |
| | | 特開平11- 39010 | G05B 19/05 | | 【プログラマブルコントローラのプログラム作成支援装置およびプログラム作成支援方法】 |
| | | 特開2000-20114 | G05B 19/05 | | 【モーションコントローラのプログラム作成および実行方法】 |
| | | 特開2001-175311 | G05B 19/05 | | 【コントローラプログラミング装置】 |
| | | 特許第2969798号 | G05B 19/05 | | 【フロー図作成装置】プログラマブルコントローラなどのプログラムフロー図を画面上に表示しながら作成するフロー図作成装置。 |
| 監視・安全 | 監視 | 特許第2969845号 | G05B 19/048 | 障害の検出 | 【シーケンスコントローラの異常信号伝播経路検索方式】鉄鋼プラント等の製造現場に設置されるシーケンスコントローラに関し、特にそのシーケンスコントローラのプログラムに対する異常信号の作用を、オン、オフ異常状態を加え、論理演算規則を定義し、異常信号伝播経路を検証する方式。 |
| | | 特開平11- 73201 | G05B 9/02 | | 【通信システム】 |
| | | 特開平 5-346810 | G05B 19/05 | 障害検出後の処理 | 【プログラマブルコントローラの出力異常処理方式】 |
| | | 特開平10-312205 | G05B 19/05 | | 【リモートI/O伝送方法】 |
| | | 特開平11-167404 | G05B 19/048 | 障害の分析 | 【数値制御装置】 |
| | 安全 | 特開平11- 65647 | G05B 23/02 301 | 操作性向上 | 【プログラマブルコントローラの故障診断方法】 |
| | | 特開2000-155615 | G05B 23/02 302 | | 【プラント監視装置】 |

表2.7.3-1 安川電機の保有特許(3/3)

| 技術要素 | | 特許番号 | 特許分類 | 課題 | 【発明の名称】概要 |
|---|---|---|---|---|---|
| 信頼性 | 信頼性 | 特開平10-326199 | G06F 11/18 310 | 可用性向上 | 【デュアルシステムにおける割込同期装置】 |
| | | 特開平11- 85226 | G05B 19/05 | | 【マルチスキャン方式の二重化プログラマブルコントローラ】 |
| | | 特開平11-126103 | G05B 19/05 | | 【プログラマブルコントローラの二重化制御装置】 |
| | | 特開平11-224103 | G05B 9/03 | | 【デュアルシステムにおける電源投入時の動作モード決定装置】 |
| | | 特開平11- 95811 | G05B 19/048 | 障害回復処理 | 【プログラマブルコントローラの故障時復旧方法】 |
| | | 特開平11- 3142 | G06F 1/18 | 保守性向上 | 【プログラマブルコントローラにおけるモジュールの活線挿抜構造】 |
| | | 特開2000- 3211 | G05B 19/05 | | 【プログラマブルコントローラおよびその保守方法】 |
| 表示 | 稼動状態の表示 | 特開平10-340109 | G05B 19/05 | 保守性向上 | 【プログラマブルコントローラのマルチプログラム表示装置】 |
| | | 特開平 8-147007 | G05B 19/05 | 高速化 | 【コントローラとプログラマブル表示装置との間のデータ伝送方法】 |
| | | 特開平 8-320708 | G05B 19/048 | | 【プログラマブルコントローラにおけるリアルタイム表示データの収集方法】 |
| 特殊機能 | 構成・機能設定等など | 特開平10-340106 | G05B 15/02 | 構成・機能設定の容易化 | 【モーションコントロールモジュール機能の切替装置】 |
| | | 特開平11-154005 | G05B 19/05 | | 【プログラマブルコントローラにおける出力状態設定方法およびプログラマブルコントローラ】 |
| | 割込み | 特許第2969844号 | G05B 19/05 | 応答性改善 | 【プログラマブルコントローラ】複数のシーケンス処理をそれぞれ独立した周期で実行するいわゆるマルチスキャン方式を備えたPLCの二重化制御方式で、シーケンス処理と入出力処理を別々のタイミングで割り込み実行するスキャン制御。 |
| | | 特開平 7-261814 | G05B 19/05 | | 【PCのデュアルシステムにおける割込み同期方法】 |
| | タイマ | 特開平 9- 44201 | G05B 9/02 | 精度向上 | 【システムリセットインターロック回路】 |
| | | 特開平10-262394 | H02P 8/14 | | 【指令パルス発生器】 |
| 生産管理との連携 | 生産管理との連携 | 特開平 8-190409 | G05B 19/05 | 加工効率向上 | 【生産ラインにおけるトラッキング制御方法】 |

## 2.7.4 技術開発拠点

表2.7.4-1に安川電機の技術開発拠点を示す。

表2.7.4-1 安川電機の技術開発拠点

| 福岡県 | 本社 |
| --- | --- |
| 福岡県 | 小倉工場 |
| 埼玉県 | 東京工場 |

## 2.7.5 研究開発者

図2.7.5-1に出願年に対する発明者数と出願件数の推移を示す。
図2.7.5-2に発明者数に対する出願件数の推移を示す。

図 2.7.5-1 出願年に対する発明者数と出願件数の推移

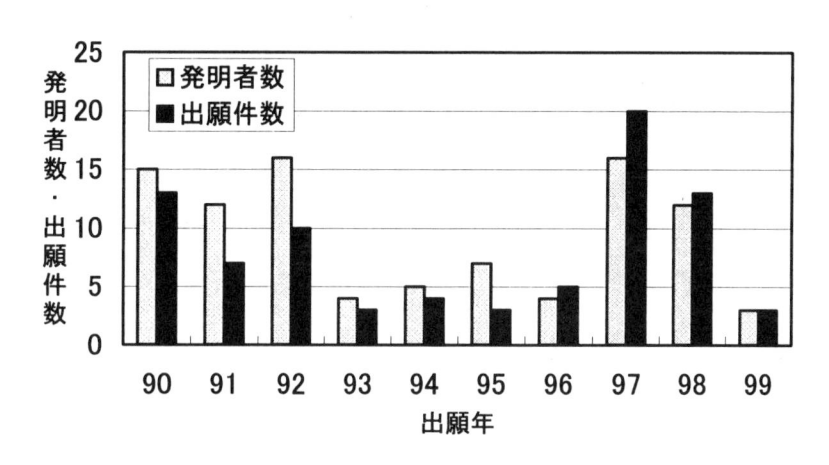

図 2.7.5-2 発明者数に対する出願件数の推移

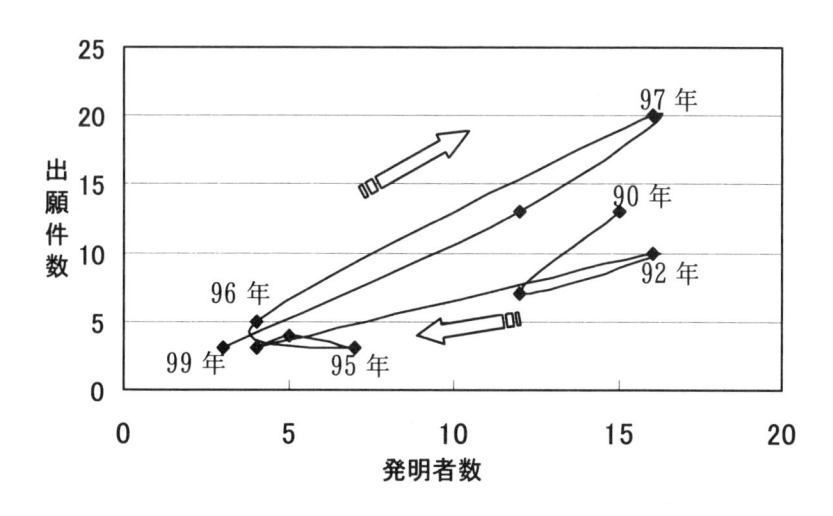

## 2.8 デジタル

　中・大型の操作表示器やパネルコンピュータのトップメーカー。事業内容は、エレクトロニクス、メカトロニクス、マテリアルなどの製造・販売・サービス。
　プログラム制御技術関連製品として、プログラマブル表示器、コントローラ付表示器などを提供。

　プログラム作成技術、ネットワーク化技術関連の出願が多い。
　表1.4.3-1を参照すると、プログラム作成・変更の容易化およびプログラム開発の容易化の課題を、表示項目の改良といった解決手段、
　表1.4.2-1を参照すると、複数の通信仕様に対応の課題を、プロトコル・オペランド・パラメータの変更・変換といった解決手段、
による出願が多く見られることがわかる。

### 2.8.1 企業の概要

　表2.8.1-1にデジタルの企業の概要を示す。

表2.8.1-1 デジタルの企業の概要

| | | |
|---|---|---|
| 1) | 商号 | 株式会社 デジタル |
| 2) | 設立年月 | 1972年7月 |
| 3) | 資本金 | 27億6,200万円 |
| 4) | 従業員 | 478名 (2001年9月現在) |
| 5) | 事業内容 | エレクトロニクス、メカトロニクス、マテリアルなどの開発・製造・販売・サービス |
| 6) | 技術・資本提携関係 | － |
| 7) | 事業所 | 本社/大阪　支社/東京　営業所/仙台、北関東、立川、横浜、厚木、長野、北陸、豊田、京滋、兵庫、岡山、広島、九州　静岡事業所/和泉 |
| 8) | 関連会社 | テクノデジタル、ディ・エム・シー |
| 9) | 業績推移 | 145億5,200万円 (1999.3)　182億2,400万円 (2000.3)　230億8,100万円 (2001.3) |
| 10) | 主要製品 | プログラマブル表示器、コントローラ付表示器、FAパネルコンピュータ、生産情報端末 |
| 11) | 主な取引先 | － |
| 12) | 技術移転窓口 | 知的財産権室　TEL 06-6613-5887 |

## 2.8.2 プログラム制御技術に関連する製品・技術

表2.8.2-1にプログラム制御に関するデジタルの製品を示す。

表2.8.2-1 デジタルのプログラム制御関連製品

| 製品 | 製品名 | 発売時期 | 出典 |
|---|---|---|---|
| プログラマブル表示器 | GPシリーズ | — | http://www.proface.co.jp/m |
| コントローラ付き表示器 | GLCシリーズ | — | 同上 |

## 2.8.3 技術開発課題対応保有特許の概要

表2.8.3-1にデジタルの保有特許を示す。

表2.8.3-1 デジタルの保有特許(1/4)

| 技術要素 | | 特許番号 | 特許分類 | 課題 | 【発明の名称】概要 |
|---|---|---|---|---|---|
| ネットワーク化 | ネットワーク化 | 特開2000-138725 | H04L 29/04 | 複数の通信仕様に対応 | 【制御用ホストコンピュータ、および、そのプログラムが記録された記録媒体】 |
| | | 特許第3190627号 | G05B 19/05 | | 【制御用ホストコンピュータ、および、そのプログラムが記録された記録媒体】制御システム1の制御用ホストコンピュータ7において、共通ネットワーク・インタフェース部71は、オペレーティングシステムで定義された手順でユーザ処理部72aと通信するDDEサーバ部76の指示に基づき、PLC3へのデータを、共通ネットワーク6を介し、グラフィック操作パネル5へ送出する。グラフィック操作パネル5では、必要に応じてプロトコル変換した後、専用ネットワーク4を介して、PLC3へデータを転送する。新たなPLC3が加入しても、DDEサーバ部76の変更が不要。 |
| | | 特許第3190628号 | G05B 19/05 | | 【制御用ホストコンピュータ、および、そのプログラムが記録された記録媒体】制御用ホストコンピュータ7の共通ネットワーク・インタフェース部71は、ユーザ処理部72c、72bからの要求に応答する関数処理部77、78の指示に基づき、PLC3へのデータを共通ネットワーク6を介し、グラフィック操作パネル5へ送出する。グラフィック操作パネル5は、必要に応じてプロトコル変換した後、専用ネットワーク4を介して、PLC3に転送する。新たなPLC3を加入する際、制御用ホストコンピュータ7の変更が不要である。 |
| | | 特開2000-286919 | H04L 29/06 | | 【データ処理装置】 |

表2.8.3-1 デジタルの保有特許(2/4)

| 技術要素 | | 特許番号 | 特許分類 | 課題 | 【発明の名称】概要 |
|---|---|---|---|---|---|
| ネットワーク化 | ネットワーク化 | 特許第3155253号 | G05B 19/05 | 複数の通信仕様に対応 | 【データ転送システム、データ転送方法およびデータ転送のためのプログラムが記録された記録媒体】PLC3とプログラマブル表示器2との間の専用ネットワーク5での通信プロトコルを、データ処理部2aで変換データ記憶部2fのプロトコル変換用データを用いて、プログラマブル表示器2とパソコン1との間の共通ネットワーク4での通信プロトコルに変換する。これにより、パソコン1のアプリケーション部1fで設定されたレシピデータは、配信条件が満たされると、プログラマブル表示器2のデータ配信部2gによってPLC3に転送する。通信プロトコルの異なる機種の各PLC3は、パソコン1からのレシピデータをメモリのストア領域に書き込んでデータ更新を行い、このデータに基づいて入力機器6および出力機器7を制御する。 |
| | | 特許第3155254号 | G05B 19/05 | | 【アプリケーションソフトウェアの起動システムおよび起動方法ならびにその起動のためのプログラムが記録された記録媒体】PLC3とプログラマブル表示器2との間の専用ネットワーク5での通信プロトコルを、変換データ記憶部2fのプロトコル変換用データを用いて、プログラマブル表示器2とパソコン1との間の共通ネットワーク4での通信プロトコルに変換する。また、配信設定部1cによってデータ配信部2gに予め設定された配信条件が成立すると、データ通信処理部1aは、アプリケーション部1fにおいて予め指定されたアプリケーションソフトを起動する。 |
| | | 特許第3155257号 | G05B 19/05 | | 【データ収集システム、データ収集方法およびデータ収集のためのプログラムが記録された記録媒体】PLC3とプログラマブル表示器2との間の専用ネットワーク5での通信プロトコルを、データ処理部2aで変換データ記憶部2fのプロトコル変換用データを用いて、プログラマブル表示器2とパソコン1との間の共通ネットワーク4での通信プロトコルに変換する。これにより、パソコン1は、機種の異なる複数のPLC3…からの出力データを容易に収集することができる。また、予め設定された配信条件が満たされると、プログラマブル表示器2のデータ配信部2gによってPLC3の出力データをパソコン1に配信する。 |
| | | 特許第3155258号 | G05B 19/05 | | 【データ収集システム、データ収集方法およびデータ収集のためのプログラムが記録された記録媒体】PLC3とプログラマブル表示器2との間の専用ネットワーク5での通信プロトコルを、データ処理部2aで変換データ記憶部2fのプロトコル変換用データを用いて、表示器2とパソコン1との間の共通ネットワーク4での通信プロトコルに変換する。これにより、パソコン1は、表示器2の収集データ記憶部2hに記憶されている、異機種の複数のPLC3についてのデータなどを容易に収集することができる。 |

表2.8.3-1 デジタルの保有特許(3/4)

| 技術要素 | | 特許番号 | 特許分類 | 課題 | 【発明の名称】概要 |
|---|---|---|---|---|---|
| ネットワーク化 | ネットワーク化 | 特許第3155259号 | G05B 19/05 | 複数の通信仕様に対応 | 【報知システム、報知方法および報知のためのプログラムが記録された記録媒体】PLC3とプログラマブル表示器2との間の専用ネットワーク5での通信プロトコルを、データ処理部2aで変換データ記憶部2fのプロトコル変換データを用いて、プログラマブル表示器2とパソコン1との間の共通ネットワーク4での通信プロトコルに変換する。 |
| | 複数PLC間・マルチCPU間通信 | 特開2001-16662 | H04Q 9/00 311 | | 【データ収集システム、データ収集方法およびデータ収集のためのプログラムが記録された記録媒体】 |
| | PLC構成ユニット間通信 | 特開平10-105211 | G05B 19/048 | ユニット機種の認識・通信の安定化など | 【制御機能を有するプログラマブル表示装置にて受信されるデータの種類に基づいて該データの処理を実行する方法】 |
| | | 特開2000-137508 | G05B 19/05 | | 【制御装置】 |
| | | 特開2001-142511 | G05B 19/05 | | 【制御用ホストコンピュータ、および、そのプログラムが記録された記録媒体】 |
| | | 特開平10-224386 | H04L 12/40 | | 【制御用ネットワークシステム】 |
| プログラム作成 | プログラム開発・作成 | 特開平10-105213 | G05B 19/05 | プログラム作成・変更の容易化 | 【プログラム式表示装置用の操作画面作成装置】 |
| | | 特開平10-105216 | G05B 19/05 | | 【プログラム式表示装置用の操作画面作成方法】 |
| | | 特開平10-116109 | G05B 19/05 | | 【プログラム式表示装置】 |
| | | 特開平10-283020 | G05B 23/02 301 | | 【プログラマブル表示装置】 |
| | | 特開平11-194816 | G05B 23/02 301 | | 【プログラマブル表示装置及びこれを用いたシステム】 |
| | | 特開平11-110014 | G05B 19/05 | | 【プログラマブル表示装置】 |
| | | 特開平11-175326 | G06F 9/06 530 | | 【エディタ装置及びエディタプログラムを記録したコンピュータ読み取り可能な記録媒体】 |
| | | 特開平11-265280 | G06F 9/06 530 | | 【グラフィックエディター及びエディタープログラムを記録したコンピュータ読み取り可能な記録媒体】 |
| | | 特開平11-327616 | G05B 19/05 | | 【プログラム式表示装置用の表示画面作成方法】 |
| | | 特開2000-194406 | G05B 19/05 | | 【産業用制御装置のプログラミング方法およびプログラミングシステム】 |
| | | 特開平10-105212 | G05B 19/048 | | 【表示制御システム】 |
| | | 特許第3195321号 | G05B 19/05 | プログラム開発の容易化 | 【エディタ装置およびエディタプログラムを記録した記録媒体】従来のエディタの操作性を継承しながら、PLCの制御手順プログラムまたはプログラマブル表示器に表示される画面のいずれか一方を作成すれば、他方は自動的に作成される。ラダーエディタ32aで用いるラダー記号（命令）と、画面を作画エディタ32bで用いるマーク（部品など）とを単一のキーワードで関連付けてキーワードファイル33cに登録しておく。制御手順プログラムをラダーエディタ32aによりラダー記号を入力する際に、このラダー記号に関する入出力機器4のアドレスに割り付けられた変数を入力すると、この変数がキーワードを含んでいれば、キーワード管理部32cが、そのキーワードに関連付けられたマークを作画エディタ32bに表示させる。また、作画エディタ32bでのマークの入力に伴って、ラダーエディタにそれに対応するラダー記号をラダーエディタ32aに表示させる。 |

表2.8.3-1 デジタルの保有特許(4/4)

| 技術要素 | | 特許番号 | 特許分類 | 課題 | 【発明の名称】概要 |
|---|---|---|---|---|---|
| プログラム作成 | プログラム開発・作成 | 特開2001-100811 | G05B 19/05 | プログラム開発の容易化 | 【制御用表示装置、および、そのプログラムが記録された記録媒体】 |
| | | 特開2000-259216 | G05B 19/05 | | 【産業用制御装置のプログラミングのためのシステムおよび方法ならびにそのソフトウェアが記録された記録媒体】 |
| | | 特開平 7-225831 | G06T 1/00 | | 【表示制御装置用のデータ作成支援装置】 |
| | | 特開平10-283006 | G05B 19/05 | | 【プログラマブル表示装置】 |
| | | 特開2001- 75790 | G06F 9/06 530 | | 【エディタ装置およびエディタプログラムを記録した記録媒体】 |
| | | 特開2001- 75612 | G05B 19/048 | | 【画面データ作成方法、画面データ作成装置、および、そのプログラムが記録された記録媒体】 |
| | | 特開2001- 75613 | G05B 19/05 | | 【制御用表示装置、制御システム、および、そのプログラムが記録された記録媒体】 |
| | | 特開2001- 75791 | G06F 9/06 530 | | 【エディタ装置およびエディタプログラムを記録した記録媒体】 |
| | デバッグ | 特開2000-276212 | G05B 19/05 | プログラム作成時のデバッグの容易化 | 【産業用制御装置の制御プログラムのシミュレーションのためのシステムおよび方法ならびにそのソフトウェアが記録された記録媒体】 |
| | | 特開平10-283004 | G05B 19/048 | | 【プログラマブル表示装置】 |
| 小型化 | 小型化 | 特開平10- 78817 | G05B 23/02 301 | コンパクト化 | 【プログラマブル表示装置】 |
| | | 特開平10- 78806 | G05B 19/048 | | 【プログラマブル表示装置】 |
| 表示 | 稼動状態の表示 | 特開平11- 65682 | G05D 23/19 | 指定・設定の容易化 | 【温度調節装置】 |
| | | 特開2000- 47714 | G05B 19/048 | 表示画面の視認性向上 | 【プログラム式表示装置】 |
| | | 特開平11-212607 | G05B 19/05 | 高速化 | 【ダウンロードシステム及びダウンロードプログラムを記録したコンピュータ読み取り可能な記録媒体】 |
| | | 特開平10-105214 | G05B 19/05 | | 【プログラマブル表示装置のダウンロードシステム】 |
| | | 特開平 7-334336 | G06F 3/14 310 | 高信頼性 | 【表示制御装置】 |
| | 動作プログラムの表示 | 特開2001- 60103 | G05B 19/048 | 設定・作成の容易さ | 【表示装置用の表示データ作成方法】 |

## 2.8.4 技術開発拠点

表2.8.4-1にデジタルの技術開発拠点を示す。

表2.8.4-1 デジタルの技術開発拠点

| 大阪府 | 本社 |
|---|---|

## 2.8.5 研究開発者

図2.8.5-1に出願年に対する発明者数と出願件数の推移を示す。
図2.8.5-2に発明者数に対する出願件数の推移を示す。

図 2.8.5-1 出願年に対する発明者数と出願件数の推移

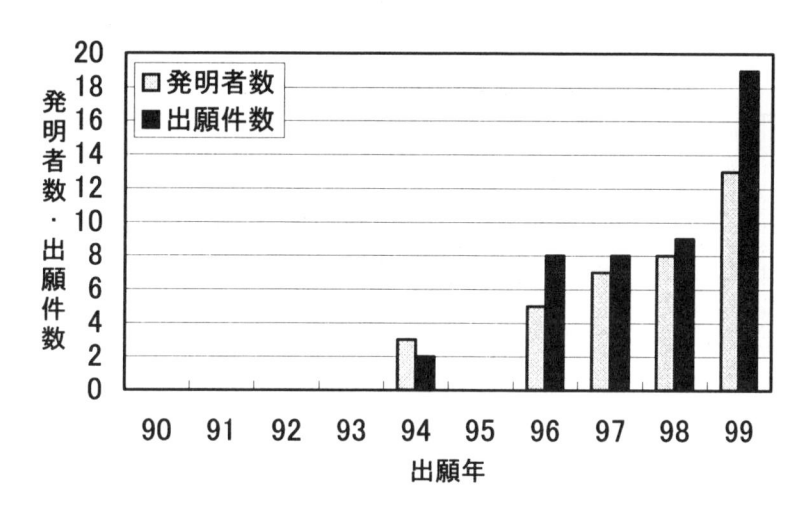

図 2.8.5-2 発明者数に対する出願件数の推移

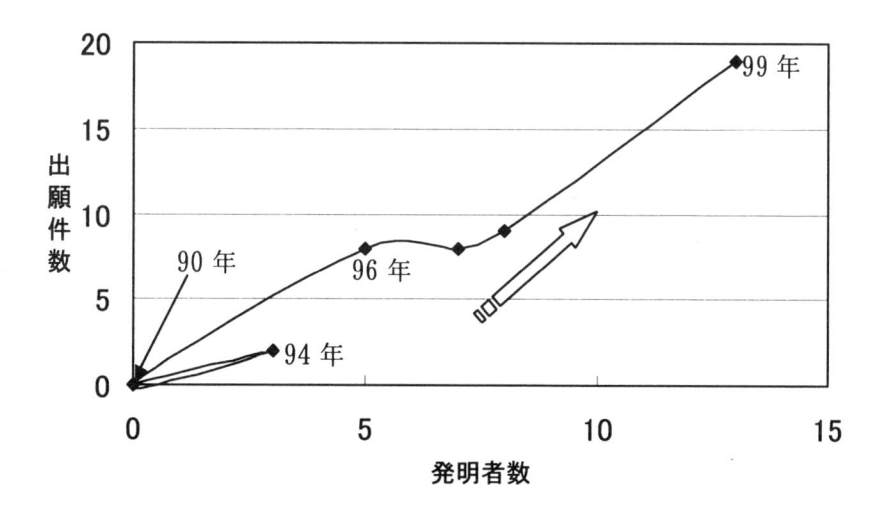

## 2.9 横河電機

　機械、電機メーカー。工業計器メーカー国内トップ。事業内容は、計測、制御、情報機器などの製造・販売・サービス。
　プログラム制御関連製品として、プログラマブルコントローラおよびその関連製品、統合生産制御システムなどを提供。

　ネットワーク化技術関連の出願が多いが、表1.4.2-1を参照すると、I/Oの遠隔化など課題を、データの記憶書き込み・読み出しといった解決手段による出願が多く見られることがわかる。

### 2.9.1 企業の概要

表2.9.1-1に横河電機の企業の概要を示す。

表2.9.1-1 横河電機の企業の概要

| | | |
|---|---|---|
| 1) | 商号 | 横河電機 株式会社 |
| 2) | 設立年月 | 1920年12月 |
| 3) | 資本金 | 323億600万円 |
| 4) | 従業員 | 5,926名 (2001年9月現在) |
| 5) | 事業内容 | 計測、制御、情報機器などの開発・製造・販売・サービス |
| 6) | 技術・資本提携関係 | ― |
| 7) | 事業所 | 本社/東京　支社/関西、中部、中国、九州　工場/本社、甲府 |
| 8) | 関連会社 | 横河トレーディング |
| 9) | 業績推移 | 2,801億8,500万円 (1999.3)　3,133億5,300万円 (2000.3)　3,526億1,100万円 (2001.3) |
| 10) | 主要製品 | 情報サービス、インダストリアルオートメーション、電子計測器、LSIテスタ、メータ |
| 11) | 主な取引先 | ― |
| 12) | 技術移転窓口 | ― |

## 2.9.2 プログラム制御技術に関連する製品・技術

表2.9.2-1にプログラム制御に関する横河電機の製品を示す。

表2.9.2-1 横河電機のプログラム制御関連製品

| 製品 | 製品名 | 発売時期 | 出典 |
|---|---|---|---|
| プログラマブルコントローラ | FA-M3R | 1999年10月 | http://www.yokogawa.co.jp/IA/fam3.htm |

## 2.9.3 技術開発課題対応保有特許の概要

表2.9.3-1に横河電機の保有特許を示す。

表2.9.3-1 横河電機の保有特許(1/4)

| 技術要素 | | 特許番号 | 特許分類 | 課題 | 【発明の名称】概要 |
|---|---|---|---|---|---|
| グローバル化・高速化 | グローバル化 | 特許第2973811号 | G05B 19/05 | システム構成の変化に対応 | 【分散形制御装置】親機能ブロックデータベースに保持しているキー値とシステムキー値保存手段が保持しているキー値とを比較し、両キー値が異なる場合にのみ結合先の子機能ブロックデータベース先頭アドレスを取得し、この先頭アドレスとシステムキー値保存手段が保持しているキー値とをデータベースに書き込むデータベース先頭アドレス取得手段とを設け、親機能ブロックは、子機能ブロックを自身のデータベースに書き込まれている子機能ブロックのデータベース先頭アドレスに基づいてアクセスするように構成した。 |
| | PLCのグローバル化対応 | 特開平 9-274511 | G05B 19/05 | ユーザプログラムの簡素化 | 【シーケンス制御装置】 |
| | | 実登第2563557号 | G06F 9/32 360 | 性能向上 | 【ビット演算処理装置】使用頻度の高いリレー・データを1度に読み込むように命令コード内のビット・フィールドにそのアドレス情報を設定するとともに、既に読み込まれているリレー・データを使用する複数のプログラム命令を1個のプログラム命令に圧縮したものを使用し、プログラム命令の読み出し速度、およびリレー・データの読み書き速度を速める。 |
| | | 特開平11-65624 | G05B 19/05 | | 【プログラマブルコントローラ】 |
| | | 特許第3074809号 | G06F 9/318 | | 【プログラマブル・コントローラ】シーケンス命令処理用プロセッサ1から前回処理の結果をステイタスSとして受け、今回読み出されたシーケンス命令が前記シーケンス命令処理用プロセッサ1にて実行するものであるか非実行のものであるかを判定する判定回路5、ダミー命令DDを格納するダミー命令レジスタ8、判定回路5から信号に応じてダミー命令レジスタ8のダミー命令DDを選択し、シーケンス命令用プロセッサ1に与えるマルチプレクサ9とで構成し、マイクロプログラムの量を低減し、シーケンス処理全体の処理速度を高速化する。 |

123

表2.9.3-1 横河電機の保有特許(2/4)

| 技術要素 | | 特許番号 | 特許分類 | 課題 | 【発明の名称】概要 |
|---|---|---|---|---|---|
| グローバル化・高速化 | PLCのグローバル化対応 | 特許第3111371号 | G05B 19/05 | 性能向上 | 【プログラマブルコントローラ】制御データ入出力部に内部バスを介してつながる入出力データバッファ部と、制御データ入力部に内部バスを介してつながる入力データ格納部と、入力データ格納部に保持されているデータを用いて所定のシーケンス制御演算を行うシーケンス演算部と、シーケンス演算部からの出力データを前記外部信号変換手段に出力する制御データ出力部と、シーケンス演算部のプログラム実行終了を検出するプログラム実行終了検出手段とを設け、簡単な構成で、高速処理の可能なPLCを実現する。 |
| | | 特許第2973578号 | G05B 19/05 | スキャンタイムの短縮化 | 【ビット演算処理装置】使用頻度の高い一連のリレー・データを一度にデータ・レジスタ・アレイに取り込み、更に複数命令を一つにまとめた圧縮命令により、データ・レジスタ・アレイを直接読み出してビット演算処理を行うようにした。 |
| ネットワーク化 | ネットワーク化 | 特開平 9-311828 | G06F 13/00 305 | 通信の安定など | 【マルチモジュール装置のダウンロード管理装置】 |
| | | 特許第2982469号 | G05B 19/05 | | 【FAコントローラと制御対象とのデータ交換機構】シーケンサ20側に複数台の温調計50a〜50nを接続可能なシリアルインタフェースを設け、かつ、このシリアルインタフェース内と各温調計内に、対応するデータベース30を設ける。さらに、シーケンサから内部リレーをラダープログラムによって操作、参照することにより、インタフェース内部のデータベース30へのアクセスを実行できるようにした。データベース転送は、ラダープログラムとは独立に、一定周期で行なう。 |
| | | 特開平10-254511 | G05B 19/05 | | 【モジュール装置】 |
| | | 特開平 5-328448 | H04Q 9/00 311 | 複数の通信仕様に対応 | 【制御装置】 |
| | 複数PLC間・マルチCPU間通信 | 特開平11-110015 | G05B 19/05 | 分散化制御・通信の安定 | 【CPUモジュール間のデータ交換装置】 |
| | | 特許第3010907号 | G05B 19/05 | システム構成の変化に対応 | 【分散形制御装置】プロセス制御装置FCS2に、タグリストの一部をキャッシングするタグリストキャッシング手段11と、手段11が保持するタグリストに基づいて他のプロセス制御装置FCS1のデータベースにアクセスを行うデータアクセス手段12と、手段12が他のプロセス制御装置FCS1に対するデータアクセスを行ったとき、そのデータアクセス通信が異常終了した場合、管理プロセス制御装置に対して、新しいタグリストの内容を要求する新タグリスト要求手段とを設けた。 |
| | PLC構成ユニット間通信 | 特許第2863775号 | G05B 19/05 | I/Oの遠隔化など | 【接点入力回路】フォトカプラを用いた絶縁型接点入力回路PLCにおいて、フォトカプラを駆動する電力を内部に設けた絶縁型コンバータより供給する。 |
| | | 特許第2985274号 | G05B 19/05 | | 【シーケンサ・システム】メイン・プロセッサ内の標準ドライバにI/Oモジュールへ動作要求を発する標準I/Oサービス部と前記I/Oモジュール側からの動作要求を処理するリンク情報サービス部とを設けることにより、I/Oモジュール側からリンク・インターフェイス・メモリを介してベーシック・プログラムまたはラダー・プログラム内の情報を得ることができるようにした。 |
| | | 特許第2882098号 | G05D 23/19 | | 【温度調節モジュール】コントロール部で通常のPID演算に必要なハードウェアにより1出力型の制御演算を行うとともに、データ・インターフェイス部で加熱制御演算、冷却制御演算の2出力型演算を行い、その結果をバスを介してシーケンサに送信する。 |
| | | 特開平10-124443 | G06F 13/12 340 | | 【プラント制御システム】 |
| | | 特許第2973587号 | G05B 19/05 | | 【分散形制御装置】PLCと制御装置とを接続し、計装と電機制御とを統合して統一管理を行う分散型制御装置において、PLC内にPLCで扱っているデータが書き込まれるレジスタを設けた。 |

表2.9.3-1 横河電機の保有特許(3/4)

| 技術要素 | | 特許番号 | 特許分類 | 課題 | 【発明の名称】概要 |
|---|---|---|---|---|---|
| ネットワーク化 | PLC構成ユニット間通信 | 特許第3079885号 | G05B 19/02 | I/Oの遠隔化など | 【制御演算装置】エリアを異にして存在する2つの機能ブロックをカスケード結合するためのエリア間結合ブロックを1次側機能ブロックが存在するエリア側に設け、このブロックを、エリア間結合ブロックデータベースと、1次側機能ブロックから2次側機能ブロックに伝えたい出力値を読み出し2次側機能ブロックに伝達する設定通信手段と、出力先識別データで指定される2次側機能ブロックにアクセスし、そのカスケード状態を参照データとしてデータベースの参照データ領域に格納する参照通信手段とで構成した。 |
| | | 特開平 7-287611 | G05B 19/05 | | 【プログラマブルコントローラ】 |
| | | 特許第2973742号 | G05B 19/05 | | 【I/Oインタフェース装置】I/O機器の信号が授受されるI/O装置10と、このI/O装置とシステムバス20とを介して接続される制御演算装置30と、このシステムバスと接続され、I/O装置の各信号にアクセスするインターフェイス装置40と、このインターフェイス装置によりI/O装置の信号状態が特定アドレスに反映される共有メモリ50と、この共有メモリを介して間接的にI/O装置をアクセスする外部計算器60を有している。 |
| | | 特開2001-159905 | G05B 19/05 | | 【プログラマブルコントローラ】 |
| | | 特開平10-240317 | G05B 19/05 | | 【モジュール装置】 |
| プログラム作成 | プログラム開発・作成 | 特開平11-249712 | G05B 19/05 | プログラム作成・変更の容易化 | 【プログラマブル・コントローラ制御システム】 |
| | | 特開平11- 95815 | G05B 19/05 | プログラム開発の容易化 | 【シーケンス制御装置】 |
| | デバッグ | 特許第2924075号 | G05B 19/05 | プログラム作成時のデバッグの容易化 | 【プログラム修正方法】 |
| | | 特公平 8- 10403 | G05B 19/02 | システム変更に対応したデバッグの容易化 | 【エンジニアリング方法】 |
| | | 特開平11- 85220 | G05B 19/048 | | 【プログラマブルコントローラ】 |
| 小型化 | 小型化 | 特許第2882097号 | G05D 23/19 | コンパクト化 | 【温度調節モジュール】多点の温度制御を同時に実行可能にする。数値データが格納される数値メモリおよびこの数値メモリを制御する数値メモリ制御部を有しシーケンサから指定されるアドレスによりアクセスされる入出力レジスタ・インターフェイスと、入出力レレー・インターフェイスと、入出力レジスタ・インターフェイスからの入力データまたは入出力リレー・インターフェイスからの入出力リレー・データを用いて制御演算を実行する演算機能部を有する。 |
| | | 特許第3102513号 | H03K 17/78 | 高密度化 | 【電圧信号入力装置】平滑用のコンデンサをなくし、回路の小型化と安全性と応答性の向上を図る電圧信号入力装置。入力電圧信号を整流する整流回路と、整流回路の整流出力を電気的に絶縁して伝送する信号絶縁手段と、信号絶縁手段を介して伝送された出力信号から短時間のオフ信号を除去するディジタルフィルタ回路とを備え、ディジタルフィルタ回路から信号絶縁されたディジタル信号を出力する。 |

表2.9.3-1 横河電機の保有特許(4/4)

| 技術要素 | | 特許番号 | 特許分類 | 課題 | 【発明の名称】概要 |
|---|---|---|---|---|---|
| 監視・安全 | 監視 | 特開平 9-16216 | G05B 19/048 | 障害の検出 | 【シーケンス制御装置】 |
| | | 特許第2973586号 | G05B 19/05 | 障害の分析 | 【分散形制御装置】プロセス制御装置に、各種機械の自動化を行う場合に用いられるPLCを接続できるようにした分散形制御装置に関し、制御装置にPLCを接続した場合において通信再開時に相互のデータのリンクを取り、PLCの出力が急変しないようにして制御性の向上を図る。 |
| | | 特許第3128791号 | G06F 15/177 678 | | 【FAコントローラ】実現容易な簡単な構成によりFAリンクモジュールの全CPUから多くのエラー解析情報を得て、オンラインメンテナンス機能（エラー解析機能）を向上させる。メインCPU側のエラーを処理する異常処理手段（例外処理手段）に、サブCPU側のエラー発生時の処理機能を付加し、サブCPUのエラー発生の場合には、サブCPUに関して収集されたデータを、CPUモジュールとのインタフェースが可能な大容量の情報保持手段に退避させ、退避情報は、リスタート後に、オンラインで読出しができるようにした。 |
| | | 特許第2993349号 | G05B 23/02 302 | | 【分散形制御装置】各リモート入出力装置の動作が正常、異常かの状態を制御演算装置側で認識し、異常発生時に適切な対応をとる。制御演算装置内に、リモート入出力装置と定期的に通信を行いリモート入出力装置の動作が正常か否かの診断を行うリモートI/O診断手段と、リモートI/O診断手段での診断結果を記憶するノードステータス記憶手段と、コモンスイッチと、ノードステータス記憶手段の診断結果を定期的に読み出しその結果をコモンスイッチの状態に反映させるノード状態通知手段と、コモンスイッチの状態を入力として取り込みコモンスイッチの状態に応じ所定のシーケンス処理を行うシーケンス制御手段とを設ける。 |
| | | 特開平10-65726 | H04L 12/46 | 監視全体の制御 | 【分散型制御システム】 |
| | 安全 | 特開平11-143506 | G05B 19/05 | 操作性向上 | 【制御システム装置】 |
| 信頼性 | 信頼性 | 特開平11-110013 | G05B 19/05 | 可用性向上 | 【シーケンス制御装置】 |
| 表示 | 稼動状態の表示 | 特開平 8-76836 | G05B 23/02 301 | 保守性向上 | 【シーケンス制御装置】 |
| | | 特開平11-202908 | G05B 19/05 | 高速化 | 【制御ドローイング装置】 |
| | 動作プログラムの表示 | 特開平10-240312 | G05B 19/048 | 表示画面の視認性向上 | 【ラダープログラムのデバッグ装置】 |
| 特殊機能 | 構成・機能設定など | 特開平10-333720 | G05B 19/05 | 構成・機能設定の容易化 | 【プログラマブル・ロジック・コントローラ】 |
| | ジャンプ | 特許第2926941号 | G06F 9/32 360 | 高速化・多機能化 | 【命令デコード装置】シーケンス応用命令のデコード処理をメモリ及び簡単な制御回路で高速に実行する。 |
| 生産管理との連携 | 生産管理との連携 | 実登第2550262号 | G05B 15/02 | 計画作成簡単化 | 【原料仕込み制御装置】複数の仕込み原料（例えば薬品）を仕込みシーケンスに従って順次仕込み、目的の製品を製造する原料仕込み制御装置に関し、原料の仕込み情報を受ける上位計算機と、この上位計算機から伝送された仕込み情報に基づいて原料の仕込みの管理と制御を行う制御計算機とで構成し、原料仕込み順序の入替えや、仕込み原料の変更に柔軟に対応できるようにした。 |

## 2.9.4 技術開発拠点

表2.9.4-1に横河電機の開発拠点を示す。

表2.9.4-1 横河電機の技術開発拠点

| 東京都 | 本社 |
|---|---|

## 2.9.5 研究開発者

図2.9.5-1に出願年に対する発明者数と出願件数の推移を示す。
図2.9.5-2に発明者数に対する出願件数の推移を示す。

図 2.9.5-1 出願年に対する発明者数と出願件数の推移

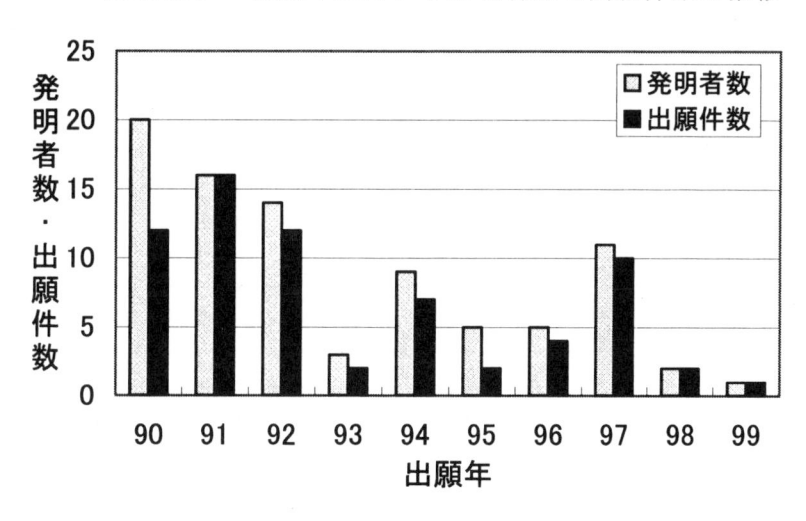

図 2.9.5-2 発明者数に対する出願件数の推移

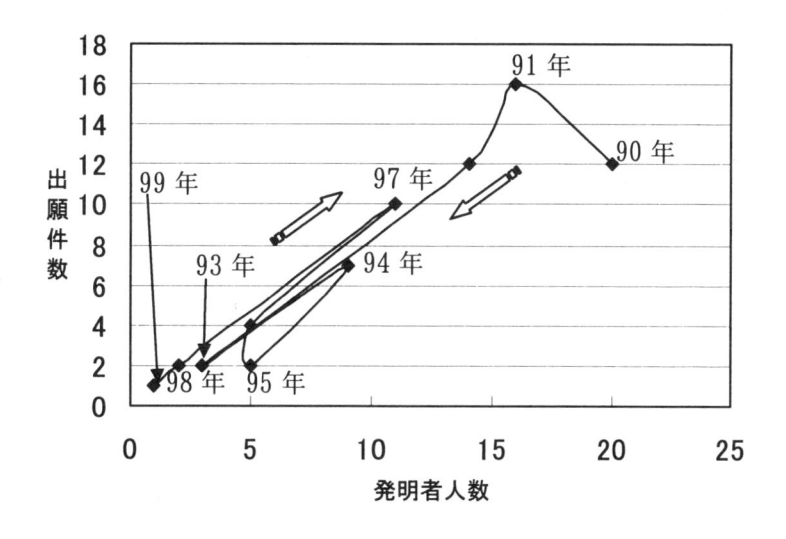

## 2.10 明電舎

　重電メーカー。事業の内容は、エネルギー、環境、情報・通信、産業システムなどの製造、販売、サービス。
　プログラム制御関連製品として、下水道ソリューション、環境改善ソリューションなどのサービスソリューションを提供。

　グローバル化・高速化技術、プログラム作成技術、信頼性技術などの出願が多いが、
　表1.4.1-1を参照すると、性能向上の課題を、手順の最適化、変換テーブルの利用などの高速化といった解決手段、
　表1.4.7-1を参照すると、可用性向上の課題を、バックアップ、デュアルシステムなどの冗長化といった解決手段、
による出願が多く見られることがわかる。

### 2.10.1 企業の概要

表2.10.1-1に明電舎の企業の概要を示す。

表2.10.1-1 明電舎の企業の概要

| | | |
|---|---|---|
| 1) | 商号 | 株式会社 明電舎 |
| 2) | 設立年月 | 1917年6月 |
| 3) | 資本金 | 170億7,000万円 |
| 4) | 従業員 | 3,893名 (2001年9月現在) |
| 5) | 事業内容 | エネルギー、環境、情報・通信、産業システムなどの開発・製造・販売・サービス |
| 6) | 技術・資本提携関係 | ― |
| 7) | 事業所 | 本社/東京　工場/大崎、沼津、名古屋、大田 |
| 8) | 関連会社 | 名電エンジニアリング、名電商事 |
| 9) | 業績推移 | 2,183億5,300万円 (1999.3)　2,043億7,500万円 (2000.3)　1,969億8,200万円 (2001.3) |
| 10) | 主要製品 | 受変電設備、監視制御設備、下水道ソリューション、環境改善ソリューション |
| 11) | 主な取引先 | ― |
| 12) | 技術移転窓口 | 知的財産部管理情報課　TEL 03-5487-1479 |

## 2.10.2 プログラム制御技術に関連する製品・技術

表2.10.2-1にプログラム制御に関する明電舎の製品を示す。

表2.10.2-1 明電舎のプログラム制御関連製品

| 製品 | 製品名 | 発売時期 | 出典 |
|---|---|---|---|
| ソリューション | 乾留型熱分解処理システム等 | － | http://www.meidensha.co.jp/pages/prod12/index.html |

## 2.10.3 技術開発課題対応保有特許の概要

表2.10.3-1に明電舎の保有特許を示す。

表2.10.3-1 明電舎の保有特許

| 技術要素 | | 特許番号 | 特許分類 | 課題 | 【発明の名称】概要 |
|---|---|---|---|---|---|
| グローバル化・高速化 | グローバル化 | 特開2000-35808 | G05B 19/05 | 他の制御手段との連携化 | 【プログラマブルコントローラ】 |
| | | 特開2000-39906 | G05B 19/05 | | 【プログラマブルコントローラ】 |
| | | 特開平8-205250 | H04Q 9/00 301 | 性能向上 | 【タグ番号管理方式】 |
| | PLCのグローバル化対応 | 特開平9-120307 | G05B 19/05 | | 【シーケンサ】 |
| | | 特開2000-259209 | G05B 19/05 | | 【ラダー・プログラムの実行方式】 |
| | | 特開平11-282512 | G05B 19/05 | | 【シーケンスコントローラ】 |
| | | 特開平10-198409 | G05B 19/05 | | 【プログラマブルコントローラ】 |
| | | 特開平10-154005 | G05B 19/05 | スキャンタイムの高速化 | 【プログラマブルコントローラの入出力制御方式】 |
| | | 特開平10-31617 | G06F 12/06 520 | | 【プログラマブルコントローラ】 |
| ネットワーク化 | ネットワーク化 | 特開平9-258806 | G05B 19/048 | 通信の安定化など | 【プロセス情報の等化方法】 |
| | | 特開平11-298503 | H04L 12/40 | | 【監視システム】 |
| | | 特開平8-106306 | G05B 19/05 | 高速化 | 【データ伝送装置】 |
| | PLC構成ユニット間通信 | 特開平10-20902 | G05B 7/02 | ユニット機種の認識・通信の安定化など | 【制御権の切換方式】 |
| | | 特開平9-292904 | G05B 19/05 | I/Oの遠隔化など | 【PCのリモート入出力伝送方式】 |
| | | 特開平9-237110 | G05B 19/05 | | 【リモートIO伝送装置】 |
| | | 特開平10-124118 | G05B 19/05 | | 【シーケンサ】 |
| プログラム作成 | プログラム開発・作成 | 特開平9-330108 | G05B 19/05 | プログラム作成・変更の容易化 | 【PCのシステム設計支援装置】 |
| | | 特開平10-143208 | G05B 19/048 | | 【シーケンサのデータトレース方式】 |
| | | 特開平10-240311 | G05B 19/048 | | 【プログラマブルコントローラのローダ】 |
| | | 特開平11-85218 | G05B 19/048 | | 【プログラマブルコントローラ】 |
| | | 特許第2943260号 | G05B 19/05 | プログラム開発の容易化 | 【シーケンサ・ローダの回路入力方式】代番形式の標準回路をパターンとして入力し，ブール代数式で階層レベルに変換し入力表として登録する標準回路登録工程と、入力番号からシーケンス制御回路に展開する応用回路作成工程とを備え，キー入力回数を減らし入力時間を短縮する。 |
| | デバッグ | 特開平5-27811 | G05B 19/05 | プログラム作成時のデバッグの容易化 | 【シーケンサの接点ロック方式】 |
| | | 特開平9-22307 | G05B 19/048 | | 【シーケンサ】 |
| | | 特開平10-254510 | G05B 19/048 | | 【シーケンサ】 |
| | | 特開平9-292914 | G05B 23/02 | システム変更に対応したデバッグの容易化 | 【仮想機器機能付監視制御システム】 |
| 小型化 | 小型化 | 特開平9-101809 | G05B 19/05 | コンパクト化 | 【ビット単位シーケンサーシステム】 |
| 監視・安全 | 監視 | 特開平9-258807 | G05B 19/048 | 障害の検出 | 【プログラマブル・コントローラ・システム】 |
| | | 特開平9-307975 | H04Q 9/00 361 | | 【PC下位ネットワーク伝送方式】 |
| | | 特開平9-261226 | H04L 12/24 | 障害の分析 | 【プログラマブル・コントローラ】 |
| | 安全 | 特開平10-13970 | H04Q 9/00 311 | 障害の予防 | 【シーケンサ・リモートI/O伝送装置の寿命自動検出方法】 |
| 信頼性 | 信頼性 | 特開2000-56817 | G05B 19/05 | 可用性向上 | 【プログラマブルコントローラの二重化切換装置】 |
| | | 特開平9-247766 | H04Q 9/00 311 | | 【遠方監視制御システム】 |
| | | 特開平10-63313 | G05B 19/048 | | 【プロセス制御相互監視方式】 |
| | | 特開2000-181508 | G05B 19/04 | 保守性向上 | 【半導体製造装置の制御システムにおける処理装置の起動処理方法】 |
| 表示 | 稼動状態の表示 | 特開平10-39921 | G05B 23/02 | 表示対象の設定の容易化 | 【監視制御システム】 |
| | | 特開平10-333715 | G05B 19/048 | 保守性向上 | 【プログラマブルコントローラ】 |
| 特殊機能 | 構成・機能設定など | 特開2001-184109 | G05B 19/05 | 構成・機能設定の容易化 | 【プログラマブルコントローラの機能ボードの設定回路】 |
| | 現代制御理論適用 | 特開2000-122708 | G05B 19/05 | 制御精度の向上 | 【プログラマブルコントローラシステムのむだ時間補償方式】 |

## 2.10.4 技術開発拠点

表2.10.4-1に明電舎の技術開発拠点を示す。

表2.10.4-1 明電舎の技術開発拠点

| 東京都 | 本社 |
|---|---|

## 2.10.5 研究開発者

図2.10.5-1に出願年に対する発明者数と出願件数の推移を示す。
図2.10.5-2に発明者数に対する出願件数の推移を示す。

図2.10.5-1 出願年に対する発明者数と出願件数の推移

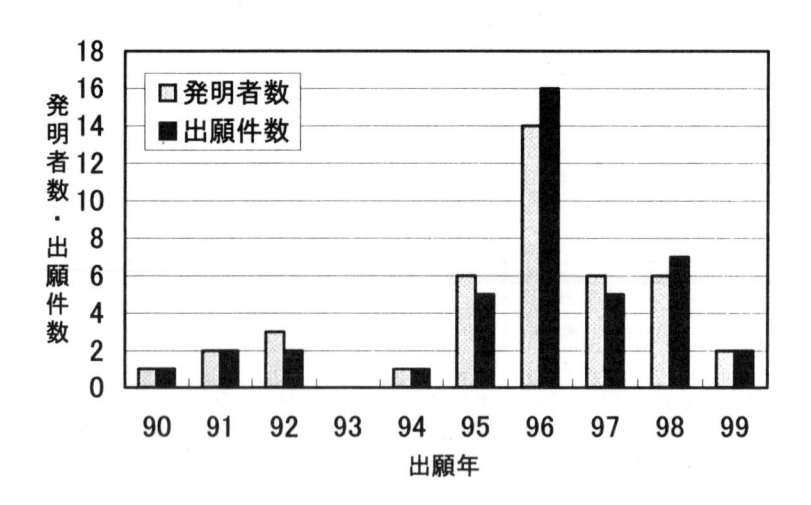

図2.10.5-2 発明者数に対する出願件数の推移

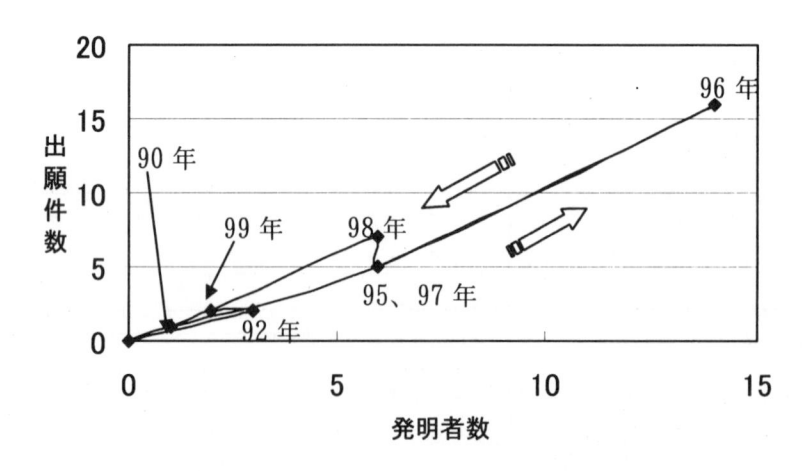

## 2.11 日産自動車

自動車メーカー大手。ルノー（フランス）と資本提携。事業内容は、自動車、自動車部品、産業車両・その部品などの製品販売。
プログラム制御技術関連製品は見当たらなかった。

プログラム作成技術関連の出願は全出願件数に対して半数以上の18件あり、表1.4.3-1を参照すると、プログラム作成・変更の容易化の課題を、プログラムの最適化・実行手段の改良といった解決手段による出願が見られることがわかる。

### 2.11.1 企業の概要

表2.11.1-1に日産自動車の企業の概要を示す。

表2.11.1-1 日産自動車の企業の概要

| 1) | 商号 | 日産自動車 株式会社 |
|---|---|---|
| 2) | 設立年月 | 1933年12月 |
| 3) | 資本金 | 4,966億600万円 |
| 4) | 従業員 | 30,545名 (2001年9月現在) |
| 5) | 事業内容 | 車両、部品、フォークリフトなどの開発・製造・販売・サービス |
| 6) | 技術・資本提携関係 | 資本提携/ルノー（フランス） |
| 7) | 事業所 | 本社/東京 本店/横浜 工場/追浜、栃木、横浜、九州、いわき他 |
| 8) | 関連会社 | 北米日産会社、欧州日産会社、日産車体 |
| 9) | 業績推移 | 6兆5,800億100万円 (1999.3)　5兆9,770億7,500万円 (2000.3)　6兆896億2,000万円 (2001.3) |
| 10) | 主要製品 | 自動車、フォークリフト、産業エンジン |
| 11) | 主な取引先 | － |
| 12) | 技術移転窓口 | 知的財産部ライセンスグループ　TEL 03-5565-2180 |

## 2.11.2 プログラム制御技術に関連する製品・技術

プログラム制御に関する日産自動車の製品は見当たらなかった。

## 2.11.3 技術開発課題対応保有特許の概要

表2.11.3-1に日産自動車の保有特許を示す。

表2.11.3-1 日産自動車の保有特許(1/2)

| 技術要素 | | 特許番号 | 特許分類 | 課題 | 【発明の名称】概要 |
|---|---|---|---|---|---|
| グローバル化・高速化 | グローバル化 | 特開2000- 10610 | G05B 19/05 | 機能向上 | 【多品種製造型生産ラインの制御方法】 |
| | PLCのグローバル化対応 | 特開平10-247107 | G05B 19/05 | 性能向上 | 【シーケンス処理時間の短縮方法】 |
| ネットワーク化 | PLC構成ユニット間通信 | 特開平 9-275394 | H04L 5/06 | I/Oの遠隔化など | 【データ通信装置】 |
| | | 特開平10- 97309 | G05B 19/05 | | 【シーケンサのI/O装置】 |
| | | 特開平10- 97303 | G05B 15/02 | | 【シーケンサのI/O切り替え装置】 |
| | | 特開平11-102208 | G05B 19/05 | | 【シーケンス処理方法およびこれに用いるシーケンスコントローラ】 |
| | | 特開平11-305808 | G05B 19/05 | | 【分散型リモートI/O式制御装置】 |
| プログラム作成 | プログラム開発・作成 | 特許第2611494号 | G05B 19/05 | プログラム作成・変更の容易化 | 【シーケンスプログラムにおけるクロスリファレンスの作成方法】 |
| | | 特開平 9-198110 | G05B 19/05 | | 【ラダーシーケンス回路の最適化方法】 |
| | | 特開平 9- 44215 | G05B 19/05 | | 【シーケンスプログラムのモジュール生成方法】 |
| | | 特開2000-172310 | G05B 19/05 | | 【ラダーシーケンス用パラメータ設定表の作成方法】 |
| | | 特許第2629394号 | G05B 19/05 | | 【シーケンスプログラムの照合方法】シーケンスプログラムの出力コイルの情報に基づいて変更部分を検索し、真に変更のあったシーケンスブロックのみを検索できるようにした。 |
| | | 特開平10- 20907 | G05B 19/05 | | 【シーケンス制御方法およびその装置】 |
| | | 特許第2933093号 | G05B 19/05 | | 【シーケンスプログラムの照合方法】 |
| | | 特開平10-143239 | G05B 23/02 302 | | 【プログラマブルコントローラの制御データ適正化支援装置】 |
| | | 特開平 8-328617 | G05B 19/05 | プログラム開発の容易化 | 【機械制御装置】 |
| | | 特開平 8-328793 | G06F 3/14 330 | | 【機械制御装置】 |
| | | 特開平11-110022 | G05B 19/406 | | 【NC制御装置】 |
| | | 特許第3111796号 | G05B 19/05 | | 【シーケンスデータの生成方法】入力されたラダープログラムに基づいてラダー図を展開し、当該ラダー図の各構成部品の接続線または当該接続線同士の接続点にそれぞれ番号を付し、当該各構成部品の入力側の接続線あるいは接続点の番号順に、前記構成部品を配列した部品表を当該構成部品の種類ごとに作成し、当該部品表に基づいて、シーケンス制御のためのプログラムを作成する。 |
| | | 特開平 8-  6610 | G05B 19/02 | | 【シーケンスデータの圧縮方法】 |

132

表2.11.3-1 日産自動車の保有特許(2/2)

| 技術要素 | | 特許番号 | 特許分類 | 課題 | 【発明の名称】概要 |
|---|---|---|---|---|---|
| プログラム作成 | デバッグ | 特開平 9-212212 | G05B 19/048 | プログラム作成時のデバッグの容易化 | 【シーケンス回路の照合方法】 |
| | | 特開平11-143510 | G05B 19/05 | | 【シーケンスプログラムの実行方法及びその装置】 |
| | | 特許第2572872号 | G05B 19/05 | | 【シーケンスプログラムの整合性確認方法】接点要素、コイル要素に付するコメントデータをスキャンしてそれぞれのコメントデータに対応する接点要素、コイル要素にコメントフラグを付して記憶し、接点フラグ、コイルフラグ、およびコメントフラグに基づいて整合性チェックテーブルを作成する。 |
| | | 特開平11- 53001 | G05B 9/02 | システム変更に対応したデバッグの容易化 | 【設備の再起動性確認装置】 |
| | | 特開2000-267706 | G05B 19/05 | | 【シーケンス制御方法及びその装置】 |
| 監視・安全 | 監視 | 特許第3186483号 | G06F 11/28 310 | 障害の分析 | 【データ記録装置】PLCのラダープログラムの不具合時のデータを時系列に記憶する。監視するデータをモニタ情報登録処理部5で設定し、設定されたデータは、モニタ情報監視部2により監視する。監視されたデータは、プログラムの処理ステップ毎にモニタ結果記録部4に記録する。 |
| | | 特開平 7-281737 | G05B 23/02 302 | | 【故障解析支援装置】 |
| 信頼性 | 信頼性 | 特開平 8- 95615 | G05B 19/05 | 可用性向上 | 【作業データの送受信装置】 |
| | | 特開平 8- 95616 | G05B 19/05 | | 【作業データの送受信装置】 |
| 表示 | 稼動状態の表示 | 特開平 8-185221 | G05B 23/02 301 | 高速化 | 【データ表示装置およびデータ表示方法】 |
| | | 特許第2525068号 | G05B 19/048 | | 【シーケンス制御のモニタ方法】PLCがアドレス登録コマンドによりアドレス登録テーブルにラダー回路構成部品のスタートアドレスとエンドアドレスとの組を順次記憶しておき、その後のデータ要求コマンドによりスタートアドレスとエンドアドレスとの対応するデータエリアのデータ全部を送信バッファに記憶し、この記憶が終了したところで、送信バッファの記憶内容全部を一括してモニタに送信することによりPLCとモニタ間の交信時間を短縮する。 |
| 特殊機能 | 現代制御理論適用 | 特開平 7-200053 | G05B 23/02 302 | 制御精度の向上 | 【故障診断装置】 |
| 生産管理との提携 | 生産管理との連携 | 特開平 8-174387 | B23Q 41/08 | 人員計画作成簡素化 | 【工順編成装置】 |
| | | 特開平 8-101702 | G05B 15/02 | 搬送効率向上 | 【樹脂部品の生産指示装置】 |

## 2.11.4 技術開発拠点

表2.11.4-1に日産自動車の技術開発拠点を示す。

表2.11.4-1 日産自動車の技術開発拠点

| 神奈川県 | 本社 |
|---|---|

## 2.11.5 研究開発者

図2.11.5-1に出願年に対する発明者数と出願件数の推移を示す。
図2.11.5-2に発明者数に対する出願件数の推移を示す。

図2.11.5-1 出願件数に対する発明者数と出願件数の推移

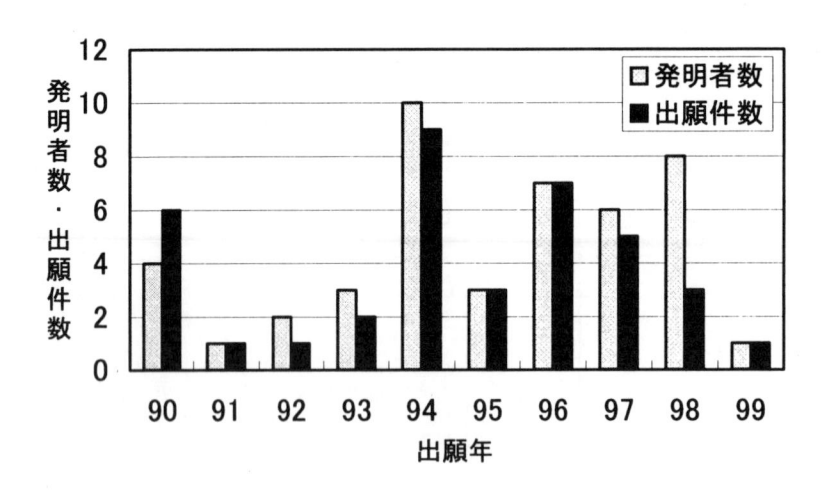

図2.11.5-2 発明者数に対する出願件数の推移

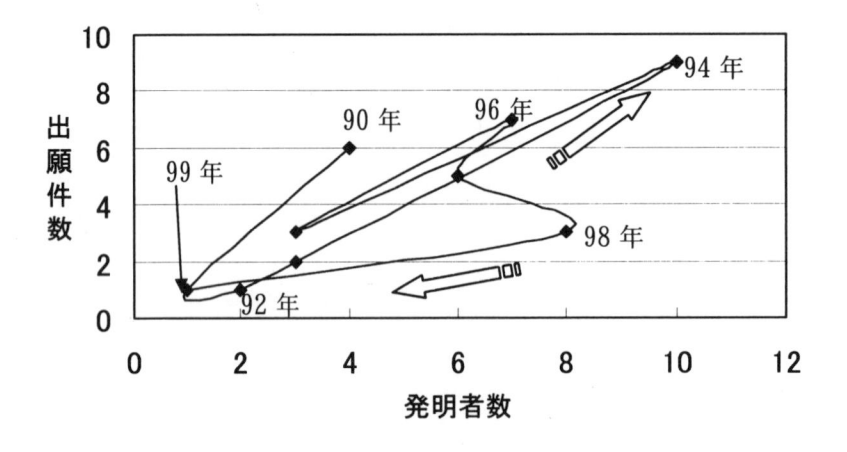

## 2.12 エフ エフ シー

　富士通と富士電機が設立した、トータルシステムソリューションの専門企業。事業内容は、生産製造システム、社会公共システムなどのソリューションサービス。

　プログラム作成技術関連の出願は全出願件数に対して半数の16件であり、表1.4.3-1を参照すると、プログラム開発の容易化の課題を、プログラム言語の変換改良といった解決手段による出願が多く見られることがわかる。

### 2.12.1 企業の概要

　表2.12.1-1にエフ エフ シーの企業の概要を示す。

表2.12.1-1 エフ エフ シーの企業の概要

| | | |
|---|---|---|
| 1) | 商号 | 株式会社 エフ エフ シー |
| 2) | 設立年月 | 1977年12月 |
| 3) | 資本金 | 12億円 |
| 4) | 従業員 | ― |
| 5) | 事業内容 | ソリューション |
| 6) | 技術・資本提携関係 | ― |
| 7) | 事業所 | 本社/東京　事業所/名古屋、大阪 |
| 8) | 関連会社 | FFCシステムズ |
| 9) | 業績推移 | ― |
| 10) | 主要製品 | SCMソリューション、エンジニアリングソリューション、ITSシステム、FAパソコン |
| 11) | 主な取引先 | ― |
| 12) | 技術移転窓口 | ― |

## 2.12.2 プログラム制御技術に関連する製品・技術

表2.12.2-1にプログラム制御に関するエフ　エフ　シーの製品を示す。

表2.12.2-1 エフ　エフ　シーのプログラム制御関連製品

| 製品 | 製品名 | 発売時期 | 出典 |
|---|---|---|---|
| ソリューション | 組立工程管理システム等 | ― | http://www.ffc.co.jp/hometop.html |

## 2.12.3 技術開発課題対応保有特許の概要

表2.12.3-1にエフ　エフ　シーの保有特許を示す。

表2.12.3-1 エフ　エフ　シーの保有特許(1/3)

| 技術要素 | | 特許番号 | 特許分類 | 課題 | 【発明の名称】概要 |
|---|---|---|---|---|---|
| グローバル化・高速化 | PLCのグローバル化対応 | 特許第2887849号 | G06F 9/46 340 | 性能向上 | 【定周期プログラムの管理方式】定周期プログラムの起動時間をリスト構造の管理テーブルにより管理することにより、定周期プログラムの数が多くなっても任意の定周期プログラムを起動するごとに行う管理テーブルの更新処理を高速に行えるようにした。 |
| | | 特許第2948340号 | G05B 19/05 | | 【命令処理装置】複数段の演算要素をバイパスするためのバイパス回路を設けることにより、縦接続が多段につながる場合でも信号の伝わる速度を速めることができるようにした。 |
| ネットワーク化 | 複数PLC間・マルチCPU間通信 | 特開平10-21206 | G06F 15/163 | 分散化制御・通信の安定化 | 【プログラマブルコントローラシステム】 |
| | | 特許第2967933号 | G05B 19/05 | | 【シーケンステーブルの同期実行方法】各制御装置が自身に設置されたシーケンステーブルの当該の工程番号の制御が終了するつど、それぞれその工程番号と次の工程番号とから成る同期データを送信するとともに、自己を含むすべての制御装置の最新の同期データをそれぞれ自身内の所定の領域に更新格納する。 |
| | | 特開平11-39007 | G05B 19/05 | システム構成の変化に対応 | 【PCのリモート支援システム及びその方法】 |
| | | 特許第2761788号 | G05B 19/05 | 複数の通信仕様に対応 | 【プログラム変換装置及びプログラム転送装置】PLC間でプログラム転送を行う際、転送元のPLCで動作する制御用言語と転送先のPLCで動作する制御用言語が互いに異なるか否かを判定し、異なっている場合には転送先のPLCで動作可能なプログラムに自動変換した後、更にその変換したプログラムを転送先のPLCに転送する。 |
| | | 特許第2766042号 | G05B 19/05 | | 【プログラム転送装置】プログラム転送制御手段は、転送元PLCに格納され、該PLC用の制御用言語で記述されている転送対象プログラムを中間言語で記述されたプログラムに変換し、更に転送先PLC用の制御用言語で記述されたプログラムに変換して、転送先PLCに転送する。 |
| | PLC構成ユニット間通信 | 特開平11-65615 | G05B 19/048 | I/Oの遠隔化など | 【機能モジュールの位置検出方法】 |
| | | 特開平 6-202715 | G05B 19/05 | | 【状態変化検知記録回路】 |
| | | 特開平 6-214620 | G05B 19/05 | | 【入出力データ交換方式】 |

表2.12.3-1 エフ　エフ　シーの保有特許(2/3)

| 技術要素 | | 特許番号 | 特許分類 | 課題 | 【発明の名称】概要 |
|---|---|---|---|---|---|
| プログラム作成 | プログラム開発・作成 | 特開平 8-137520 | G05B 19/05 | プログラム作成・変更の容易化 | 【プログラマブルコントローラ用支援装置の管理方法】 |
| | | 特開平11- 85229 | G05B 19/05 | | 【PLCにおけるソフトウェア部品の入出力端子割付方法】 |
| | | 特開平 8-185206 | G05B 19/05 | プログラム開発の容易化 | 【プログラマブルコントローラ用プログラム作成方法】 |
| | | 特開平 9-167005 | G05B 19/05 | | 【プログラマブルコントローラ】 |
| | | 特開平11- 96017 | G06F 9/45 | | 【プログラマブルコントローラシステムおよびそのプログラム作成方法】 |
| | | 特開平 9-222907 | G05B 19/05 | | 【制御演算装置用プログラム作成処理方法】 |
| | | 特許第3002052号 | G05B 19/05 | | 【プログラマブルコントローラのプログラム作成方法】回路図形プログラムから中間言語へ高速にコンパイルできるPLCのプログラム作成方法を実現する。ラダー図のシンボルをシンボル情報として表現し、かつ並列接続線をもシンボル情報として表現する。 |
| | | 特許第2971251号 | G05B 19/05 | | 【SFCプログラミング装置】継続ステップ図形入力部11a、図形記憶部12a、表示変換部13a、図形変換部15a、および命令記憶部18とで構成し、ページの継続性を即座に識別できるようにする。 |
| | | 特許第3124131号 | G05B 19/05 | | 【表形式回路記述装置及びその方法、並びに関数型言語変換装置及びその方法】複数の出力記述行に記述するための出力記述機能と、出力に対応する複数の入力記述行に記述するための入力記述機能とからなり、論理の複雑な回路や遅延動作（タイマ）を含む回路の記述も可能な条件表形式の論理回路記述方法およびその関数型言語変換装置を提供する。 |
| | | 特開平 8-234816 | G05B 19/05 | | 【プログラム作成方法】 |
| | | 特許第2978008号 | G05B 19/05 | | 【メモリ管理方式】個々のオプション伝送カードの識別子を格納する識別子格納領域を有し、この識別子格納領域の識別子から装着されたオプション伝送カードの種類に変更があるか否かの認識を行う。そして、オプション伝送カードが他のオプション伝送カードに差し換わった場合は、ユーザプログラム領域を検索し、その領域内にオプション伝送カードをアクセスするためのオペランドがあれば、そのオペランドアドレスを該当のオプション伝送カードのアドレスに変換する。 |
| | | 特許第3114828号 | G05B 19/05 | | 【プログラミング装置】作成したプログラムを機械語に変換しPLC10に書き込む際に、PLC10に書き込む機械語プログラムと同一のプログラムを補助記憶部4に記憶する。作成プログラムの試験を行う場合には、PLC10内の機械語プログラムを読み出して、補助記憶部4内の機械語プログラムとの一致を判定し、一致しない場合には、補助記憶部4内の機械語プログラムを再度PLC10に書き込むよう指示し、PLC10内の機械語プログラムとプログラミング装置内の機械語プログラムとを一致させた後、試験を行う。 |

表2.12.3-1 エフ　エフ　シーの保有特許(3/3)

| 技術要素 | | 特許番号 | 特許分類 | 課題 | 【発明の名称】概要 |
|---|---|---|---|---|---|
| プログラム作成 | プログラム開発・作成 | 特許第2911667号 | G05B 19/05 | プログラム開発の容易化 | 【プログラマブルコントローラのプログラミング装置】プログラム作成器において、ユーザのレベルに応じて変更可能なシステムプログラム一覧の表示を実現する。システム表示禁止のデータを編集する画面を表示装置部に表示し（ステップS1、S2）、入力装置部で編集した（ステップS3、S5）編集データを補助記憶部に保存する（ステップS4、S6）。次に、ユーザがコントローラ内のプログラム一覧の表示を指令したときに（ステップS11）、前記ファイル上のデータを参照し（ステップS12）、システムプログラムを表示するか否かを決定する（ステップS13、S15）。 |
| | | 特開平 9- 16219 | G05B 19/05 | プログラム入力の容易化 | 【回路図作成装置および回路図翻訳装置】 |
| | | 特開平 8-212059 | G06F 9/06 410 | | 【プログラマブルコントローラのシステム定義装置】 |
| | デバッグ | 特開平 8- 87308 | G05B 19/048 | プログラム作成時のデバッグの容易化 | 【プログラマブル・コントローラ】 |
| 小型化 | 小型化 | 特開平 7-234709 | G05B 19/05 | 高密度化 | 【プロセス入出力装置】 |
| 表示 | 稼動状態の表示 | 特開平 8-255010 | G05B 19/05 | 表示画面の視認性向上 | 【プログラミング装置におけるコメント表示装置】 |
| | 動作プログラムの表示 | 特許第3164730号 | G05B 19/05 | | 【表形式回路記述生成装置とその方法】 |
| 特殊機能 | 構成・機能設定など | 特許第3011814号 | G05B 19/05 | 構成・機能設定の容易化 | 【入出力割付可変プログラマブルコントローラ】 |
| | | 特開平11- 31003 | G05B 19/048 | | 【機能モジュールの位置検出装置】 |
| | | 特開平10-127011 | G05B 19/05 | 性能機能向上 | 【プログラマブルコントローラ】 |

## 2.12.4 技術開発拠点

表2.12.4-1にエフ　エフ　シーの技術開発拠点を示す。

表2.12.4-1 エフ　エフ　シーの技術開発拠点

| 東京都 | 本社 |
|---|---|

## 2.12.5 研究開発者

図2.12.5-1に出願年に対する発明者数と出願件数の推移を示す。
図2.12.5-2に発明者数に対する出願件数の推移を示す。

図 2.12.5-1 出願年に対する発明者数と出願件数の推移

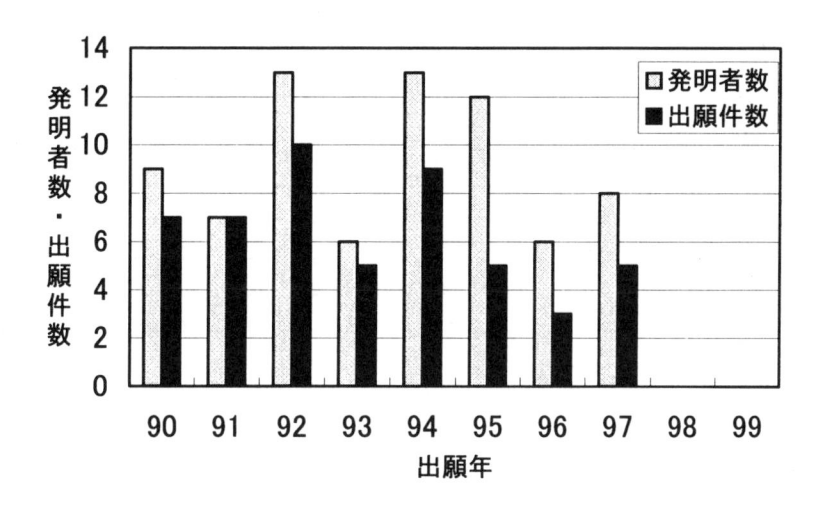

図 2.12.5-2 発明者数に対する出願件数の推移

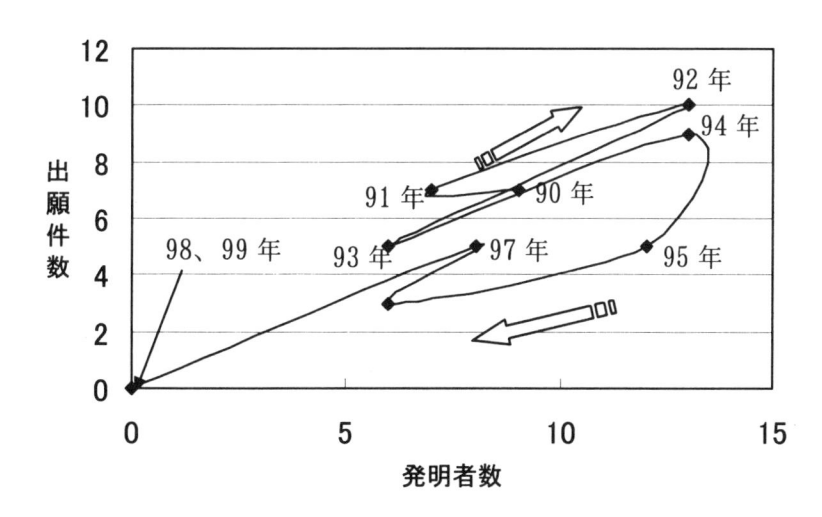

## 2.13 キーエンス

　FAセンサー大手。検査、計測センサーはシェア国内トップ。事業内容は、プログラマブルコントローラ、光学センサ、磁気センサ、検査センサなどの製造、販売、サービス。

　プログラム作成技術関連の9件に次いで、表示技術関連が7件と多い。
　表1.4.8-1を参照すると、表示画面の視認性向上の課題を、表示内容の改良といった解決手段による出願が多く見られることがわかる。

### 2.13.1 企業の概要

　表2.13.1-1にキーエンスの企業の概要を示す。

表2.13.1-1 キーエンスの企業の概要

| | | |
|---|---|---|
| 1) | 商号 | 株式会社 キーエンス |
| 2) | 設立年月 | 1974年5月 |
| 3) | 資本金 | 306億3,700万円 |
| 4) | 従業員 | 1,336名 (2001年9月) |
| 5) | 事業内容 | 検出制御機器、計測制御機器、自動化用測定機器などの開発・製造・販売・サービス |
| 6) | 技術・資本提携関係 | − |
| 7) | 事業所 | 本社/大阪　営業所/東京、大阪、名古屋、仙台、浦和、横浜、静岡、金沢、広島、福岡他 |
| 8) | 関連会社 | クレボ、アピステ |
| 9) | 業績推移 | 651億5,100万円 (1999.3)　788億2,000万円 (2000.3)　1,011億9,300万円 (2001.3) |
| 10) | 主要製品 | 電子計測器、バーコード、測定器・変位センサ、制御機器、各種センサ |
| 11) | 主な取引先 | − |
| 12) | 技術移転窓口 | − |

## 2.13.2 プログラム制御技術に関連する製品・技術

表2.13.2-1にプログラム制御に関するキーエンスの製品を示す。

表2.13.2-1 キーエンスのプログラム制御関連製品

| 製品 | 製品名 | 発売時期 | 出典 |
|---|---|---|---|
| プログラマブルコントローラ | KV-700シリーズ | − | http://www.keyence.co.jp/seigyo/index.html |
| プログラマブルコントローラ | KVシリーズ | − | 同上 |
| プログラマブルコントローラ | KZ-350シリーズ | − | 同上 |
| プログラマブルコントローラ | KZ-A500シリーズ | − | 同上 |
| プログラマブルコントローラ | KLシリーズ | − | 同上 |

## 2.13.3 技術開発課題対応保有特許の概要

表2.13.3-1にキーエンスの保有特許ををを示す。

表2.13.3-1 キーエンスの保有特許(1/2)

| 技術要素 | | 特許番号 | 特許分類 | 課題 | 【発明の名称】概要 |
|---|---|---|---|---|---|
| グローバル化・高速化 | PLCのグローバル化対応 | 特開平10-11117 | G05B 19/05 | 性能向上 | 【プログラマブルコントローラ】 |
| | | 特開平10-11286 | G06F 9/305 | | 【マイクロプロセッサ及びプログラマブルコントローラ】 |
| ネットワーク化 | PLC構成ユニット間通信 | 特開平8-263106 | G05B 15/02 | ユニット機種の認識・通信の安定化など | 【データ処理装置、時分割切替器およびデータ処理装置とプログラマブルコントローラとの通信方法】 |
| | | 特開平11-249713 | G05B 19/05 | I/Oの遠隔化など | 【遠隔入出力装置用親局ユニット】 |
| | | 特開平11-202911 | G05B 19/05 | | 【プログラマブルコントローラ用インタフェースユニット】 |
| | | 特開平11-249718 | G05B 19/05 | | 【遠隔入出力装置用親局ユニット】 |
| | | 特開2000-231403 | G05B 19/05 | | 【リモート入出力システム及びリモート入出力システムの子機】 |
| プログラム作成 | プログラム開発・作成 | 特開平10-11294 | G06F 9/445 | プログラム作成・変更の容易化 | 【プログラマブルコントローラ】 |
| | | 特開平5-233018 | G05B 19/05 | | 【プログラマブルコントロール装置のプログラム開発装置及びプログラム開発支援用記録媒体】 |
| | | 特開平9-319416 | G05B 19/05 | | 【データ処理方法、データ処理装置、及び記録媒体】 |
| | | 特許第3088544号 | G05B 19/05 | プログラム開発の容易化 | 【プログラマブルコントロール装置用のプログラム開発装置及びプログラム開発支援用記録媒体】プログラム作成手段は、キーボードから入力された文字列に基づき、クロックソースをオペランドで指定する1入力形式のカウンタ命令語を構成するカウンタ命令語構成手段を有している。カウンタ命令語に関する記述性を向上させ、制御手順プログラムの開発を円滑に行えるようにする。 |

表2.13.3-1 キーエンスの保有特許(2/2)

| 技術要素 | | 特許番号 | 特許分類 | 課題 | 【発明の名称】概要 |
|---|---|---|---|---|---|
| プログラム作成 | プログラム開発・作成 | 特開平 9- 26807 | G05B 19/05 | プログラム開発の容易化 | 【プログラマブルコントローラ】 |
| | | 特開平 9-319413 | G05B 19/05 | | 【シーケンス制御装置、データ編集装置、プログラマブルコントローラ、データ転送方法、及び記録媒体】 |
| | デバッグ | 特開平 8-106308 | G05B 19/05 | プログラム作成時のデバッグの容易化 | 【プログラマブルコントローラ用プログラム作成装置】 |
| | | 特開平10- 11116 | G05B 19/048 | | 【データ処理装置、シミュレーション方法、及び記録媒体】 |
| | | 特開平 9-319414 | G05B 19/05 | | 【データ処理装置、シーケンスプログラム編集方法、及び記録媒体】 |
| 小型化 | 小型化 | 特開平 8- 69325 | G05D 3/12 | 高密度化 | 【入力回路】 |
| RUN中変更 | RUN中のプログラム変更 | 特開平10- 11285 | G06F 9/30 330 | 高速化 | 【プログラマブルコントローラ及び記録媒体】 |
| | | 特開2000-214908 | G05B 19/05 | 設定定数変更 | 【プログラマブルコントローラ】 |
| 監視・安全 | 監視 | 特開平 5-233021 | G05B 19/05 | 障害の分析 | 【プログラマブルコントロール装置の動作データ収集装置】 |
| 信頼性 | 信頼性 | 特開平11-154917 | H04B 17/00 | 可用性向上 | 【遠隔入出力装置】 |
| | | 特開平 8-110803 | G05B 19/048 | | 【プログラマブルコントローラ】 |
| 表示 | 稼動状態の表示 | 特開2000-250609 | G05B 19/048 | 指定・設定の容易化 | 【表示システム及び記録媒体】 |
| | | 特開平 9-319417 | G05B 19/05 | 表示対象の設定の容易化 | 【登録対象オブジェクトの登録方法、ラダープログラムの処理対象デバイスの登録方法、それらのコンピュータプログラムを記録した記録媒体、データ処理装置】 |
| | | 特開2000-250611 | G05B 19/05 | 表示画面の視認性向上 | 【プログラマブルコントローラの支援システム、その表示制御装置及び支援装置】 |
| | | 特開2000-242599 | G06F 13/14 330 | 保守性向上 | 【表示制御装置】 |
| | | 特開2000-242326 | G05B 23/02 301 | 高速化 | 【表示中継装置】 |
| | | 特開平10- 11118 | G05B 19/05 | 実行中のアドレス把握 | 【シーケンス制御装置、データ処理装置、データ記録再生方法、及び記録媒体】 |
| | 動作プログラムの表示 | 特開2000-242306 | G05B 19/048 | 表示画面の視認性向上 | 【表示器】 |
| 特殊機能 | タイマ | 特許第2547106号 | G05B 19/05 | 特殊機能 | 【シーケンス制御装置】クロック出力命令に基づいて、CPUが演算した分周率でクロック発振回路の出力を分周する分周回路を設けたシーケンス制御装置。 |

## 2.13.4 技術開発拠点

表2.13.4-1にキーエンスの開発拠点を示す。

表2.13.4-1 キーエンスの技術開発拠点

| 大阪府 | 本社 |
|---|---|

## 2.13.5 研究開発者

図2.13.5-1に出願年に対する発明者数と出願件数の推移を示す。
図2.13.5-2に発明者数に対する出願件数の推移を示す。

図 2.13.5-1 出願年に対する発明者数と出願件数の推移

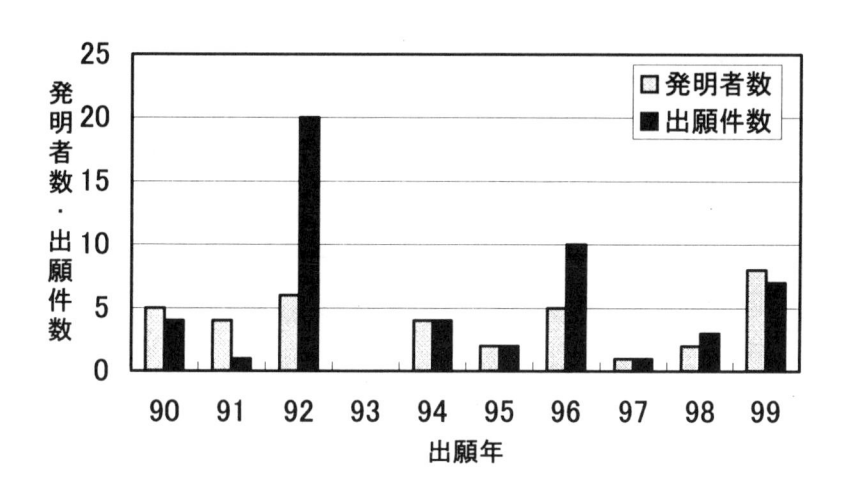

図 2.13.5-2 発明者数に対する出願件数の推移

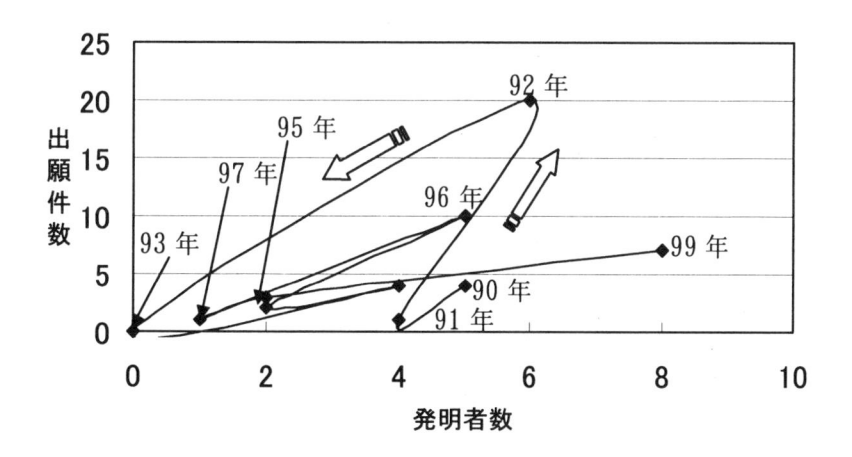

## 2.14 デンソー

　トヨタ自動車グループの部品の中枢企業で、自動車部品メーカー大手。事業内容は、各種自動車部品の製造、販売、サービス。
　プログラム制御技術関連として、加工物の搬送や組立作業を自動的に行うロボット、ロボットコントローラを提供。

　プログラム作成技術関連の出願が10件と1番多い。表1.4.3-1を参照すると、プログラム作成・変更の容易化の課題をPLCとプログラム作成器との対応改良といった解決手段による出願が多く見られることがわかる。

### 2.14.1 企業の概要

表2.14.1-1にデンソーの企業の概要を示す。

表2.14.1-1 デンソーの企業の概要

| | | |
|---|---|---|
| 1) | 商号 | 株式会社 デンソー |
| 2) | 設立年月 | 1949年12月 |
| 3) | 資本金 | 1,730億9,800万円 |
| 4) | 従業員 | 38,800名 (2001年9月現在) |
| 5) | 事業内容 | 自動車部品、電子応用機器、環境機器、FA機器などの開発・製造・販売・サービス |
| 6) | 技術・資本提携関係 | － |
| 7) | 事業所 | 本社/愛知　支社/東京　支店/東京、大阪、広島他　工場/刈谷、池田、安城、西尾、高槻、大安、幸田、豊橋、阿久比、北九州他　研究所/日進 |
| 8) | 関連会社 | アスモ、アンデン、GAC、デンソー・アメリカ |
| 9) | 業績推移 | 1兆7,588億4,200万円 (1999.3) 1兆8,834億700万円 (2000.3) 2兆149億7,800万円 (2001.3) |
| 10) | 主要製品 | 自動車関連製品、ETC、アルカリイオン整水器、バーコードスキャナ、FA機器、ディスプレイ |
| 11) | 主な取引先 | － |
| 12) | 技術移転窓口 | － |

## 2.14.2 プログラム制御技術に関連する製品・技術

表2.14.2-1にプログラム制御に関するデンソーの製品を示す。

表2.14.2-1 デンソーのプログラム制御関連製品

| 製品 | 製品名 | 発売時期 | 出典 |
|---|---|---|---|
| ロボット、ロボットコントローラ | デンソーロボットシリーズ | − | http://www.denso.co.jp/FA/index.html |

## 2.14.3 技術開発課題対応保有特許の概要

表2.14.3-1にデンソーの保有特許を示す。

表2.14.3-1 デンソーの保有特許(1/2)

| 技術要素 | | 特許番号 | 特許分類 | 課題 | 【発明の名称】概要 |
|---|---|---|---|---|---|
| グローバル化・高速化 | PLCのグローバル化対応 | 特開平 8-166806 | G05B 19/05 | 性能向上 | 【プログラマブルコントローラ】 |
| | | 特開平11- 65622 | G05B 19/05 | | 【プログラマブルコントローラ】 |
| | | 特開平 8-152907 | G05B 19/05 | | 【デジタルフィルタ装置】 |
| | | 特開平 8- 30453 | G06F 9/32 360 | | 【プログラマブルコントローラ】 |
| | | 特開平 8-249021 | G05B 19/05 | | 【マルチCPUシステムのデータ入出力処理装置】 |
| ネットワーク化 | ネットワーク化 | 特開平 9- 50306 | G05B 19/05 | 通信の安定化など | 【制御システム】 |
| | | 特開2000-305679 | G06F 3/00 | I/Oの遠隔化など | 【インタフェース装置】 |
| | | 特開平10-207510 | G05B 19/05 | プログラムローディングの安定化 | 【プログラマブルコントローラ】 |
| プログラム作成 | プログラム開発・作成 | 特開平10-326105 | G05B 19/05 | プログラム作成・変更の容易化 | 【プログラマブルコントローラのプログラミング装置及びプログラマブルコントローラ】 |
| | | 特開平11- 3105 | G05B 19/05 | | 【プログラマブルコントローラのプログラミング装置】 |
| | | 特開平 5-119809 | G05B 19/05 | | 【設備のランニング運転制御装置】 |
| | | 特開平10-333718 | G05B 19/05 | | 【プログラマブルコントローラのプログラミング装置及びプログラマブルコントローラ】 |
| | | 特開平 9-160766 | G06F 9/06 540 | | 【電子制御装置】 |
| | | 特開平10-333716 | G05B 19/05 | | 【プログラマブルコントローラの制御システム】 |
| | | 特開平10-333719 | G05B 19/05 | | 【プログラマブルコントローラのプログラミング装置】 |
| | | 特開平 8-185342 | G06F 11/28 340 | プログラム開発の容易化 | 【プログラム評価装置】 |

表2.14.3-1 デンソーの保有特許(2/2)

| 技術要素 | | 特許番号 | 特許分類 | 課題 | 【発明の名称】概要 |
|---|---|---|---|---|---|
| プログラム作成 | デバッグ | 特開平10-340107 | G05B 19/048 | プログラム作成時のデバッグの容易化 | 【プログラマブルコントローラ】 |
| | | 特許第3109413号 | G05B 19/05 | システム変更に対応したデバッグの容易化 | 【機械制御装置】 エンジンが回転していると判定されると（S600）、メモリ書換機へエンジン停止要求がなされ（S700）、エンジンコントロールルーチン（S300）は書き換えない。操作者が、エンジンを停止して、再度書換要求をした場合には、S800の次に書換制御プログラムを実行する（S900、S1000、S2000）。書き換え時にはエンジンは停止し起動時にも停止しているので、制御プログラム・データを変更しても自動車の機構が予期せぬ駆動状態とならない。 |
| 小型化 | 小型化 | 特開平 9- 81212 | G05B 19/05 | 高密度化 | 【制御装置のリレー出力回路】 |
| 監視・安全 | 監視 | 特開平11-280536 | F02D 45/00 376 | 障害の検出 | 【電子制御装置及び電子制御システム】 |
| | 安全 | 特開平 9-135156 | H03K 17/08 | 障害の予防 | 【電気負荷の駆動装置】 |
| 信頼性 | 信頼性 | 特開平 9-291848 | F02D 45/00 370 | 可用性向上 | 【内燃機関の制御装置】 |
| 表示 | 稼動状態の表示 | 特開平 8- 30308 | G05B 19/048 | 表示画面の視認性向上 | 【プログラマブルコントローラ】 |
| | プログラム状態の表示 | 特許第2616613号 | G05B 19/048 | | 【プログラマブルコントローラ】 出力ナンバが指定されると、指定された出力ナンバがオペランドとして存在し、そのオペランドに対応するオペコードが出力命令であるか否かを判断する（S120、S130）。そして、出力命令のオペランドが存在した場合には、そのオペランドを含む部分プログラムを表示装置33に表示する。（S150）。S150で検索されたラング中に内部出力がある場合にはラング番号および内部出力ナンバを表示装置33に表示させる（S170）。 |
| 特殊機能 | 構成・機能設定など | 特開2000-187507 | G05B 19/05 | 構成・機能設定の容易化 | 【プログラマブルコントローラシステムとモジュール番号割り当て方法】 |
| | | 特開平11-143504 | G05B 19/048 | 性能機能向上 | 【プログラマブルコントローラ】 |
| | 割込み | 特開平11- 65623 | G05B 19/05 | 応答性改善 | 【プログラマブルコントローラ】 |

## 2.14.4 技術開発拠点

表2.14.4-1にデンソーの技術開発拠点を示す。

表2.14.4-1 デンソーの技術開発拠点

| 愛知県 | 本社 |
|---|---|
| 米国 | デンソー・アメリカ |

## 2.14.5 研究開発者

図2.14.5-1に出願年に対する発明者数と出願件数の推移を示す。
図2.14.5-2に発明者数に対する出願件数の推移を示す。

図2.14.5-1 出願年に対する発明者数と出願件数の推移

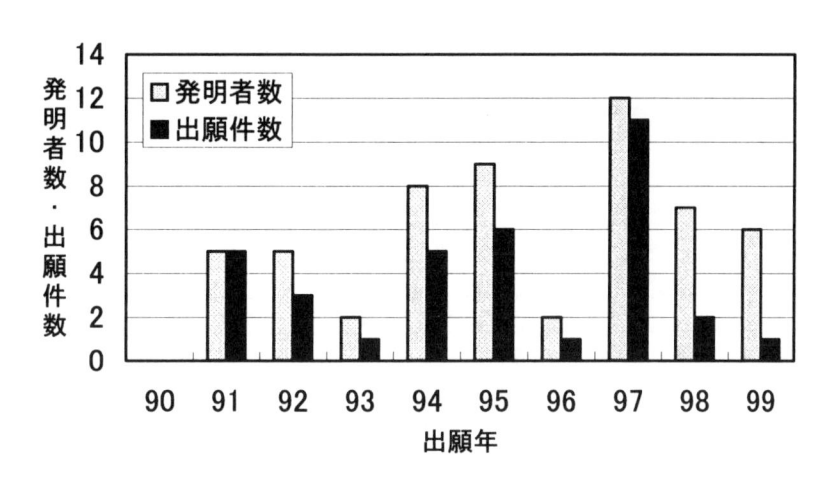

図2.14.5-2 発明者数に対する出願件数の推移

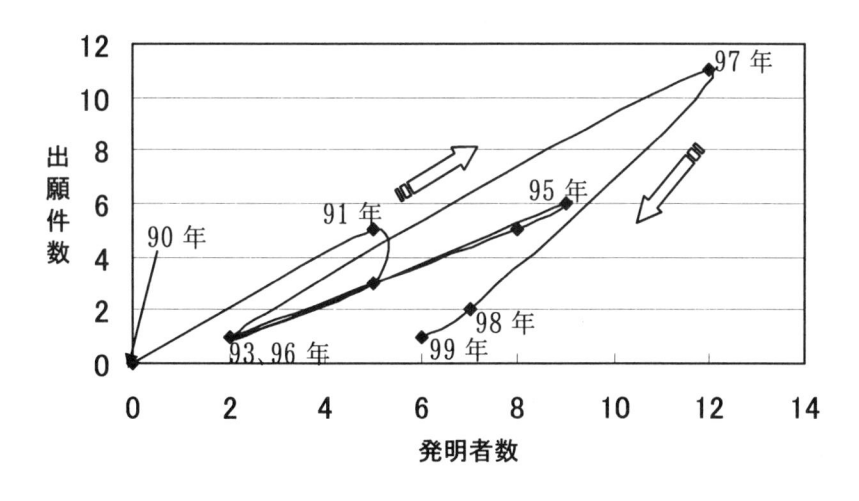

## 2.15 豊田工機

トヨタ自動車グループの工作機械メーカー大手。事業内容はメカトロニクス製品として、計測制御機器（プログラマブルコントローラ、圧力センサなど）の開発、製造、販売、サービス。

プログラム作成技術関連の出願が多く、表1.4.3-1を参照すると、プログラム開発の容易化の課題を、PLCとプログラム作成器との対応改良といった解決手段による出願が多く見られることがわかる。

### 2.15.1 企業の概要

表2.15.1-1に豊田工機の企業の概要を示す。

表2.15.1-1 豊田工機の企業の概要

| | | |
|---|---|---|
| 1) | 商号 | 豊田工機 株式会社 |
| 2) | 設立年月 | 1941年5月 |
| 3) | 資本金 | 248億500万円 |
| 4) | 従業員 | 4,096名 (2001年9月) |
| 5) | 事業内容 | 工作機械、自動車部品などの開発・製造・販売・サービス |
| 6) | 技術・資本提携関係 | － |
| 7) | 事業所 | 本社/愛知　支社/東京　工場/本社、東刈谷、岡崎、幸田、田戸岬、花園 |
| 8) | 関連会社 | 豊興工業、CNK、豊ハイテック、豊幸、TTA |
| 9) | 業績推移 | 1,895億3,900万円 (1999.3)　1,808億5,400万円 (2000.3)　1,892億9,200万円 (2001.3) |
| 10) | 主要製品 | 工作機械、ロボット、モーションコントローラ、自動車部品、高速3次元造形機 |
| 11) | 主な取引先 | － |
| 12) | 技術移転窓口 | － |

## 2.15.2 プログラム制御技術に関連する製品・技術

表2.15.2-1にプログラム制御に関する豊田工機の製品を示す。

表2.15.2-1 豊田工機のプログラム制御関連製品

| 製品 | 製品名 | 発売時期 | 出典 |
|---|---|---|---|
| プログラマブルコントローラ | TOYOPUC-PC3/2SERIES | − | http://www.toyoda-kouki.co.jp/_pub_html/index.htm |

## 2.15.3 技術開発課題対応保有特許の概要

表2.15.3-1に豊田工機の保有特許を示す。

表2.15.3-1 豊田工機の保有特許(1/2)

| 技術要素 | | 特許番号 | 特許分類 | 課題 | 【発明の名称】概要 |
|---|---|---|---|---|---|
| グローバル化・高速化 | グローバル化 | 特開平 5-282016 | G05B 19/05 | システム構成の変化に対応 | 【ロボット制御装置】 |
| | | 特開平 7-129228 | G05B 19/4155 | 性能向上 | 【ロボット制御装置】 |
| | PLCのグローバル化対応 | 特開平 8-305415 | G05B 19/05 | | 【測定データ処理装置】 |
| ネットワーク化 | 複数PLC間・マルチCPU間通信 | 特許第2654707号 | G05B 19/05 | 分散化制御・通信の安定化など | 【複数PCの並列制御装置】複数のPLCの並列制御装置において、信号名判断手段の判断およびつながり条件設定手段の設定に応じて、記憶内容出力手段が記憶手段からその記憶内容を出力するように構成し、複数のPLCは、それぞれ設備全体としては部分的なものとなるプログラムだけを記憶している場合でも、あたかも一つのつながったプログラムを有しているがごとくに保全作業者などが操作することができるようにした。 |
| | | 特許第3005379号 | G05B 19/05 | | 【プログラマブルコントローラ間通信システム】PLCデータ読出手段は、入出力識別パラメータに基づき出力アドレスを抽出し、これを連続的に割り付けた記憶空間を形成する。読出PLCデータ格納手段は、PLCデータ読出手段内メモリ上に仮想記憶空間を形成する。PLCデータ書込手段は、入出力識別パラメータに基づき入力アドレスを抽出し、これを連続的に割り付け、更に各入力アドレスに対応する出力元アドレスを含む記憶空間を形成する。PLC書込データ抽出手段は、PLCデータ書込手段内メモリ上に形成された記憶空間から出力元アドレスを転送格納する。PLC間データ通信を使用性、保守性が良い方法で実現する。 |
| | | 特開平 5-181513 | G05B 19/05 | | 【プログラマブルコントローラの伝送経路データ作成装置】 |
| | | 特許第2932105号 | G06F 15/177672 | | 【多階層複数制御装置統合システムにおける接続情報テーブル作成方法】PLCが接続された複数のリンクラインを有するものにおいて、各リンクライン毎にリンク管理テーブルを作成し、各リンクラインに係るリンク管理テーブルを単一の接続情報テーブルに統合し、他のリンクに属する制御装置へのアクセスを可能にした。 |
| | | 特開平 5-127712 | G05B 19/05 | システム構成の変化に対応 | 【プログラマブルコントローラのリンク装置】 |

表2.15.3-1 豊田工機の保有特許(2/2)

| 技術要素 | | 特許番号 | 特許分類 | 課題 | 【発明の名称】概要 |
|---|---|---|---|---|---|
| ネットワーク化 | PLC構成ユニット間通信 | 特許第2880552号 | G05B 19/05 | I/Oの遠隔化など | 【シーケンスコントローラのオンオフ信号伝送方法】演算装置のシーケンスプログラムに従う演算処理と演算制御側伝送装置とリモート伝送装置との間のシリアル伝送処理とを交互に実行するようにし、演算装置に直接接続された周辺入出力要素と遠隔地のリモート入出力要素の動作サイクル時間を一定にできるようにした。 |
| | | 特開平 6-282312 | G05B 19/05 | プログラムローディングの安定化 | 【シーケンスコントローラの動作プログラム転送装置】 |
| プログラム作成 | プログラム開発・作成 | 特開平11- 15522 | G05B 23/02 | プログラム作成・変更の容易化 | 【動作制御操作盤】 |
| | | 特開平 6-250712 | G05B 19/05 | | 【プログラマブルコントローラの周辺装置】 |
| | | 特開平11-212609 | G05B 19/08 | | 【画面定義装置及びそれにより定義されたプログラムを実行する操作装置】 |
| | | 特開平 9-167006 | G05B 19/05 | プログラム開発の容易化 | 【シーケンスコントローラの周辺装置】 |
| | | 特許第2807583号 | G05B 19/05 | | 【PCのプログラミング装置】他のPLCの入出力要素を参照する外部入力要素の識別名として、該他のPLCの識別コードと、該他のPLC内の被参照入出力要素のアドレスとから成る識別名を付加して順序制御プログラムを入力すると、自動的に、被参照入出力要素と外部入力要素とを対応付けるテーブルが作成され、また、各PLC間のデータ通信を制御するプログラムが作成される。このため、オペレータの手間が軽減され、プログラム入力時のミスが防止できる。 |
| | | 特許第2807584号 | G05B 19/05 | | 【PCのプログラミング装置】装置とPLCとの対応関係の入力手段、他の装置の装置識別コードと自装置内の入出力要素の要素識別コードとを付して他の装置を参照する入力要素をプログラム入力する手段、外部入力要素の抽出手段、外部入力要素とそれにより参照される被参照入出力要素との対応テーブルの作成手段、リンク用ステップの作成手段、前記識別名をアドレスに変換する手段を設け、リンクラインで接続される複数のPLCをインターロック制御するためのプログラムの入力及び修正を容易にする。 |
| | | 実登第2589599号 | G05B 19/05 | | 【PCシステム】通信モジュール、入出力モジュール等を着脱可能なPLCにおいて、各モジュールはプログラム作成器で作成されたプログラムを転送できる同一構造の入力端子を有し、プログラム作成器で作成した動作プログラムのオブジェクトプログラムを各モジュールへ前記入出力端子から入力させ、各モジュールに記憶させるようにした。 |
| | | 特開平 9-292942 | G06F 3/023 | | 【操作盤の画面定義装置】 |
| | | 特開平11-345005 | G05B 19/048 | | 【工作機械制御システム】 |
| 小型化 | 小型化 | 実登2503463号 | G05B 19/05 | 高密度化 | 【シーケンスコントローラの周辺装置接続回路】周辺装置と同一規格の1つのコネクタを有し、さらに切替端子と切替回路を設け、パラレルまたはシリアル周辺装置が同一のコネクタを介してそのデータ処理方式に自動的に対応して接続できる。 |
| 監視・安全 | 監視 | 特開平 6- 43932 | G05B 23/02 301 | 障害の分析 | 【PCにおけるモニタ装置】 |
| | | 特開平10-124114 | G05B 19/048 | | 【故障診断装置及び故障診断機能を備えた数値制御装置】 |
| | 安全 | 特開2001-154709 | G05B 19/048 | 操作性向上 | 【PLC用の操作盤及び同操作盤における異常表示方法】 |
| 表示 | 稼動状態の表示 | 特開2001-125605 | G05B 19/02 | 指定・設定の容易化 | 【動作制御操作盤】 |
| | 動作プログラムの表示 | 特開平 6-250709 | G05B 19/05 | 表示画面の視認性向上 | 【プログラマブルコントローラの周辺装置】 |
| | | 特開平 6- 51810 | G05B 19/05 | 高速化 | 【PCのプログラミング装置】 |

## 2.15.4 技術開発拠点

表2.15.4-1に豊田工機の技術開発拠点を示す。

表2.15.4-1 豊田工機の技術開発拠点

| 愛知県 | 本社 |
|---|---|

## 2.15.5 研究開発者

図2.15.5-1に出願年に対する発明者数と出願件数の推移を示す。
図2.15.5-2に発明者数に対する出願件数の推移を示す。

図2.15.5-1 出願年に対する発明者数と出願件数の推移

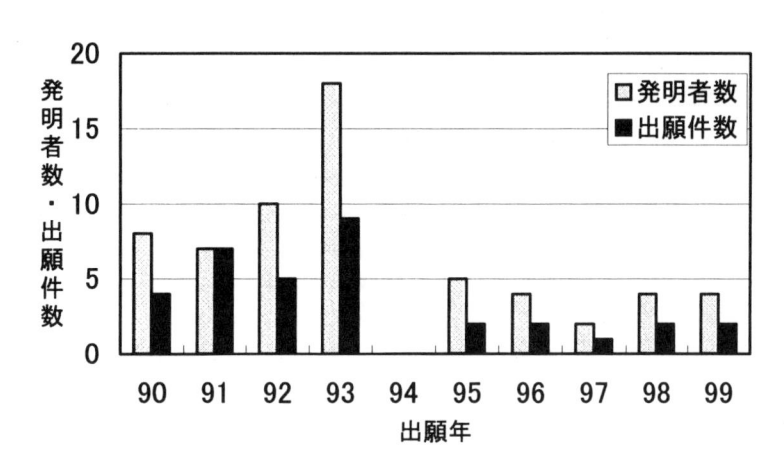

図2.15.5-2 発明者数に対する出願件数の推移

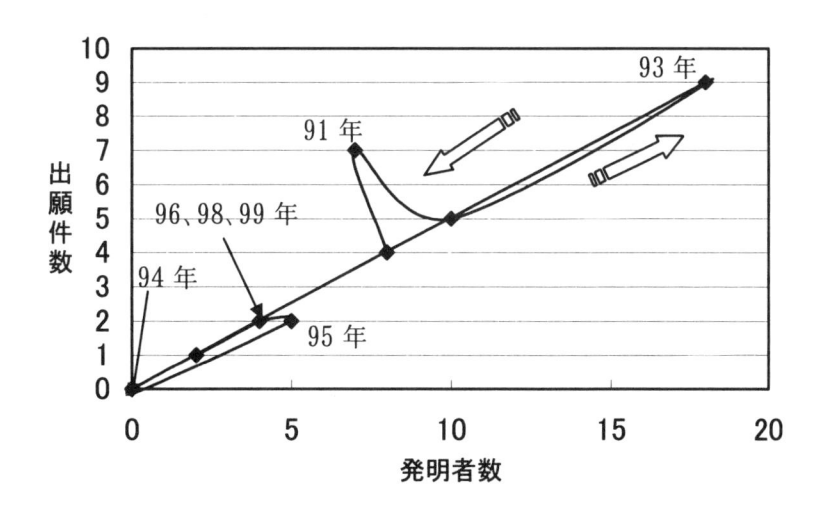

## 2.16 トヨタ自動車

国内自動車メーカー最大手。事業内容は自動車、フォークリフトなどの開発、製造、販売。

プログラム制御技術関連としては、物流システムなどのソリューションサービスを提供。

ネットワーク化技術やプログラム作成技術についで特殊機能技術に関する出願が多い。
表1.4.9-1を参照すると、構成機能設定などの設定効率向上の課題を、設計支援ツールといった解決手段による出願が見られる。

### 2.16.1 企業の概要

表2.16.1-1にトヨタ自動車の企業の概要を示す。

表2.16.1-1 トヨタ自動車の企業の概要

| 1) | 商号 | トヨタ自動車 株式会社 |
|---|---|---|
| 2) | 設立年月 | 1937年8月 |
| 3) | 資本金 | 3,970億4,900万円 |
| 4) | 従業員 | 65,029名 (2001年9月現在) |
| 5) | 事業内容 | 自動車、フォークリフトなどの開発・製造・販売・サービス |
| 6) | 技術・資本提携関係 | ― |
| 7) | 事業所 | 本社/愛知、東京 工場/本社、元町、上郷、高岡、三好、堤他 |
| 8) | 関連会社 | 東京トヨタ自動車、ダイハツ工業、米国トヨタ自動車販売 |
| 9) | 業績推移 | 12兆7,490億800万円 (1999.3) 12兆8,795億6,100万円 (2000.3) 13兆4,244億2,300万円 (2001.3) |
| 10) | 主要製品 | 自動車、フォークリフト、ITS、物流システム |
| 11) | 主な取引先 | ― |
| 12) | 技術移転窓口 | 知的財産部企画統括室　TEL 0565-23-6712 |

## 2.16.2 プログラム制御技術に関連する製品・技術

表2.16.2-1にプログラム制御に関するトヨタ自動車の製品を示す。

表2.16.2-1 トヨタ自動車のプログラム制御関連製品

| 製品 | 製品名 | 発売時期 | 出典 |
|---|---|---|---|
| ソリューション | 物流システムなど | - | http://www.toyota-if.com/lineup/index.html |

## 2.16.3 技術開発課題対応保有特許の概要

表2.16.3-1にトヨタ自動車の保有特許を示す。

表2.16.3-1 トヨタ自動車の保有特許(1/3)

| 技術要素 | | 特許番号 | 特許分類 | 課題 | 【発明の名称】概要 |
|---|---|---|---|---|---|
| グローバル化・高速化 | グローバル化 | 特開平 7-129228 | G05B 19/4155 | 性能向上 | 【ロボット制御装置】 |
| | | 特許第3017632号 | B22D 46/00 | | 【連続鋳造方法】連続鋳造方法において、鋳造工程開始時刻とサイクルタイムに基づいて、今後の鋳造工程開始時刻を算出する工程と、算出された鋳造工程開始時刻が作業不能時間帯の直前時間帯に属するか否かを判別する工程と、属しないと判別されたときに、直前に開始する鋳造工程開始時刻を前記直前時間帯内にシフトする工程と、前記シフトされた鋳造工程開始時刻にサイクルタイムが終了するように、鋳造開始時刻を過去方向に補正する工程とを有し、捨て打ちを不要とし、稼働率を向上させる。 |
| | 上位コンピュータによる統合運転 | 特許第2712929号 | G05B 19/05 | システム構成の変化に対応 | 【複数PC制御装置】各PLCからプログラムをPLC01に読み出し、インタロック信号を消去し、各PLCの内部リレーをPLC01のアドレスに割り付け、各PLCの入力・出力リレーをPLC01のリンクリレーに割り付け、各PLCをリモートI/Oに設定するとともに割り付けを各PLCに転送する。これによりプログラム完成後に修正の必要が生じた場合、短時間に修正できる。 |
| ネットワーク化 | 複数PLC間・マルチCPU間通信 | 特許第2654707号 | G05B 19/05 | 分散化制御・通信の安定化 | 【複数PCの並列制御装置】複数のPLCの並列制御装置において、信号名判断手段の判断および、つながり条件設定手段の設定に応じて、記憶内容出力手段が記憶手段からその記憶内容を出力するように構成したので複数のPLCは、それぞれ設備全体としては部分的なものとなるプログラムだけを記憶している場合でも、あたかも一つのつながったプログラムを有しているがごとくに保全作業者などが操作することができる。 |
| | | 特許第3005379号 | G05B 19/05 | | 【プログラマブルコントローラ間通信システム】PLCデータ読出手段は、入出力識別パラメータに基づき出力アドレスを抽出し、これを連続的に割り付けた記憶空間を形成する。読出PLCデータ格納手段は、PLCデータ読出手段内メモリ上に仮想記憶空間を形成する。PLCデータ書込手段は、入出力識別パラメータに基づき入力アドレスを抽出し、これを連続的に割り付け、更に各入力アドレスに対応する出力元アドレスを含む記憶空間を形成する。PLC書込データ抽出手段は、PLCデータ書込手段内メモリ上に形成された記憶空間から出力元アドレスを転送格納する。PLC間データ通信を使用性、保守性が良い方法で実現。 |

表2.16.3-1 トヨタ自動車の保有特許(2/3)

| 技術要素 | | 特許番号 | 特許分類 | 課題 | 【発明の名称】概要 |
|---|---|---|---|---|---|
| ネットワーク化 | 複数PLC間・マルチCPU間通信 | 特許第2932105号 | G06F 15/177 672 | 分散化制御・通信の安定化 | 【多階層複数制御装置統合システムにおける接続情報テーブル作成方法】PLCが接続された複数のリンクラインを有するものにおいて、各リンクライン毎にリンク管理テーブルを作成し、各リンクラインに係るリンク管理テーブルを単一の接続情報テーブルに統合し、他のリンクに属する制御装置へのアクセスを可能にした。 |
| | | 特開平10-15787 | B23Q 41/08 | システム構成の変化に対応 | 【生産ライン管理装置】複数のステーションで構成される生産ラインにおいて、各ステーション10の動作を制御する際に、各ステーション毎に備えられた制御装置13に、自己のステーションの状態を記録する領域と他のステーションの状態を記録する領域とを有するメモリを設ける。そして、該メモリを総ステーション間で連結する。すると、各ステーションにおいて、他のステーションの状態を把握した上で、自己のステーションの動作指令を出すことが可能となる。 |
| | | 特許第2611483号 | G05B 19/05 | | 【複数PCの並列制御装置】複数PLCの並列制御装置において、各PLCは、ある接点について、その接点に対する命令語と入出力アドレスとを直接監視または制御するPLCを特定する制御PLC情報とを対応付けて記憶手段に記憶するように構成し、システムの変更を容易に行うことができるようにした。 |
| プログラム作成 | プログラム開発・作成 | 特許第2760158号 | G05B 19/05 | プログラム作成・変更の容易化 | 【入出力信号コード変換装置】信号名とアドレスとを対応付ける信号名設定手段と、制御装置と制御対象機器とのインタフェース部に設けられ、信号名設定手段の参照により信号名とアドレスとを相互変換する信号名／アドレス変換手段とを備えることにより制御対象機器またはこれと関連する部材の取り扱いに際し、使用者がアドレスではなく信号名を参照して作業できるようにした。 |
| | | 特許第2807583号 | G05B 19/05 | プログラム開発の容易化 | 【PCのプログラミング装置】他のPLCの入出力要素を参照する外部入力要素の識別名として、該他のPLCの識別コードと、該他のPLC内の被参照入出力要素のアドレスとから成る識別名を付加して順序制御プログラムを入力すると、自動的に、被参照入出力要素と外部入力要素とを対応付けるテーブルが作成され、また、各PLC間のデータ通信を制御するプログラムが作成される。このため、オペレータの手間が軽減され、プログラム入力時のミスが防止できる。 |
| | | 特許第2807584号 | G05B 19/05 | | 【PCのプログラミング装置】装置とPLCとの対応関係の入力手段、他の装置の装置識別コードと自装置内の入出力要素の要素識別コードとを付して他の装置を参照する入力要素をプログラム入力する手段、外部入力要素の抽出手段、外部入力要素とそれにより参照される被参照入出力要素との対応テーブルの作成手段、リンク用ステップの作成手段、前記識別名をアドレスに変換する手段を設け、リンクラインで接続される複数のPLCをインターロック制御するためのプログラムの入力及び修正を容易にする。 |

表2.16.3-1 トヨタ自動車の保有特許(3/3)

| 技術要素 | | 特許番号 | 特許分類 | 課題 | 【発明の名称】概要 |
|---|---|---|---|---|---|
| プログラム作成 | プログラム開発・作成 | 特開平 9-292942 | G06F 3/023 | プログラム開発の容易化 | 【操作盤の画面定義装置】 |
| | デバッグ | 特許第2921206号 | G05B 19/05 | プログラム作成時のデバッグの容易化 | 【インターロック制御の可能なPC】PLCの順序制御プログラムに於いて参照される他のPLCに属する入出力要素の状態のデフォルト値を指定するデフォルト値指定手段と、他のPLCに属する入出力要素の状態が正常受信状態にあるか否かを判定する受信判定手段と、正常受信状態にないと判定されたPLCに属する入出力要素の状態は、デフォルト値指令手段により指定された値を参照して順序制御を実行する順序制御実行手段とを有する。この結果、他のPLCから入出力要素の状態が受信されなくても、予め設定されたデフォルト値に従って順序制御プログラムを正常に実行することが可能となる。 |
| | | 特開平10-97307 | G05B 19/048 | システム変更に対応したデバッグの容易化 | 【シーケンサ動作検証装置およびシーケンサ動作検証プログラムを記録した媒体】 |
| 信頼性 | 信頼性 | 特開平 9-291848 | F02D 45/00 370 | 可用性向上 | 【内燃機関の制御装置】 |
| 表示 | 稼動状態の表示 | 特許第2734187号 | G05B 19/05 | 表示対象の設定の容易化 | 【複数PC制御装置の表示画面作成方式、シーケンスプログラム作成装置、及び制御状態表示装置】表示用テーブルを作成し、表示用テーブルに基づいて画面形式を自動生成する。 |
| | | 特開平 4-357503 | G05B 19/05 | | 【複数PC制御装置の制御状態表示装置】 |
| | | 特許第2661316号 | G05B 19/05 | 保守性向上 | 【複数のプログラマブルコントローラ間の並列運転による制御装置】トランスファーマシン等の制御対象設備を複数のPLCを並列運転しながら制御するための装置で、入出力アドレス記憶部、入出力アドレスと信号名を対応つけて記憶する信号名記憶部、命令語記憶部、リンク管理テーブル部を含む制御情報記憶手段を設け、プログラム、回路図を見やすくし、修正、保全をやり易くする。 |
| | | 特開平 6-250731 | G05B 23/02 301 | 高速化 | 【プログラマブルコントローラのモニタ装置及びモニタ方法】 |
| 特殊機能 | 構成・機能設定など | 特開平11-39374 | G06F 17/50 | 設計効率向上 | 【電気回路図作成補助装置】 |
| | | 特開平11-39375 | G06F 17/50 | | 【電気回路図作成装置】 |

## 2.16.4 技術開発拠点

表2.16.4-1にトヨタ自動車の技術開発拠点を示す。

表2.16.4-1 トヨタ自動車の技術開発拠点

| 愛知県 | 本社 |
|--------|------|

## 2.16.5 研究開発者

図2.16.5-1に出願年に対する発明者数と出願件数の推移を示す。
図2.16.5-2に発明者数に対する出願件数の推移を示す。

図 2.16.5-1 出願年に対する発明者数と出願件数の推移

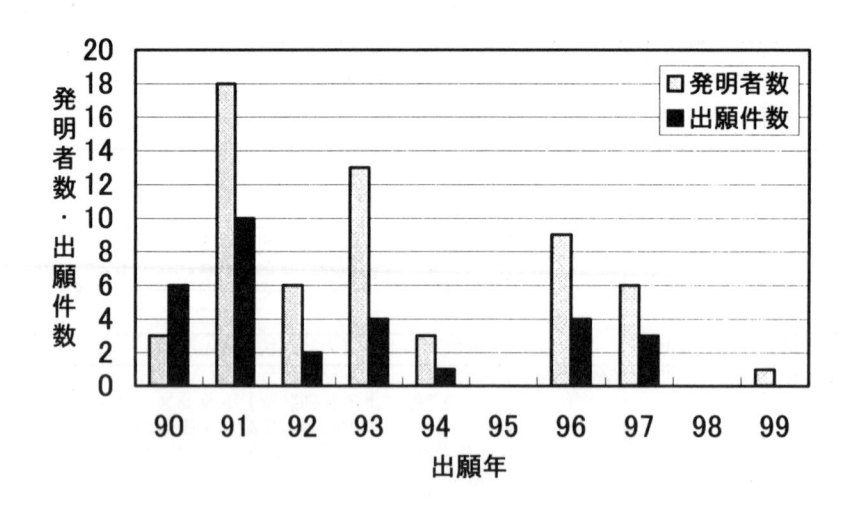

図 2.16.5-2 発明者数の対する出願件数の推移

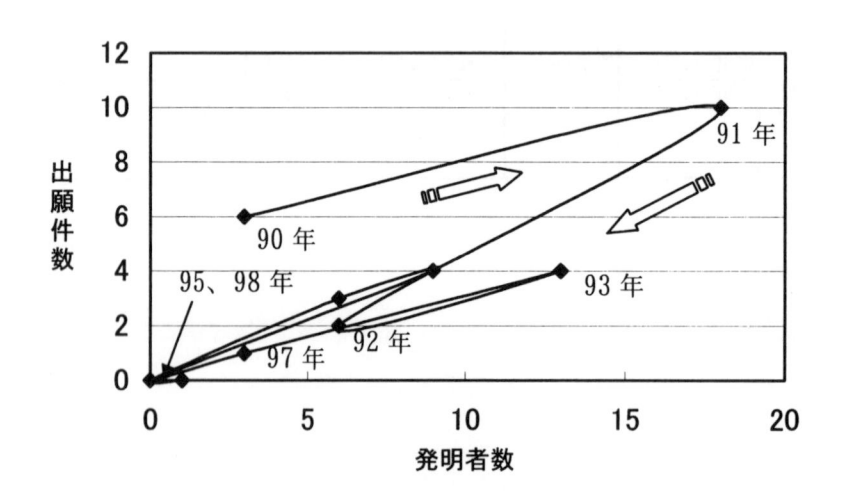

## 2.17 キヤノン

カメラ、情報・通信機器、オフィス機器メーカー大手。事業内容は光学機器、事務用機器などの開発、製造、販売。
プログラム制御技術関連製品は見当たらなかった。

プログラム作成技術、監視・安全技術についで、生産管理との連携技術関連の出願が3件あり、表1.4.10-1を参照すると、搬送効率向上の課題をワーク投入時期の最適化といった解決手段による出願が出ていることがわかる。

### 2.17.1 企業の概要

表2.17.1-1にキヤノンの企業の概要を示す。

表2.17.1-1 キヤノンの企業の概要

| | | |
|---|---|---|
| 1) | 商号 | キヤノン 株式会社 |
| 2) | 設立年月 | 1937年8月 |
| 3) | 資本金 | 1,651億4,400万円 |
| 4) | 従業員 | 19,697名（2001年6月現在） |
| 5) | 事業内容 | 事務用機器、光学機器などの開発・製造・販売・サービス |
| 6) | 技術・資本提携関係 | ー |
| 7) | 事業所 | 本社/東京 工場/玉川、取手、福島他 |
| 8) | 関連会社 | キヤノン販売、キヤノン化成 |
| 9) | 業績推移 | 2兆8,262億6,900万円（1998.12） 2兆6,222億6,500万円（1999.12） 2兆7,813億300万円（2000.12） |
| 10) | 主要製品 | カメラ、コピー機、ファクシミリ、周辺機器、電卓、光学機器 |
| 11) | 主な取引先 | ー |
| 12) | 技術移転窓口 | ー |

## 2.17.2 プログラム制御技術に関連する製品・技術

プログラム制御に関するキヤノンの製品は見当たらなかった。

## 2.17.3 技術開発課題対応保有特許の概要

表2.17.3-1にキヤノンの保有特許を示す。

表2.17.3-1 キヤノンの保有特許(1/2)

| 技術要素 | | 特許番号 | 特許分類 | 課題 | 【発明の名称】概要 |
|---|---|---|---|---|---|
| グローバル化・高速化 | PLCのグローバル化対応 | 特開平 8-101905 | G06T 1/00 | ユーザプログラムの簡素化 | 【データ処理装置】 |
| ネットワーク化 | 複数PLC間・マルチCPU間通信 | 特開2001- 75932 | G06F 15/177 672 | 分散化制御・通信の安定化 | 【ライン制御装置、ライン制御方法及びラインシステム】 |
| | | 特開平 8-241105 | G05B 19/05 | システム構成の変化に対応 | 【ロボットの制御装置】 |
| | | 特開平10- 39906 | G05B 19/05 | | 【ラインの制御方法とその装置及びラインシステム】 |
| プログラム作成 | プログラム開発・作成 | 特開平 8-328612 | G05B 19/05 | プログラム作成・変更の容易化 | 【自動化システム】 |
| | | 特開平11-175111 | G05B 19/02 | | 【自動機の制御装置及び制御方法】 |
| | | 特開平10-187215 | G05B 19/05 | | 【計測装置及びその制御方法】 |
| | | 特開平 7-199801 | G09B 19/05 | プログラム開発の容易化 | 【プログラマブルコントローラシステムおよび制御装置】 |
| | | 特開2001-125618 | G05B 19/4097 | | 【NCデータ作成装置、NCデータ作成方法および記憶媒体】 |
| 小型化 | 小型化 | 特許第3191910号 | G05B 9/02 | 高密度化 | 【機器制御装置及び方法】低消費電力モード状態の解除要因となる信号が受信され、スリープモード解除要因信号18が一旦出力「L」となると、その直後の時点TAから所定期間t2後に、電源制御信号11及びクロック制御信号12により電源部及び振動素子が起動される。時点TAから所定期間t1の間はリセット信号10によって第1の周辺I/O部がリセット状態とされ、時点TAから所定期間t3が経過すると、スリープモード解除制御信号13によって制御部のスリープ状態が解除され、低電力制御装置はスタンバイ状態へと復帰する。 |

表2.17.3-1 キヤノンの保有特許(2/2)

| 技術要素 | | 特許番号 | 特許分類 | 課題 | 【発明の名称】概要 |
|---|---|---|---|---|---|
| 監視・安全 | 監視 | 特開平11-149424 | G06F 13/00 301 | 障害の検出 | 【通信装置及び通信方法】 |
| | | 特開平 9-222934 | G06F 1/04 301 | | 【電子機器及びカメラ】 |
| | | 特開平 9-285922 | B23P 21/00 307 | 監視全体の制御 | 【自動化システム】 |
| | | 特開平 9-286133 | B41J 2/44 | | 【自動化システム】 |
| 信頼性 | 信頼性 | 特開平 9-269801 | G05B 9/03 | 可用性向上 | 【ライン制御装置及びその制御方法】 |
| 表示 | 稼動状態の表示 | 特開平11-154004 | G05B 19/048 | 指定・設定の容易化 | 【通信データ表示装置及び方法、記憶媒体】 |
| 生産管理との連携 | 生産管理との連携 | 特開平 9-155680 | B23Q 7/14 | 搬送効率の向上 | 【ワーク投入装置及びその制御方法】 |
| | | 特開平 9-269805 | G05B 15/02 | | 【バッファ制御装置及び方法】 |
| | | 特開平11-184509 | G05B 19/05 | 実績管理の効率向上 | 【制御システムおよび制御方法】 |

## 2.17.4 技術開発拠点

表2.17.4-1にキヤノンの技術開発拠点を示す。

表2.17.4-1 キヤノンの技術開発拠点

| 東京都 | 本社 |
|--------|------|

## 2.17.5 研究開発者

図2.17.5-1に出願年に対する発明者数と出願件数の推移を示す。
図2.17.5-2に発明者数に対する出願件数の推移を示す。

図2.17.5-1 出願年に対する発明者数と出願件数の推移

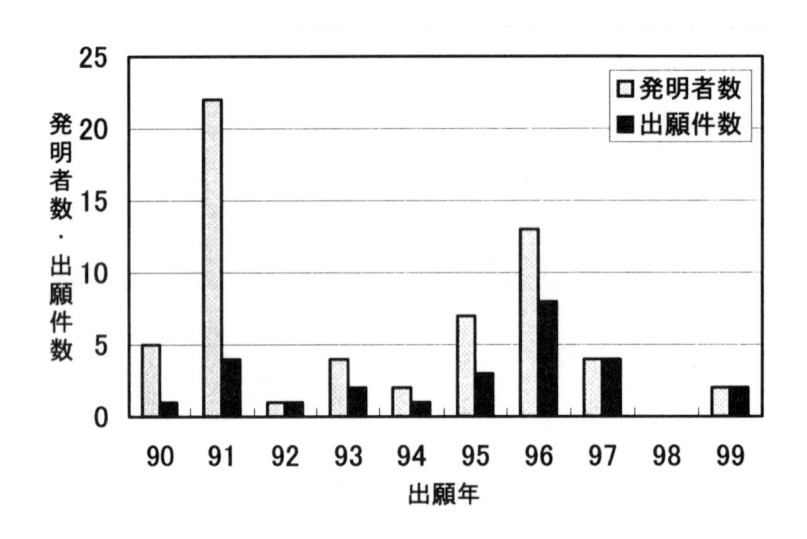

図2.17.5-2 発明者数に対する出願件数の推移

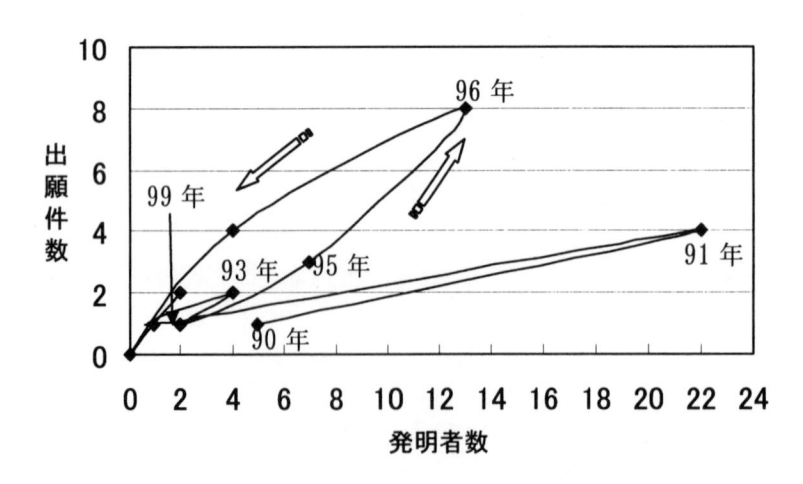

## 2.18 ファナック

機械、電機メーカー大手。世界最大のFAメーカー。事業内容はFA、サーボモータ・レーザなどの製造、販売、サービスを提供。
プログラム制御技術関連製品として、CNC装置などを提供。

表1.4.1-1を参照すると、他制御手段との連携化の課題を、演算処理の分担化といった解決手段による出願が多く見られることがわかる。

### 2.18.1 企業の概要

表2.18.1-1にファナックの企業の概要を示す。

表2.18.1-1 ファナックの企業の概要

| | | |
|---|---|---|
| 1) | 商号 | ファナック 株式会社 |
| 2) | 設立年月 | 1972年5月 |
| 3) | 資本金 | 690億1,400万円 |
| 4) | 従業員 | 1,981名 (2001年9月現在) |
| 5) | 事業内容 | FA、ロボット、サービスなどの開発・製造・販売・サービス |
| 6) | 技術・資本提携関係 | ― |
| 7) | 事業所 | 本社/山梨 事業所/日野 支社/中部、関西、筑波、北海道、九州 テクニカルセンター/中央、東京、北陸、前橋、越後、中国、広島、東北 工場/本社、筑波、隼人 |
| 8) | 関連会社 | ファナックパートロニクス、ファナックロボティクス |
| 9) | 業績推移 | 2,260億7,000万円 (1999.3)　2,090億2,100万円 (2000.3)　2,640億8,300万円 (2001.3) |
| 10) | 主要製品 | CNC、サーボモータ、レーザ、ロボット、ロボマシン |
| 11) | 主な取引先 | ― |
| 12) | 技術移転窓口 | ― |

## 2.18.2 プログラム制御技術に関連する製品・技術

表2.18.2-1にプログラム制御に関するファナックの製品を示す。

表2.18.2-1 ファナックのプログラム制御関連製品

| 製品 | 製品名 | 発売時期 | 出典 |
|---|---|---|---|
| CNC | FANUC-Series 16i/18i/21i-MODELB | － | http://www.fanuc.co.jp/ja/product/cnc/index.htm |

## 2.18.3 技術開発課題対応保有特許の概要

表2.18.3-1にファナックの保有特許示す。

表2.18.3-1 ファナックの保有特許(1/2)

| 技術要素 | | 特許番号 | 特許分類 | 課題 | 【発明の名称】概要 |
|---|---|---|---|---|---|
| グローバル化・高速化 | グローバル化 | 特開平 6-309019 | G05B 19/18 | ほかの制御手段との連携化 | 【数値制御システム】 |
| | | 特開平10- 3307 | G05B 19/18 | | 【数値制御装置】 |
| | | 特開2001- 27904 | G05B 19/414 | | 【数値制御システム】 |
| | PLCのグローバル化対応 | 特開平11-219210 | G05B 19/05 | ユーザプログラムの簡素化 | 【シーケンス制御方法及び制御装置】 |
| | | 特開平11-175115 | G05B 19/05 | 性能向上 | 【プログラマブルコントローラの高速処理方法】 |
| | | 特開平11-202913 | G05B 19/05 | | 【PMCの制御装置】 |
| ネットワーク化 | ネットワーク化 | 特開平 7- 72917 | G05B 19/414 | 複数の通信仕様に対応 | 【数値制御システム】 |
| | 複数PLC間・マルチCPU間通信 | 特開平11-197980 | B23Q 7/00 | 分散化制御・通信の安定化 | 【搬送車システム】 |

表2.18.3-1 ファナックの保有特許(2/2)

| 技術要素 | | 特許番号 | 特許分類 | 課題 | 【発明の名称】概要 |
|---|---|---|---|---|---|
| プログラム作成 | プログラム開発・作成 | 特開平 8-147011 | G05B 19/05 | プログラム作成・変更の容易化 | 【セルコントローラ】 |
| | | 特開平 8-263107 | G05B 19/05 | | 【シーケンス・プログラムの編集方式】 |
| | | 特許第2698715号 | G05B 19/05 | | 【シーケンス・プログラムの編集方式】まずラダー図のみが表示されるグラフィック画面か、ラダー図に加えニーモニック形式のプログラムも表示されるニーモニック画面かを選択する（ステップS1）。一つの信号のみを編集する場合にはグラフィック画面で編集を行い（ステップS7～S9）、一方、一つのネットで複数個の信号の編集を行う場合には、ニーモニック画面にてニーモニック形式で表示されたプログラムの編集を行う（ステップS2～S6）。ニーモニック形式で表示されたプログラムが編集されると、それに対応するラダー図も編集される。 |
| | | 特開平 9-134210 | G05B 19/05 | | 【シーケンス・プログラムの実行方式】 |
| | | 特開平11-305807 | G05B 19/048 | プログラム開発の容易化 | 【プログラマブルコントローラ】 |
| | | 特開平 8-249026 | G05B 19/05 | | 【ロボットを含むシステムのプログラミング方法】 |
| | デバッグ | 特許第2706558号 | G05B 19/05 | プログラム作成時のデバッグの容易化 | 【ラダープログラム編集方式】ラダープログラム編集時に、一時的に挿入すべきネットを挿入マークと共に挿入し、一時的に削除するネットに削除マークを付けてラダープログラムを編集する。編集後にそれぞれのネットをマーク通りに処理するか判断する。 |
| RUN中変更 | RUN中のプログラム変更 | 特開平 8-286712 | G05B 19/05 | 高速化 | 【シーケンス・プログラムの編集方式】 |
| | | 特開平10-124119 | G05B 19/05 | 確実性向上 | 【シーケンスプログラム編集方法】 |
| 信頼性 | 信頼性 | 特開平11-143505 | G05B 19/048 | 障害回復処理 | 【停電後の電源回復時における機械の自動復旧装置】 |
| 表示 | 稼動状態の表示 | 特開平 8-278804 | G05B 19/048 | 表示画面の視認性向上 | 【シーケンス・プログラムの診断方式】 |

## 2.18.4 技術開発拠点

表2.18.4-1にファナックの技術開発拠点を示す。

表2.18.4-1 ファナックの技術開発拠点

| 山梨県 | 本社 |
|---|---|
| 山梨県 | 商品開発研究所 |

## 2.18.5 研究開発者

図2.18.5-1に出願年に対する発明者数と出願件数の推移を示す。
図2.18.5-2に発明者数に対する出願件数の推移を示す。

図2.18.5-1 出願年に対する発明者数と出願件数の推移

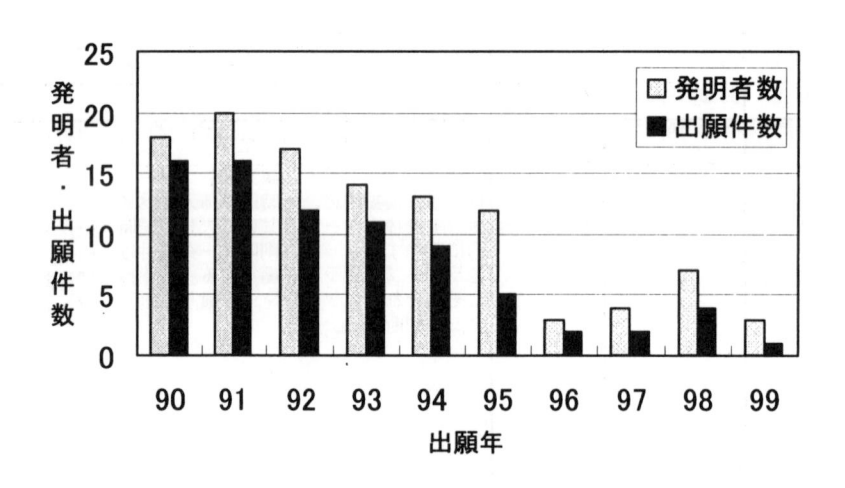

図2.18.5-2 発明者数に対する出願件数の推移

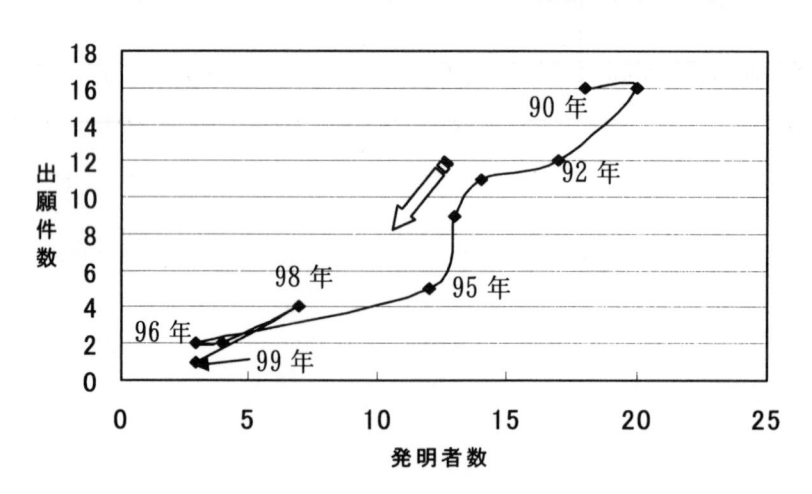

## 2.19 松下電器産業

電機、家電メーカー。事業内容はFA機器、電化製品、電子デバイス、電池などの製造、販売、サービスの提供。

プログラム制御技術関連製品として、電子レンジなどの家電品、電子部品自動実装システムなどの産業機器システムを提供。

グローバル化・高速化技術についで特殊機能技術関連の出願が3件あり、表1.4.9-1を参照すると、制御精度向上の課題に対してニューラルネットワークを適用する解決手段による出願が出ていることがわかる。

### 2.19.1 企業の概要

表2.19.1-1に松下電器産業の企業の概要を示す。

表2.19.1-1 松下電器産業の企業の概要

| | | |
|---|---|---|
| 1) | 商号 | 松下電器産業 株式会社 |
| 2) | 設立年月 | 1935年12月 |
| 3) | 資本金 | 2,110億円 |
| 4) | 従業員 | 57,585名(2001年9月現在) |
| 5) | 事業内容 | AV機器、電化製品、電子デバイス、電池などの開発・製造・販売・サービス |
| 6) | 技術・資本提携関係 | ― |
| 7) | 事業所 | 本社/大阪　支店/東京　生産拠点/門真、豊中、茨木、草津他 |
| 8) | 関連会社 | 日本ビクター、九州松下電器 |
| 9) | 業績推移 | 7兆6,401億1,900万円(1999.3)　7兆2,993億8,700万円(2000.3)　7兆6,815億6,100万円 (2001.3) |
| 10) | 主要製品 | AV機器、電化製品、半導体、電池、システムソリューション |
| 11) | 主な取引先 | ― |
| 12) | 技術移転窓口 | IPRオペレーションカンパニー　ライセンスセンター　TEL 06-6949-4525 |

## 2.19.2 プログラム制御技術に関連する製品・技術

表2.19.2-1にプログラム制御に関する松下電器産業の製品を示す。

表2.19.2-1 松下電器産業のプログラム制御関連製品

| 製品 | 製品名 | 発売時期 | 出典 |
|---|---|---|---|
| 電子部品実装高速多機能装着機 | パナサートMSF NM-MD15 | − | http://www.panasonic.co.jp/med/panasert/products/panasert/smt/high-speed.html |

## 2.19.3 技術開発課題対応保有特許の概要

表2.19.3-1に松下電器産業の保有特許を示す。

表2.19.3-1 松下電器産業の保有特許(1/2)

| 技術要素 | | 特許番号 | 特許分類 | 課題 | 【発明の名称】概要 |
|---|---|---|---|---|---|
| グローバル化・高速化 | グローバル化 | 特開平 9-54607 | G05B 19/05 | システム構成の変化に対応 | 【機器の制御装置】 |
| | | 特開平 7-86369 | H01L 21/68 | 機能向上 | 【複数加工手段を備えた複合加工装置】 |
| | 上位コンピュータによる統合運転 | 特開平 5-90212 | H01L 21/302 | ワークの変更に対応 | 【ドライエッチング方法】 |
| | | 特許第3200952号 | H01L 21/02 | | 【マルチリアクタタイプのプロセス設備制御装置】CPU1と、データおよび演算結果を格納するメモリ3と、センサ5a…8aの入力およびアクチュエータ5b…8bを動作させるPLC5～8と、プロセス処理を行うための複数の反応室11～13を備えたプロセス設備において、プロセス処理の順番をウェハ10毎に入力しメモリ3内に格納する手段と、順番とシーケンス実行条件情報から、実行可能な全てのシーケンスを探索し、その全てのシーケンスの実行をPLCに出力し、種々のプロセスパターンに対応する。 |
| | PLCのグローバル化対応 | 特許第2770283号 | G05B 19/05 | 性能向上 | 【データ発生装置】計数手段に通常または高速モードのクロックを供給するクロック供給手段13と、該手段が計数手段に通常クロックを供給している時に、PLC1に同一周期のクロックを供給し、クロック供給手段が計数手段に高速モードのクロックを供給する時に、PLCへのクロックを停止するタイミング分配回路3とによって構成する。通常モードではPLCからの制御データが計数手段に入力されデータ出力する。高速モードの場合は、PLCの動作は停止され、計数手段だけが高速処理を行い高速データを出力する。 |
| | | 特開平 7-50333 | H01L 21/68 | | 【プロセス設備のシーケンス制御装置】 |
| | | 特開平11-24782 | G06F 1/04 301 | | 【マイクロプロセッサのクロック制御方法およびクロック制御型マイクロプロセッサシステム】 |
| | | 特許第2831419号 | G05B 19/05 | | 【シーケンスコントローラ】1ビットのCPUがワードデータの入力命令のような基本処理を行う際にも、何らマルチビットCPUに制御を移すことなく、1ビットCPUの1命令サイクルで、ワードデータの入出力命令を処理できるようにし、処理速度の大幅な向上を図った。 |

表2.19.3-1 松下電器産業の保有特許(2/2)

| 技術要素 | | 特許番号 | 特許分類 | 課題 | 【発明の名称】概要 |
|---|---|---|---|---|---|
| ネットワーク化 | PLC構成ユニット間通信 | 特開2000-151751 | H04L 29/10 | ユニット機種の認識・通信の安定化など | 【シーケンス制御装置】 |
| | | 特開平11-249716 | G05B 19/05 | | 【機器の制御装置】 |
| | | 特許第2962008号 | G05B 19/02 | I/Oの遠隔化など | 【シーケンシャル制御装置】クロックに同期してシリアルデータを受信するシフトレジスタ4と、シフトレジスタ4にDATA信号、CLOCK信号、LOAD信号を送る3本の信号線1、2、3と、LOAD信号をカウントするカウンタ5と、前記カウンタの値に応じて前記シフトレジスタの出力を変換する変換ロジック6と、これの出力を記憶する記憶手段7から構成し、LOAD信号を何回か送るとその回数に応じて記憶手段の値がシーケンシャルに変化するようにした。マイクロコンピュータからのシリアルデータで簡単に高速な制御ができる。 |
| プログラム作成 | プログラム開発・作成 | 特開平 8-129483 | G06F 9/06 530 | プログラム作成・変更の容易化 | 【イベント駆動型プロセス制御装置】 |
| RUN中変更 | RUN中のプログラム変更 | 特開2000-250610 | G05B 19/048 | 高速化 | 【シーケンス制御装置、シーケンス制御方法、及びシーケンス制御プログラムを記録した記録媒体】 |
| 監視・安全 | 監視 | 特開2001- 92691 | G06F 11/34 | 障害の分析 | 【プログラム実行履歴管理装置】 |
| | | 特許第3112963号 | G05B 23/02 | | 【設備の故障診断機能付コントローラ】コントローラとコントローラに接続されたI/O部品等を制御するコントローラにおいて、コントローラはI/O部品等に故障診断指示を発行し、その結果を回収、出力して、設備全体の故障管理を行い、I/O部品等は前記指示により自己の故障診断を行い、その結果をコントローラに報告する手段を有する。 |
| 表示 | 稼動状態の表示 | 特開平11-249709 | G05B 19/04 | 表示対象の設定の容易化 | 【ネットワーク制御システム及びネットワーク制御システムにおけるデバイス並びにコントローラ】 |
| 特殊機能 | タイマ | 特開平 8-241106 | G05B 19/18 | 精度向上 | 【サイクルタイマ装置】 |
| | 現代制御理論適用 | 特許第2936838号 | F24C 7/02 340 | 制御精度の向上 | 【調理器具】温度推定手段13は実際に調理する調理環境での学習が既に済んだ固定された複数の結合重み係数を内部に持つ神経回路網模式手段を組み込んだ構成とし、加熱室内の初期温度、調理物の初期温度、調理物の量等にかかわらず調理物の温度推定ができる。調理物の温度（表面、中心、裏面温度）を温度推定手段で実時間で推定し、調理の出来上りの向上を図る。 |
| | | 特許第2936839号 | F24C 7/02 340 | | 【調理器具】温度推定手段12は実際に調理する調理環境での学習が既に済んだ固定された複数の結合重み係数を内部に持つ神経回路網模式手段を組み込んだ構成とし、加熱室内の初期温度、調理物の初期温度、調理物の量等にかかわらず調理物の温度推定ができ、出来上り状態がよい自動調理を実現する。調理の出来上りの向上を図る。 |

2.19.4 技術開発拠点

表2.19.4-1に松下電器産業の技術開発拠点を示す。

表2.19.4-1 松下電器産業の技術開発拠点

| 大阪府 | 本社 |
|---|---|
| 広島県 | 情報システム広島研究所 |
| 神奈川県 | 松下通信工業 |
| 神奈川県 | 松下技研 |

2.19.5 研究開発者

図2.19.5-1に出願年に対する発明者数と出願件数の推移を示す。
図2.19.5-2に発明者数に対する出願件数の推移を示す。

図2.19.5-1 出願年に対する発明者数と出願件数の推移

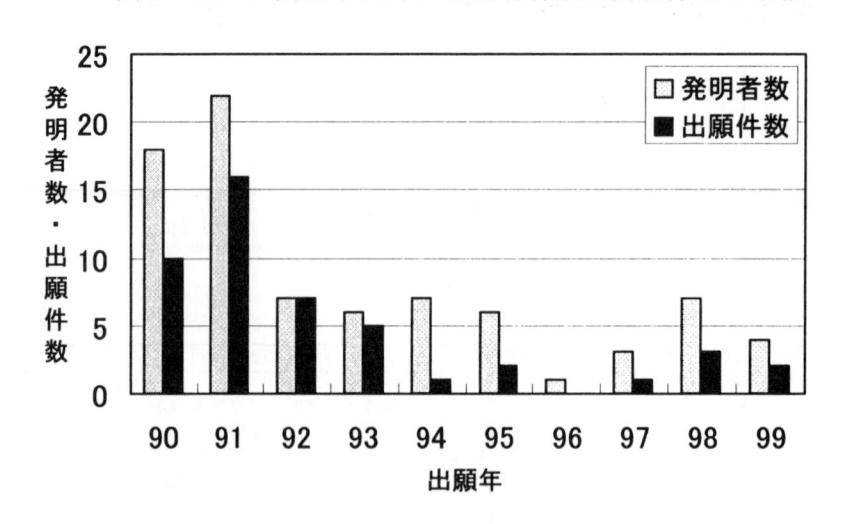

図2.19.5-2 発明者数に対する出願件数の推移

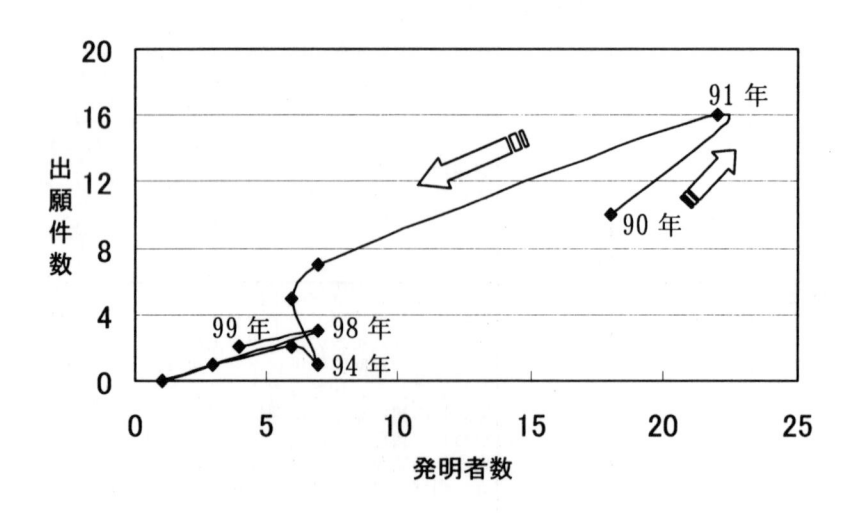

## 2.20 本田技研工業

　自動車、二輪車メーカー大手。事業内容は二輪車、四輪車などの製造、販売、サービスの提供。
　プログラム制御技術関連製品は見当たらなかった。

　プログラム作成技術関連の出願が多く、表1.4.3-1を参照すると、プログラム作成時におけるデバッグの容易化の課題を、プログラムの照合・検証改良といった解決手段による出願が見られることがわかる。

### 2.20.1 企業の概要

　表2.20.1-1に本田技研工業の企業の概要を示す。

表2.20.1-1 本田技研工業の企業の概要

| 1) | 商号 | 本田技研工業 株式会社 |
|---|---|---|
| 2) | 設立年月 | 1948年9月 |
| 3) | 資本金 | 860億6,700万円 |
| 4) | 従業員 | 28,672名 |
| 5) | 事業内容 | 二輪車、四輪車などの開発・製造・販売・サービス |
| 6) | 技術・資本提携関係 | － |
| 7) | 事業所 | 本社／東京 工場／埼玉、浜松、鈴鹿、熊本、栃木 |
| 8) | 関連会社 | ユタカ技研、本田技術研究所、米国ホンダ |
| 9) | 業績推移 | 6兆2,310億4,100万円 (1999.3)　6兆988億4,000万円 (2000.3)　6兆4,638億3,000万円 (2001.3) |
| 10) | 主要製品 | 四輪車、二輪車、発電機、汎用エンジン |
| 11) | 主な取引先 | － |
| 12) | 技術移転窓口 | － |

## 2.20.2 プログラム制御技術に関連する製品・技術

プログラム制御に関する本田技研工業の製品は見当たらなかった。

## 2.20.3 技術開発課題対応保有特許の概要

表2.20.3-1に本田技研工業の保有特許を示す。

表2.20.3-1 本田技研工業の保有特許(1/2)

| 技術要素 | | 特許番号 | 特許分類 | 課題 | 【発明の名称】概要 |
|---|---|---|---|---|---|
| グローバル化・高速化 | PLCのグローバル化対応 | 特開平11-134184 | G06F 9/06 530 | スキャンタイムの短縮化 | 【プログラマブルコントローラ】 |
| ネットワーク化 | ネットワーク化 | 特開平11-327614 | G05B 19/05 | 通信の安定化など | 【プログラマブルコントローラの管理方法】 |
| | | 特開平11-242508 | G05B 19/05 | 高速化 | 【データ制御システム】 |
| プログラム作成 | プログラム開発・作成 | 特許第2537424号 | G05B 19/05 | プログラム作成・変更の容易化 | 【制御プログラム作成装置】制御対象の動作シーケンスにかかる制御プログラムに基づき複数のユニットで構成される制御ステップを時系列的に表示し、また制御対象ユニット間の相対的な表示を行い、画面上で制御対象の全体的な動作の流れを把握可能にする。 |
| | | 特許第2672217号 | G05B 19/4155 | プログラム開発の容易化 | 【サーボモータ制御方法および装置】サーボモータ制御システム20の位置決めコントロール回路26は、ユニットコントロール回路UC1～UC12と、単一の双方向性RAM42と、制御情報記憶回路48とを有し、さらに、タスクスケジューラ44と、タスク1～タスク12と、レジスタ46とを備える。タスクスケジューラ44はタスク1～タスク12のいずれかから出力される演算を独占的に実行するフラグをレジスタ46から読み取ったとき、このタスクに独占実行権を付与することにより、複数のサーボモータのティーチデータを実行する実行権のユニット間の調停を簡素化する。 FIG.2 |

表2.20.3-1 本田技研工業の保有特許(2/2)

| 技術要素 | | 特許番号 | 特許分類 | 課題 | 【発明の名称】概要 |
|---|---|---|---|---|---|
| プログラム作成 | デバッグ | 特開平11-134216 | G06F 11/28 | プログラム作成時のデバッグの容易化 | 【制御装置及び方法】 |
| | | 特許第2976174号 | G05B 23/02 302 | | 【外部機器の制御装置】外部機器1の作動状態を検知する各種センサからのオンオフ信号1aとレジスタ3からのオンオフ信号3aとの排他的論理和を論理回路4で求めその信号4aを演算処理装置2へ入力するようにした。また、演算処理装置2から出力されるオンオフ信号2aとレジスタ5からのオンオフ信号5aとの排他的論理和を6で求め、その信号6aを外部機器1のドライバ回路11に入力するようにし、実際に外部機器1を作動させなくても外部機器1の作動を再現することができる。 |
| | | 特開平11-134011 | G05B 19/05 | | 【プログラマブルコントローラ】 |
| | | 特開平11-134008 | G05B 19/05 | システム変更に対応したデバッグの容易化 | 【プログラマブルコントローラ】 |
| 小型化 | 小型化 | 特開平 5-113805 | G05B 19/05 | 高密度化 | 【シーケンサの入力接点設定回路】 |
| 監視・安全 | 監視 | 特開平 8-171406 | G05B 19/05 | 障害検出後の処理 | 【データ伝送制御装置】 |
| | | 特開平11-134007 | G05B 19/05 | 監視全体の制御 | 【プログラマブルコントローラを用いた設備の監視システム】 |
| 表示 | 稼動状態の表示 | 特許第2992060号 | G05B 19/048 | 指定・設定の容易化 | 【自動化ラインにおける画面表示システム】運転動作準備画面、操作モード画面、インターロック表示画面、機種表示画面、異常リスト表示画面、状態表示画面、一サイクル表示画面、ユニット歩進表示画面および画面の切り替え手段を設けた。 |
| | | 特許第3011975号 | G05B 23/02 301 | 保守性向上 | 【自動化ラインにおける画面表示システム】自動化ラインを構成する機器の名称、状態を表示する画面を有し、かつ、当該画面は機器に関する設備を起動させるのに必要な状態を点灯で表示する表示部を持ち、しかも、制御部によりその表示部が消灯中は、対応する回路図番号を表示する。 |
| | | 特許第2555469号 | G05B 19/02 | | 【シーケンス制御における表示方法】途中停止が生じたとき、その動作ステップで検出作動すべき検出器に対応する動作条件表示灯を点灯させ、検出器のうち検出作動していない検出器に対応する作動条件表示等を消灯したままとする。 |
| | | 特許第2691105号 | G05B 19/048 | 実行中のアドレス把握 | 【シーケンスプログラムの設定状態確認装置】ディスエイブル検出手段24は、シーケンサ14a～14cにおけるシーケンスプログラムのディスエイブル状態にあるコイル、接点等のI/Oアドレスを検出し、表示手段30は、前記I/Oアドレスをディスエイブル一覧として表示装置16へ表示する。 |
| 特殊機能 | 構成・機能設定など | 特開平11-134010 | G05B 19/05 | システム性能向上 | 【プログラマブルコントローラにおけるプログラム実行方法】 |
| 生産管理との連携 | 生産管理との連携 | 特開平11-232341 | G06F 17/60 | 搬送効率向上 | 【部品管理システム】 |

## 2.20.4 技術開発拠点

表2.20.4-1に本田技研工業の技術開発拠点を示す。

表2.20.4-1 本田技研工業の技術開発拠点

| 埼玉県 | ホンダエンジニアリング |
|---|---|
| 埼玉県 | 本社 |
| 埼玉県 | 本田技術研究所 |
| 三重県 | −(*) |
| 三重県 | 鈴鹿製作所 |

(*)公報に事業所名の記載がない。

## 2.20.5 研究開発者

図2.20.5-1に出願年に対する発明者数と出願件数の推移を示す。
図2.20.5-2に発明者数に対する出願件数の推移を示す。

図 2.20.5-1 出願年に対する発明者数と出願件数の推移

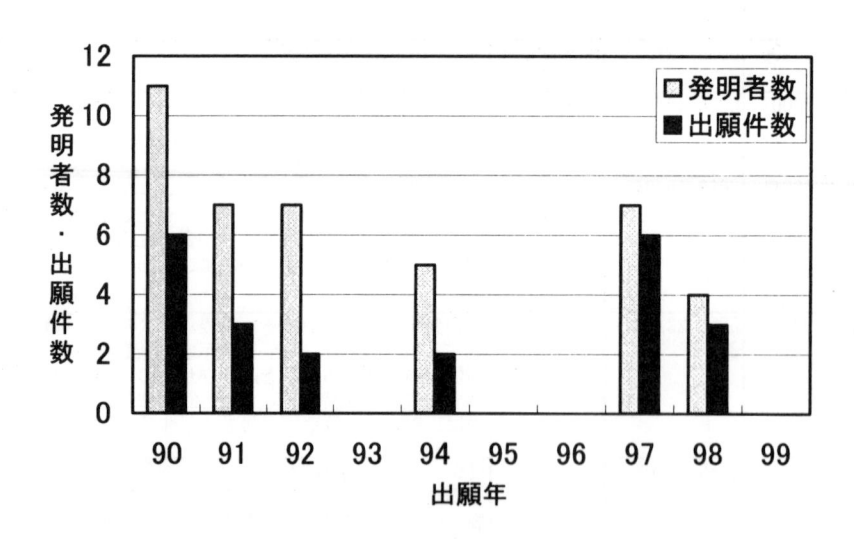

図 2.20.5-2 発明者数に対する出願件数の推移

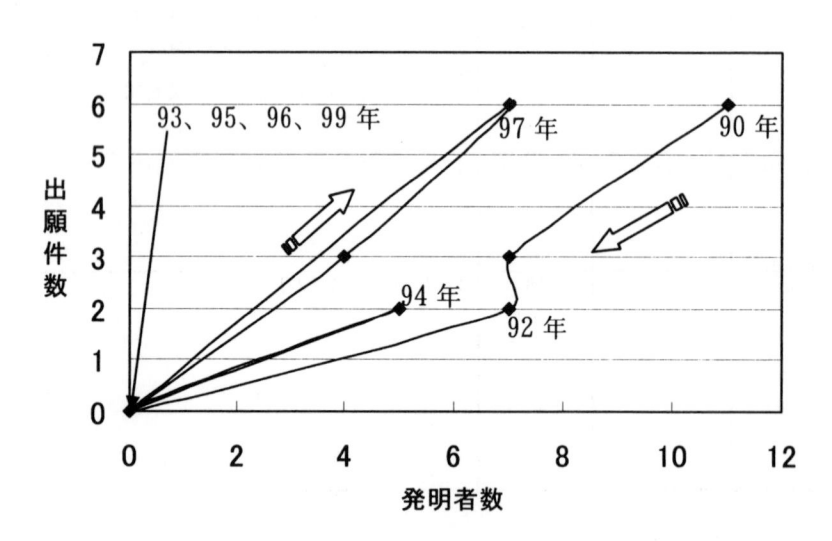

# 3. 主要企業の技術開発拠点

3.1 グローバル化・高速化技術

3.2 ネットワーク化技術

3.3 プログラム作成技術

3.4 小型化技術

3.5 RUN中変更技術

3.6 監視・安全技術

3.7 信頼性技術

3.8 表示技術

3.9 特殊機能技術

3.10 生産管理との連携技術

> **特許流通**
> **支援チャート**
>
> # 3．主要企業の技術開発拠点
>
> 日本では関東、東海、関西を中心に北は北海道から南は熊本県まで分布している。さらに海外では北米、欧州にもおよび幅広く展開されている。

　本章では、前述の主要企業20社の技術開発拠点を抽出し地図上に記載した。
具体的には、10技術要素のそれぞれに分類された主要企業20社の公報より、事業所名・住所・発明者人数を抽出しそれらを纏めたものである。事業所名および住所は、公報の発明者欄に記載されている内容により特定した。発明者数のカウントに関しては、各企業に属する同一人が複数の公報に記載されていた場合でも、同一人である限りは発明者数1とした。

## 3.1 グローバル化・高速化技術

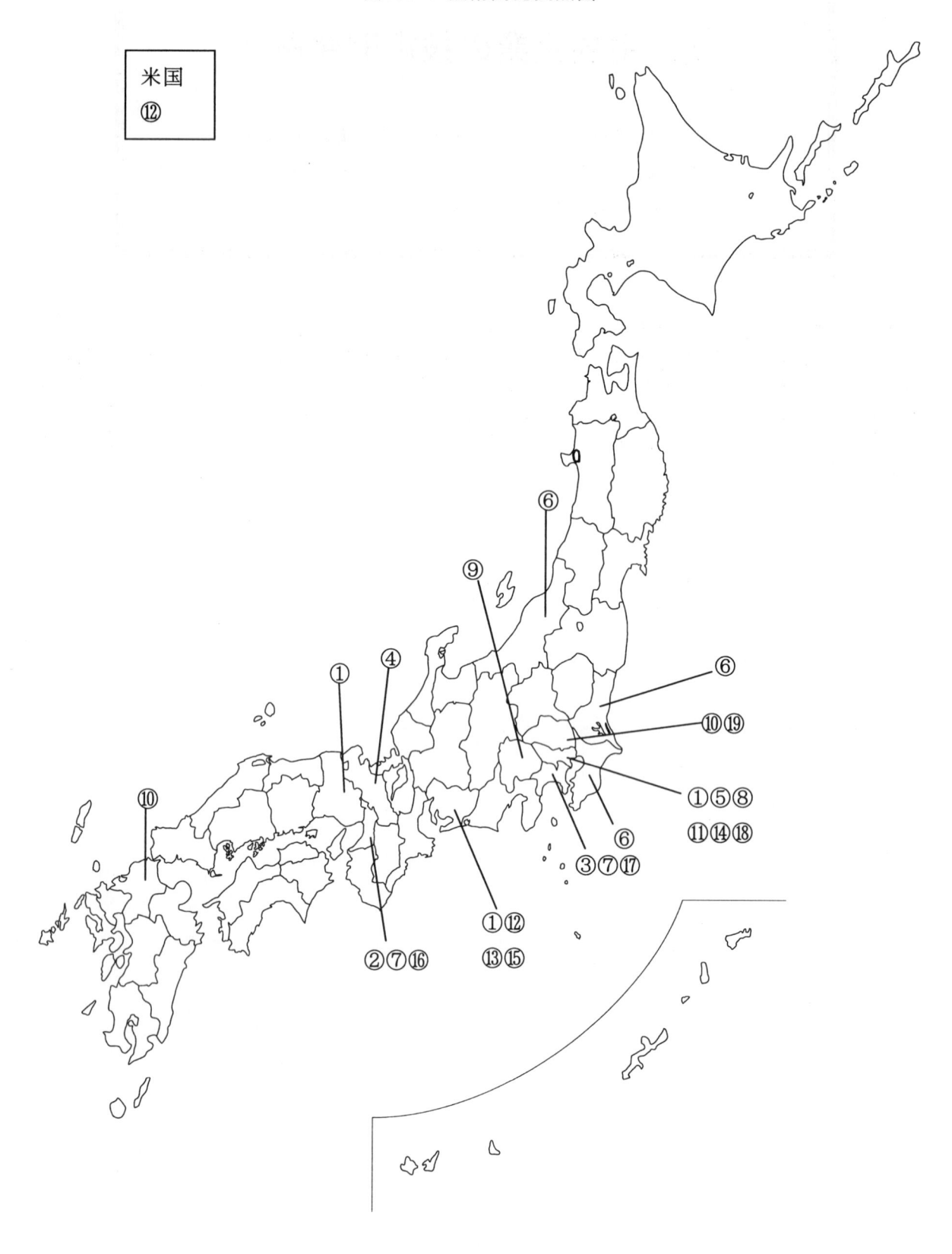

図3.1-1 技術開発拠点図

米国
⑫

表3.1-1 技術開発拠点一覧表

| NO. | 企業名 | 出願件数 | 事業所名 | 住所 | 発明者数 |
|---|---|---|---|---|---|
| 1 | 三菱電機 | 42 | 本社 | 東京都 | 23 |
| | | | 三菱電機エンジニアリング | 愛知県 | 5 |
| | | | | 東京都 | 2 |
| | | | 三菱電機エンジニアリング名古屋事業所 | 愛知県 | 3 |
| | | | 三菱電機コントロールソフトウェア | 兵庫県 | 2 |
| | | | 三菱電機メカトロニクスソフトウェア | 愛知県 | 9 |
| | | | 産業システム研究所 | 兵庫県 | 2 |
| | | | システムエル・エス・アイ研究所 | 兵庫県 | 3 |
| | | | 制御製作所 | 兵庫県 | 3 |
| | | | 姫路製作所 | 兵庫県 | 1 |
| | | | 名古屋製作所 | 愛知県 | 12 |
| 2 | 松下電工 | 30 | 本社 | 大阪府 | 14 |
| 3 | 富士電機 | 30 | 本社 | 神奈川県 | 21 |
| 4 | オムロン | 29 | 本社 | 京都府 | 31 |
| 5 | 東芝 | 20 | 日野工場 | 東京都 | 1 |
| | | | 府中工場 | 東京都 | 18 |
| 6 | 日立製作所 | 20 | 大みか工場 | 茨城県 | 16 |
| | | | 計測器事業部 | 茨城県 | 4 |
| | | | 産業機器事業部 | 新潟県 | 8 |
| | | | 産業機器事業部 | 千葉県 | 2 |
| | | | 日立研究所 | 茨城県 | 3 |
| 7 | 松下電器産業 | 17 | 本社 | 大阪府 | 23 |
| | | | 松下通信工業 | 神奈川県 | 1 |
| 8 | 横河電機 | 14 | 本社 | 東京都 | 15 |
| 9 | ファナック | 13 | 本社 | 山梨県 | 14 |
| | | | 商品開発研究所 | 山梨県 | 7 |
| 10 | 安川電機 | 11 | 東京工場 | 埼玉県 | 3 |
| | | | 小倉工場 | 福岡県 | 3 |
| | | | 本社 | 福岡県 | 4 |
| 11 | 明電舎 | 11 | 本社 | 東京都 | 1 |
| 12 | デンソー | 5 | 本社 | 愛知県 | 7 |
| | | | デンソー・アメリカ | 米国 | 2 |
| 13 | 豊田工機 | 4 | 本社 | 愛知県 | 11 |
| 14 | エフ エフ シー | 3 | 本社 | 東京都 | 2 |
| 15 | トヨタ自動車 | 3 | 本社 | 愛知県 | 7 |
| 16 | キーエンス | 2 | 本社 | 大阪府 | 2 |
| 17 | 日産自動車 | 2 | 本社 | 神奈川県 | 2 |
| 18 | キヤノン | 2 | 本社 | 東京都 | 5 |
| 19 | 本田技研工業 | 1 | ホンダエンジニアリング | 埼玉県 | 4 |

## 3.2 ネットワーク化技術

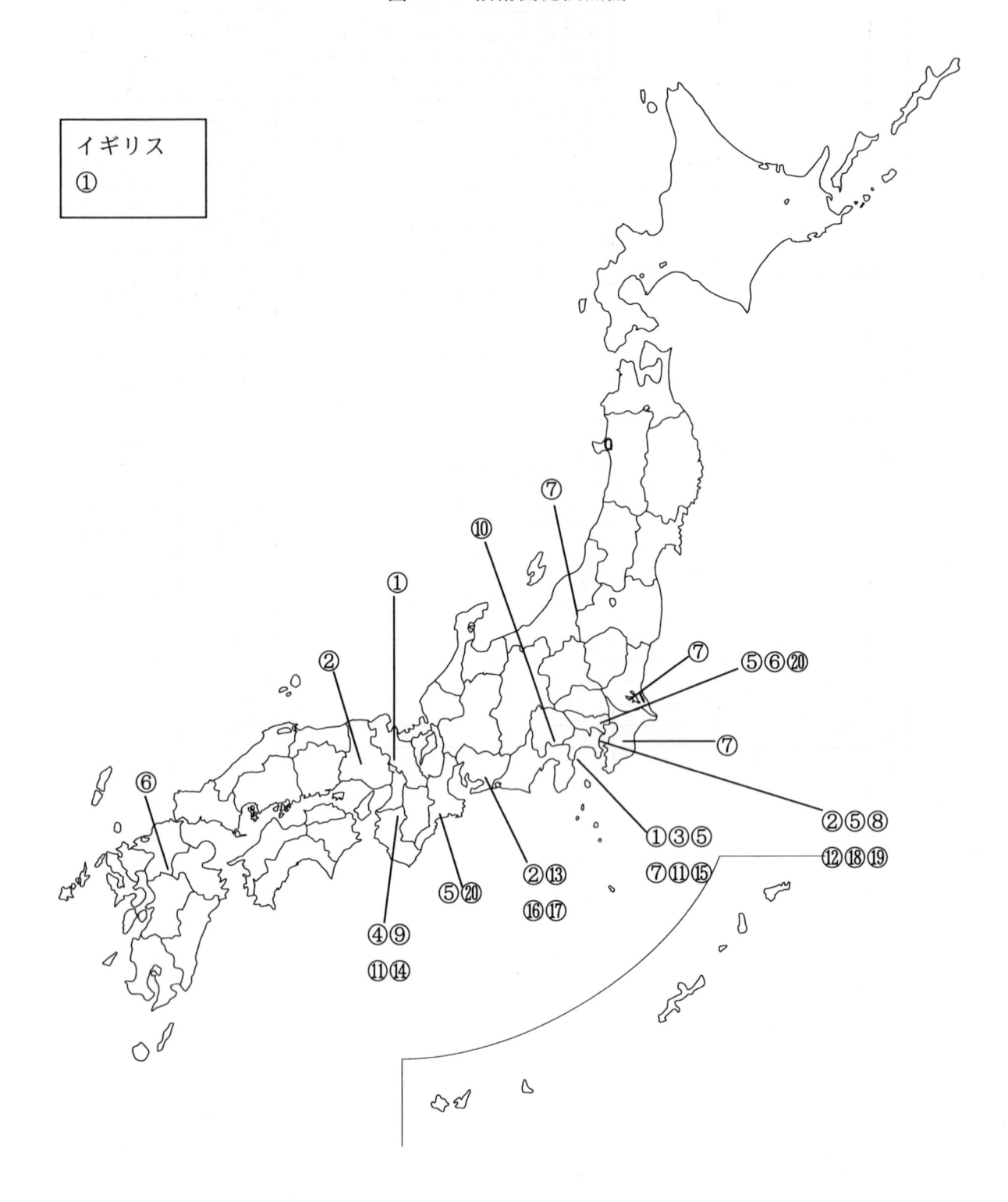

図3.2-1 技術開発拠点図

イギリス
①

表 3.2-1 技術開発拠点一覧表

| NO. | 企業名 | 出願件数 | 事業所名 | 住所 | 発明者数 |
|---|---|---|---|---|---|
| 1 | オムロン | 83 | 本社 | 京都府 | 64 |
| | | | オムロンエレクトロニクスエルティーディ | イギリス | 1 |
| | | | オムロンテクノカルト | 神奈川県 | 1 |
| 2 | 三菱電機 | 75 | 本社 | 東京都 | 22 |
| | | | 三菱電機エンジニアリング | 愛知県 | 4 |
| | | | 三菱電機エンジニアリング神戸事業所 | 兵庫県 | 1 |
| | | | 三菱電機エンジニアリング名古屋事業所 | 愛知県 | 1 |
| | | | 三菱電機コントロールソフトウェア | 兵庫県 | 2 |
| | | | 三菱電機メカトロニクスソフトウェア | 愛知県 | 28 |
| | | | 産業システム研究所 | 兵庫県 | 1 |
| | | | 制御製作所 | 兵庫県 | 3 |
| | | | 姫路製作所 | 兵庫県 | 1 |
| | | | 名古屋製作所 | 愛知県 | 23 |
| 3 | 富士電機 | 36 | 本社 | 神奈川県 | 37 |
| 4 | 松下電工 | 28 | 本社 | 大阪府 | 33 |
| 5 | 東芝 | 28 | 横浜事業所 | 神奈川県 | 1 |
| | | | 研究開発センター | 神奈川県 | 1 |
| | | | 三重工場 | 三重県 | 1 |
| | | | 深谷工場 | 埼玉県 | 1 |
| | | | 府中工場 | 東京都 | 33 |
| 6 | 安川電機 | 24 | 本社 | 福岡県 | 18 |
| | | | 小倉工場 | 福岡県 | 8 |
| | | | 東京工場 | 埼玉県 | 4 |
| 7 | 日立製作所 | 21 | ビジネスシステム開発センタ | 神奈川県 | 1 |
| | | | 機械研究所 | 茨城県 | 2 |
| | | | 計測器事業部 | 茨城県 | 1 |
| | | | 産業機器事業部 | 新潟県 | 11 |
| | | | 産業機器事業部 | 千葉県 | 12 |
| | | | 自動車機器事業部 | 茨城県 | 2 |
| | | | 大みか工場 | 茨城県 | 8 |
| | | | 日立研究所 | 茨城県 | 4 |
| 8 | 横河電機 | 18 | 本社 | 東京都 | 16 |
| 9 | デジタル | 14 | 本社 | 大阪府 | 8 |
| 10 | ファナック | 10 | 本社 | 山梨県 | 10 |
| | | | 商品開発研究所 | 山梨県 | 6 |
| 11 | 松下電器産業 | 9 | 松下通信工業 | 神奈川県 | 2 |
| | | | 松下電器産業 | 大阪府 | 13 |
| 12 | 明電舎 | 7 | 本社 | 東京都 | 5 |
| 13 | トヨタ自動車 | 7 | 本社 | 愛知県 | 8 |
| 14 | キーエンス | 5 | 本社 | 大阪府 | 3 |
| 15 | 日産自動車 | 5 | 本社 | 神奈川県 | 3 |
| 16 | デンソー | 5 | 本社 | 愛知県 | 10 |
| 17 | 豊田工機 | 8 | 本社 | 愛知県 | 7 |
| 18 | キヤノン | 4 | 本社 | 東京都 | 6 |
| 19 | エフ エフ シー | 10 | 本社 | 東京都 | 6 |
| 20 | 本田技研工業 | 3 | ホンダエンジニアリング | 埼玉県 | 2 |
| | | | －(*) | 三重県 | 2 |
| | | | 鈴鹿製作所 | 三重県 | 2 |

(*)公報に事業所名の記載がない。

## 3.3 プログラム作成技術

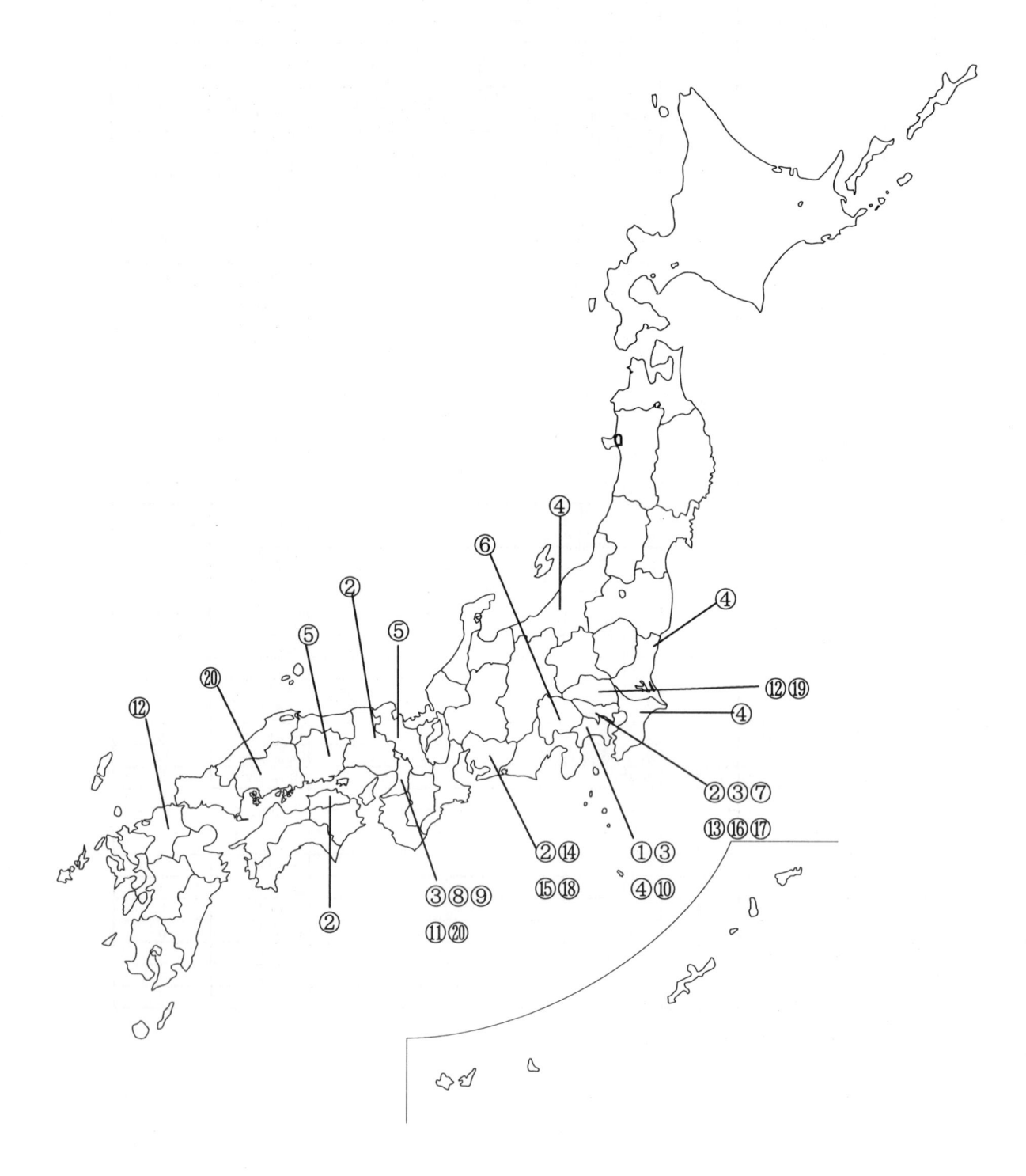

図3.3-1 技術開発拠点図

表3.3-1 技術開発拠点一覧表

| no. | 企業名 | 出願件数 | 事業所名 | 住所 | 発明者数 |
|---|---|---|---|---|---|
| 1 | 富士電機 | 86 | 本社 | 神奈川県 | 51 |
| 2 | 三菱電機 | 77 | 稲沢製作所 | 愛知県 | 3 |
| | | | 丸亀製作所 | 香川県 | 1 |
| | | | 本社 | 東京都 | 30 |
| | | | 三菱電機 | 愛知県 | 2 |
| | | | 三菱電機エンジニアリング | 東京都 | 5 |
| | | | 三菱電機エンジニアリング | 愛知県 | 2 |
| | | | 三菱電機エンジニアリング姫路事業所 | 兵庫県 | 3 |
| | | | 三菱電機コントロールソフトウェア | 兵庫県 | 1 |
| | | | 三菱電機メカトロニクスソフトウェア | 愛知県 | 38 |
| | | | 制御製作所 | 兵庫県 | 4 |
| | | | 名古屋製作所 | 愛知県 | 14 |
| 3 | 東芝 | 53 | 横浜事業所 | 神奈川県 | 1 |
| | | | 関西支店 | 大阪府 | 1 |
| | | | 京浜事業所 | 神奈川県 | 1 |
| | | | 研究開発センター | 神奈川県 | 3 |
| | | | 総合研究所 | 神奈川県 | 2 |
| | | | 府中工場 | 神奈川県 | 1 |
| | | | 府中工場 | 東京都 | 36 |
| | | | 本社事務所 | 東京都 | 3 |
| | | | 柳町工場 | 神奈川県 | 5 |
| 4 | 日立製作所 | 53 | エネルギー研究所 | 茨城県 | 8 |
| | | | オフィスシステム事業部 | 神奈川県 | 5 |
| | | | 機械研究所 | 茨城県 | 2 |
| | | | 計測器事業部 | 茨城県 | 5 |
| | | | 国分工場 | 茨城県 | 1 |
| | | | 産業機器事業部 | 新潟県 | 14 |
| | | | 産業機器事業部 | 千葉県 | 10 |
| | | | 水戸工場 | 茨城県 | 3 |
| | | | 生産技術研究所 | 神奈川県 | 2 |
| | | | 大みか工場 | 茨城県 | 34 |
| | | | 電力・電機開発本部 | 茨城県 | 1 |
| | | | 日立研究所 | 茨城県 | 4 |
| 5 | オムロン | 51 | 本社 | 京都府 | 50 |
| | | | オムロン岡山 | 岡山県 | 2 |
| 6 | ファナック | 33 | 本社 | 山梨県 | 17 |
| | | | 商品開発研究所 | 山梨県 | 7 |
| 7 | エフエフシー | 27 | 本社 | 東京都 | 10 |
| 8 | 松下電工 | 25 | 本社 | 大阪府 | 21 |
| 9 | デジタル | 24 | 本社 | 大阪府 | 14 |
| 10 | 日産自動車 | 20 | 本社 | 神奈川県 | 20 |
| 11 | キーエンス | 17 | 本社 | 大阪府 | 12 |
| 12 | 安川電機 | 16 | 本社 | 福岡県 | 6 |
| | | | 小倉工場 | 福岡県 | 9 |
| | | | 東京工場 | 埼玉県 | 1 |
| 13 | 横河電機 | 12 | 本社 | 東京都 | 13 |
| 14 | デンソー | 11 | 本社 | 愛知県 | 13 |
| 15 | 豊田工機 | 11 | 本社 | 愛知県 | 12 |
| 16 | 明電舎 | 9 | 本社 | 東京都 | 7 |
| 17 | キヤノン | 5 | 本社 | 東京都 | 11 |
| 18 | トヨタ自動車 | 8 | 本社 | 愛知県 | 6 |
| 19 | 本田技研工業 | 7 | ホンダエンジニアリング | 埼玉県 | 16 |
| 20 | 松下電器産業 | 6 | 本社 | 大阪府 | 6 |
| | | | 情報システム広島研究所 | 広島県 | 5 |

# 3.4 小型化技術

図3.4-1 技術開発拠点図

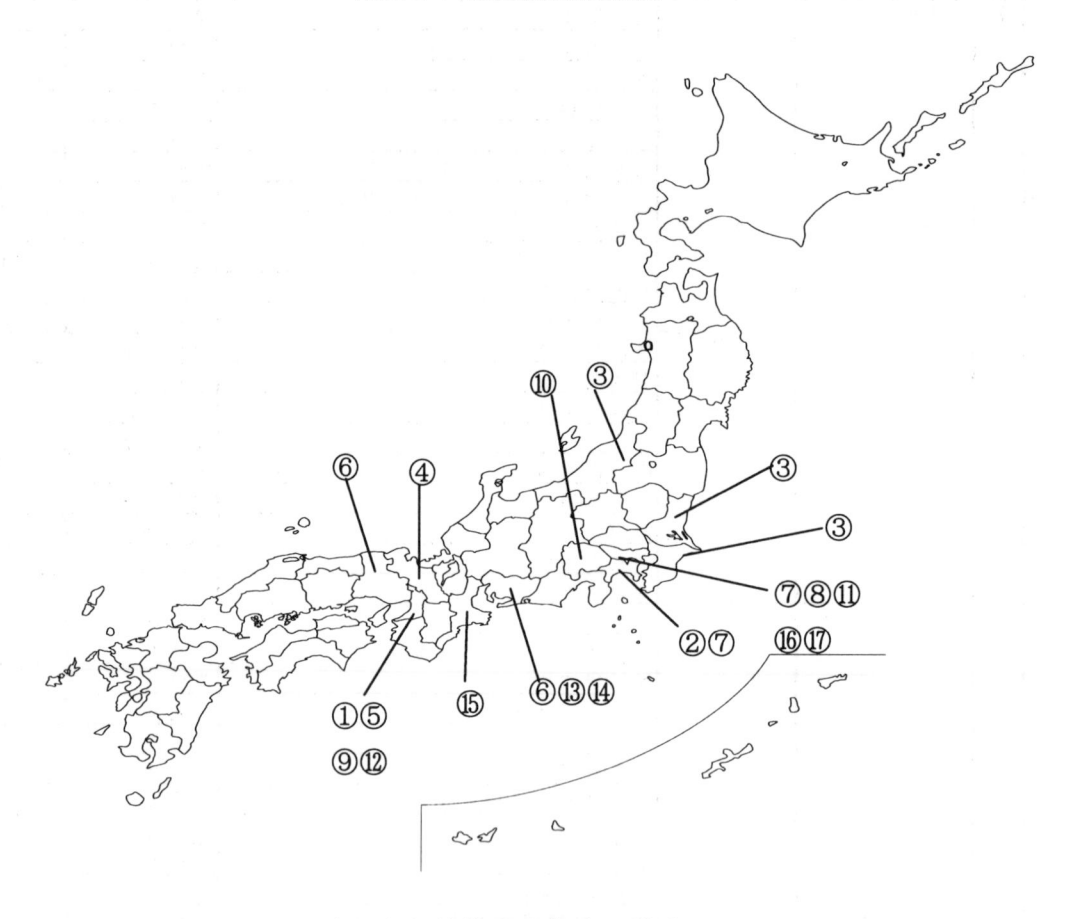

表3.4-1 技術開発拠点一覧表

| no. | 企業名 | 出願件数 | 事業所名 | 住所 | 発明者数 |
|---|---|---|---|---|---|
| 1 | 松下電工 | 12 | 本社 | 大阪府 | 15 |
| 2 | 富士電機 | 7 | 本社 | 神奈川県 | 13 |
| 3 | 日立製作所 | 5 | 産業機器事業部 | 新潟県 | 2 |
|   |   |   | 産業機器事業部 | 千葉県 | 1 |
|   |   |   | 大みか工場 | 茨城県 | 3 |
| 4 | オムロン | 5 | 本社 | 京都府 | 7 |
| 5 | キーエンス | 4 | 本社 | 大阪府 | 7 |
| 6 | 三菱電機 | 4 | 三菱電機エンジニアリング | 兵庫県 | 2 |
|   |   |   | 三菱電機メカトロニクスソフトウェア | 愛知県 | 2 |
|   |   |   | 名古屋製作所 | 愛知県 | 1 |
| 7 | 東芝 | 4 | 府中工場 | 東京都 | 3 |
|   |   |   | 生産技術研究所 | 神奈川県 | 1 |
| 8 | キヤノン | 3 | 本社 | 東京都 | 8 |
| 9 | デジタル | 2 | 本社 | 大阪府 | 1 |
| 10 | ファナック | 1 | 本社 | 山梨県 | 1 |
| 11 | 横河電機 | 2 | 本社 | 東京都 | 5 |
| 12 | 松下電器産業 | 2 | 本社 | 大阪府 | 2 |
| 13 | デンソー | 2 | 本社 | 愛知県 | 2 |
| 14 | 豊田工機 | 2 | 本社 | 愛知県 | 5 |
| 15 | 本田技研工業 | 2 | ー(*) | 三重県 | 2 |
| 16 | 明電舎 | 1 | 本社 | 東京都 | 1 |
| 17 | エフ エフ シー | 1 | 本社 | 東京都 | 1 |

(*)公報に事業所名の記載がない。

## 3.5 RUN中変更技術

図3.5-1 技術開発拠点図

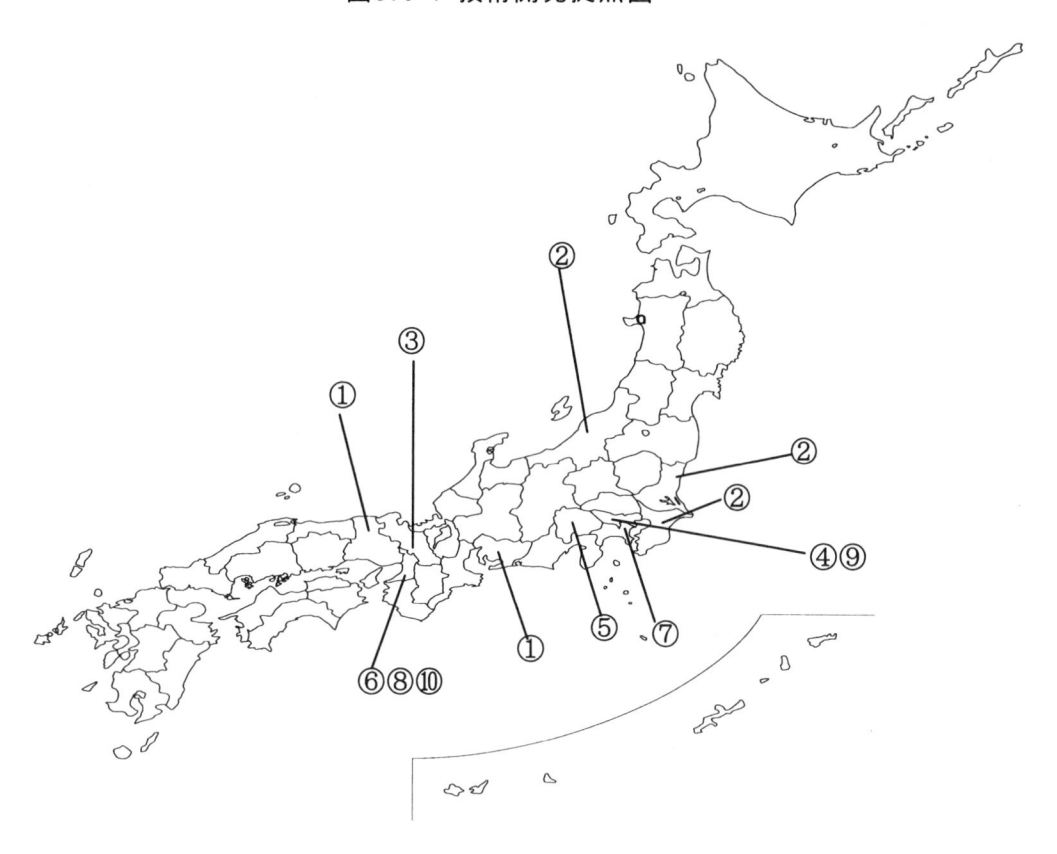

表3.5-1 技術開発拠点一覧表

| no. | 企業名 | 出願件数 | 事業所名 | 住所 | 発明者数 |
|---|---|---|---|---|---|
| 1 | 三菱電機 | 7 | 三菱電機メカトロニクスソフトウェア | 愛知県 | 7 |
|   |   |   | 制御製作所 | 兵庫県 | 2 |
|   |   |   | 姫路製作所 | 兵庫県 | 1 |
|   |   |   | 名古屋製作所 | 愛知県 | 1 |
| 2 | 日立製作所 | 6 | 産業機器事業部 | 新潟県 | 4 |
|   |   |   | 産業機器事業部 | 千葉県 | 4 |
|   |   |   | 大みか工場 | 茨城県 | 3 |
| 3 | オムロン | 5 | 本社 | 京都府 | 5 |
| 4 | 東芝 | 3 | 府中工場 | 東京都 | 5 |
| 5 | ファナック | 3 | 本社 | 山梨県 | 3 |
|   |   |   | 商品開発研究所 | 山梨県 | 1 |
| 6 | キーエンス | 3 | 本社 | 大阪府 | 4 |
| 7 | 富士電機 | 1 | 本社 | 神奈川県 | 1 |
| 8 | 松下電工 | 1 | 本社 | 大阪府 | 1 |
| 9 | 横河電機 | 1 | 本社 | 東京都 | 2 |
| 10 | 松下電器産業 | 1 | 本社 | 大阪府 | 2 |

# 3.6 監視・安全技術

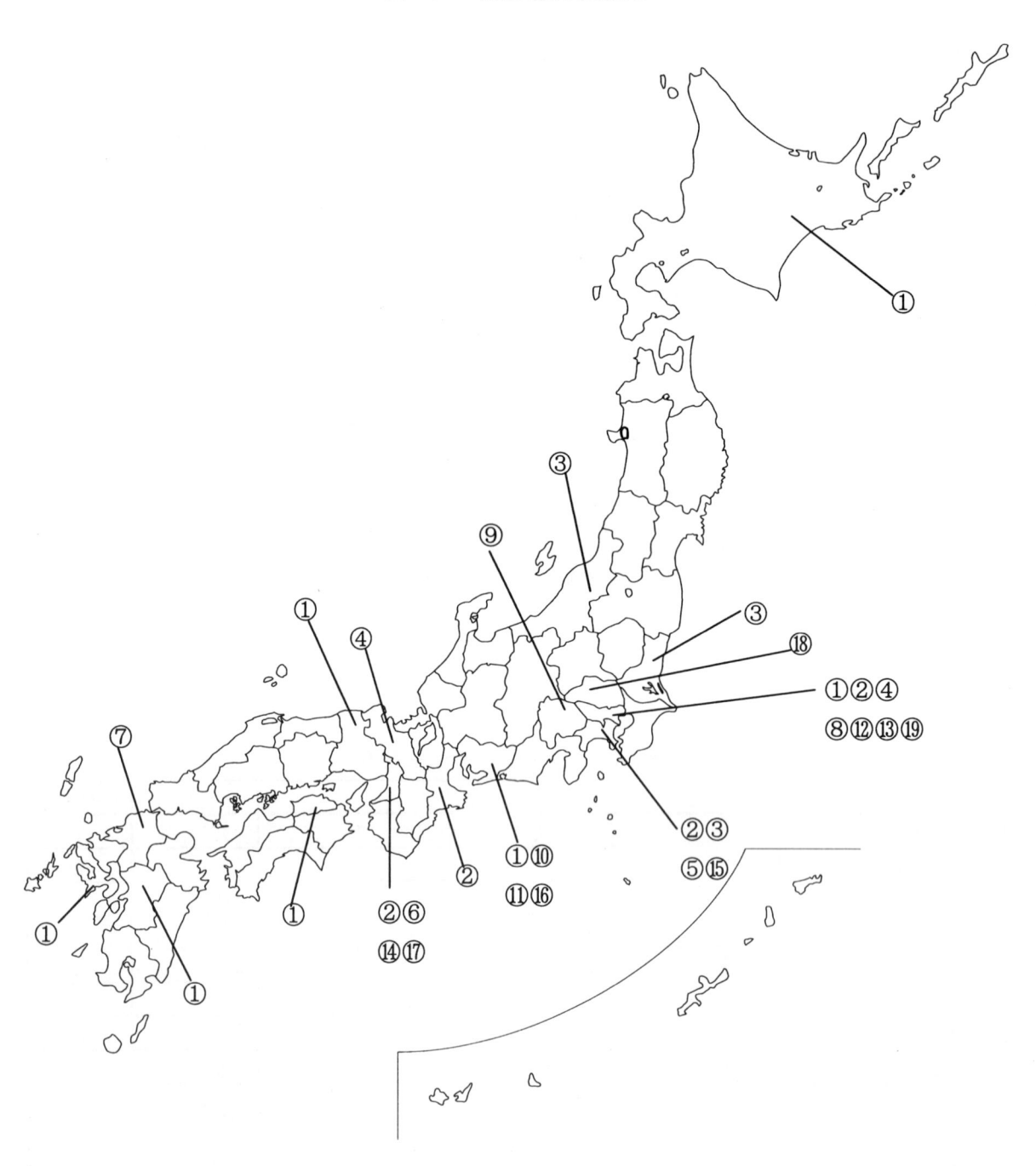

図3.6-1 技術開発拠点図

表3.6-1 技術開発拠点一覧表

| no. | 企業名 | 出願件数 | 事業所名 | 住所 | 発明者数 |
|---|---|---|---|---|---|
| 1 | 三菱電機 | 33 | 本社 | 東京都 | 11 |
|   |   |   | 名古屋製作所 | 愛知県 | 10 |
|   |   |   | 制御製作所 | 兵庫県 | 1 |
|   |   |   | 北伊丹製作所 | 兵庫県 | 1 |
|   |   |   | 熊本製作所 | 熊本県 | 2 |
|   |   |   | 丸亀製作所 | 香川県 | 2 |
|   |   |   | 北海道支店 | 北海道 | 1 |
|   |   |   | 三菱電機メカトロニクスソフトウェア | 愛知県 | 17 |
|   |   |   | 三菱電機コントロールソフトウェア | 長崎県 | 1 |
|   |   |   | 三菱電機エンジニアリング | 東京都 | 1 |
| 2 | 東芝 | 26 | 府中工場 | 東京都 | 19 |
|   |   |   | 三重工場 | 三重県 | 2 |
|   |   |   | 横浜事業所 | 神奈川県 | 3 |
|   |   |   | 研究開発センター | 神奈川県 | 1 |
|   |   |   | 関西支店 | 大阪府 | 1 |
|   |   |   | 本社事務所 | 東京都 | 2 |
| 3 | 日立製作所 | 18 | 大みか工場 | 茨城県 | 16 |
|   |   |   | 産業機器事業部 | 新潟県 | 6 |
|   |   |   | 計測器事業部 | 茨城県 | 3 |
|   |   |   | 計測器グループ | 茨城県 | 2 |
|   |   |   | 生産技術研究所 | 神奈川県 | 2 |
| 4 | オムロン | 18 | 本社 | 京都府 | 27 |
|   |   |   | オムロンデータゼネラル | 東京都 | 1 |
| 5 | 富士電機 | 16 | 本社 | 神奈川県 | 12 |
| 6 | 松下電工 | 14 | 本社 | 大阪府 | 18 |
| 7 | 安川電機 | 8 | 小倉工場 | 福岡県 | 9 |
| 8 | 横河電機 | 7 | 本社 | 東京都 | 10 |
| 9 | ファナック | 5 | 本社 | 山梨県 | 5 |
|   |   |   | 商品開発研究所 | 山梨県 | 1 |
| 10 | デンソー | 5 | 本社 | 愛知県 | 8 |
| 11 | 豊田工機 | 5 | 本社 | 愛知県 | 9 |
| 12 | 明電舎 | 5 | 本社 | 東京都 | 4 |
| 13 | キヤノン | 4 | 本社 | 東京都 | 4 |
| 14 | 松下電器産業 | 4 | 本社 | 大阪府 | 5 |
| 15 | 日産自動車 | 4 | 本社 | 神奈川県 | 5 |
| 16 | トヨタ自動車 | 3 | 本社 | 愛知県 | 5 |
| 17 | キーエンス | 1 | 本社 | 大阪府 | 1 |
| 18 | 本田技研工業 | 2 | ホンダエンジニアリング | 埼玉県 | 3 |
|   |   |   | 本田技術研究所 | 埼玉県 | 2 |
| 19 | エフ エフ シー | 1 | 本社 | 東京都 | 1 |

## 3.7 信頼性技術

図3.7-1 技術開発拠点図

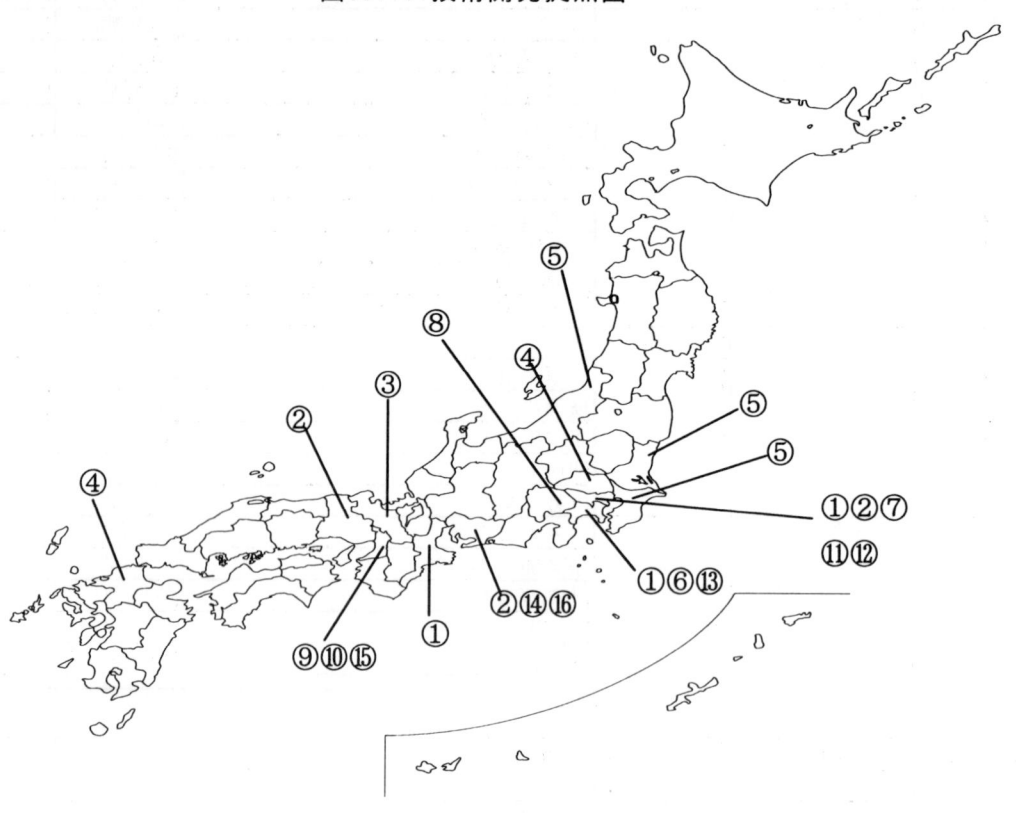

表3.7-1 技術開発拠点一覧表

| no. | 企業名 | 出願件数 | 事業所名 | 住所 | 発明者数 |
|---|---|---|---|---|---|
| 1 | 東芝 | 38 | 府中工場 | 東京都 | 25 |
| | | | 三重工場 | 三重県 | 4 |
| | | | 小向工場 | 神奈川県 | 1 |
| | | | 総合研究所 | 神奈川県 | 1 |
| | | | 本社事務所 | 東京都 | 2 |
| 2 | 三菱電機 | 14 | 本社 | 東京都 | 5 |
| | | | 名古屋製作所 | 愛知県 | 2 |
| | | | 制御製作所 | 兵庫県 | 3 |
| | | | 三菱電機メカトロニクスソフトウェア | 愛知県 | 5 |
| | | | 三菱電機コントロールソフトウェア | 兵庫県 | 1 |
| | | | 三菱電機エンジニアリング | 愛知県 | 1 |
| 3 | オムロン | 13 | 本社 | 京都府 | 24 |
| 4 | 安川電機 | 9 | 本社 | 福岡県 | 4 |
| | | | 小倉工場 | 福岡県 | 2 |
| | | | 東京工場 | 埼玉県 | 1 |
| 5 | 日立製作所 | 8 | 大みか工場 | 茨城県 | 11 |
| | | | 産業機器事業部 | 新潟県 | 3 |
| | | | 産業機器事業部 | 千葉県 | 1 |
| | | | 計測器事業部 | 茨城県 | 1 |
| 6 | 富士電機 | 8 | 本社 | 神奈川県 | 9 |
| 7 | 明電舎 | 4 | 明電舎 | 東京都 | 4 |
| 8 | ファナック | 3 | 明電舎 | 山梨県 | 6 |
| | | | 商品開発研究所 | 山梨県 | 2 |
| 9 | 松下電工 | 3 | 本社 | 大阪府 | 3 |
| 10 | キーエンス | 2 | 本社 | 大阪府 | 2 |
| 11 | キヤノン | 2 | 本社 | 東京都 | 15 |
| 12 | 横河電機 | 2 | 本社 | 東京都 | 2 |
| 13 | 日産自動車 | 2 | 本社 | 神奈川県 | 1 |
| 14 | トヨタ自動車 | 1 | 本社 | 愛知県 | 1 |
| 15 | 松下電器産業 | 1 | 本社 | 大阪府 | 2 |
| 16 | デンソー | 1 | 本社 | 愛知県 | 1 |

## 3.8 表示技術

図3.8-1 技術開発拠点図

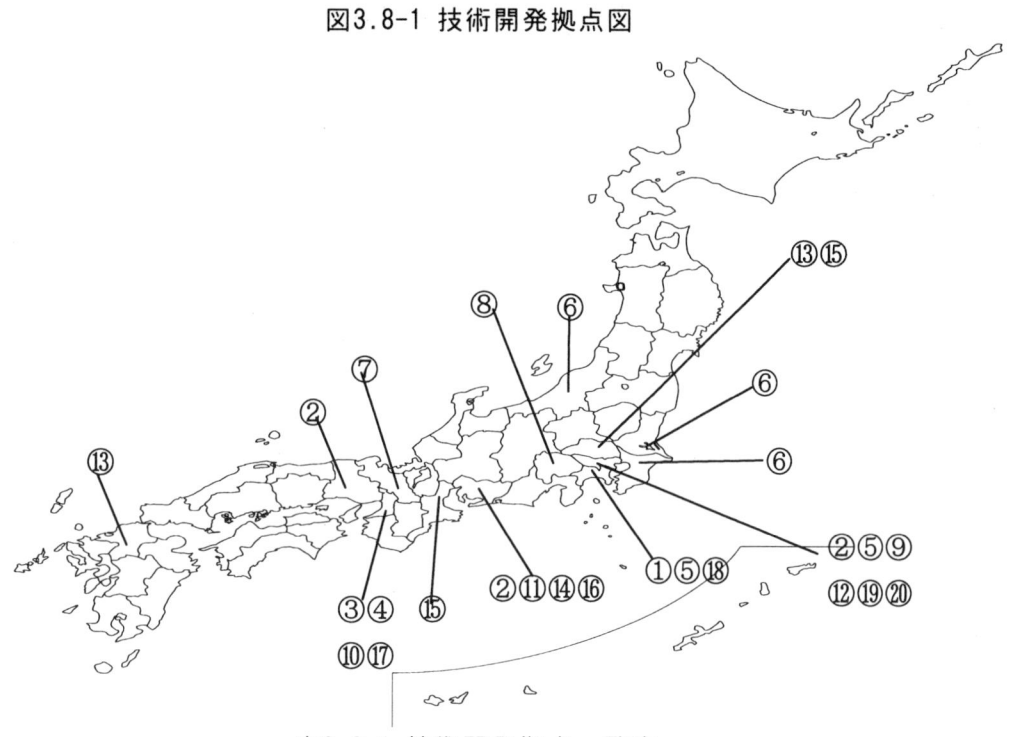

表3.8-1 技術開発拠点一覧表

| no. | 企業名 | 出願件数 | 事業所名 | 住所 | 発明者数 |
|---|---|---|---|---|---|
| 1 | 富士電機 | 24 | 本社 | 神奈川県 | 18 |
| 2 | 三菱電機 | 20 | 本社 | 東京都 | 1 |
|   |   |   | 名古屋製作所 | 愛知県 | 8 |
|   |   |   | 姫路製作所 | 兵庫県 | 1 |
|   |   |   | 三菱電機メカトロニクスソフトウェア | 愛知県 | 7 |
|   |   |   | 三菱電機コントロールソフトウェア | 兵庫県 | 1 |
|   |   |   | 三菱電機エンジニアリング | 東京都 | 3 |
|   |   |   | 三菱電機エンジニアリング | 愛知県 | 2 |
| 3 | 松下電工 | 18 | 本社 | 大阪府 | 18 |
| 4 | キーエンス | 14 | 本社 | 大阪府 | 9 |
| 5 | 東芝 | 13 | 府中工場 | 東京都 | 11 |
|   |   |   | 横浜事業所 | 神奈川県 | 5 |
|   |   |   | 本社事務所 | 東京都 | 1 |
| 6 | 日立製作所 | 12 | 大みか工場 | 茨城県 | 6 |
|   |   |   | 産業機器事業部 | 新潟県 | 3 |
|   |   |   | 産業機器事業部 | 千葉県 | 2 |
|   |   |   | 計測器事業部 | 茨城県 | 1 |
|   |   |   | 日立工場 | 茨城県 | 2 |
|   |   |   | 電力・電機開発本部 | 茨城県 | 1 |
|   |   |   | エネルギー研究所 | 茨城県 | 4 |
| 7 | オムロン | 12 | 本社 | 京都府 | 13 |
| 8 | ファナック | 7 | 本社 | 山梨県 | 10 |
| 9 | エフエフシー | 6 | 本社 | 東京都 | 4 |
| 10 | デジタル | 6 | 本社 | 大阪府 | 6 |
| 11 | トヨタ自動車 | 6 | 本社 | 愛知県 | 5 |
| 12 | 横河電機 | 6 | 本社 | 東京都 | 7 |
| 13 | 安川電機 | 4 | 本社 | 福岡県 | 3 |
|   |   |   | 東京工場 | 埼玉県 | 2 |
| 14 | 豊田工機 | 4 | 本社 | 愛知県 | 5 |
| 15 | 本田技研工業 | 4 | ホンダエンジニアリング | 埼玉県 | 5 |
|   |   |   | −(*) | 埼玉県 | 3 |
|   |   |   | −(*) | 三重県 | 3 |
| 16 | デンソー | 3 | 本社 | 愛知県 | 4 |
| 17 | 松下電器産業 | 2 | 本社 | 大阪府 | 4 |
| 18 | 日産自動車 | 2 | 本社 | 神奈川県 | 2 |
| 19 | 明電舎 | 2 | 本社 | 東京都 | 3 |
| 20 | キヤノン | 1 | 本社 | 東京都 | 2 |

(*)公報に事業所名の記載がない。

## 3.9 特殊機能技術

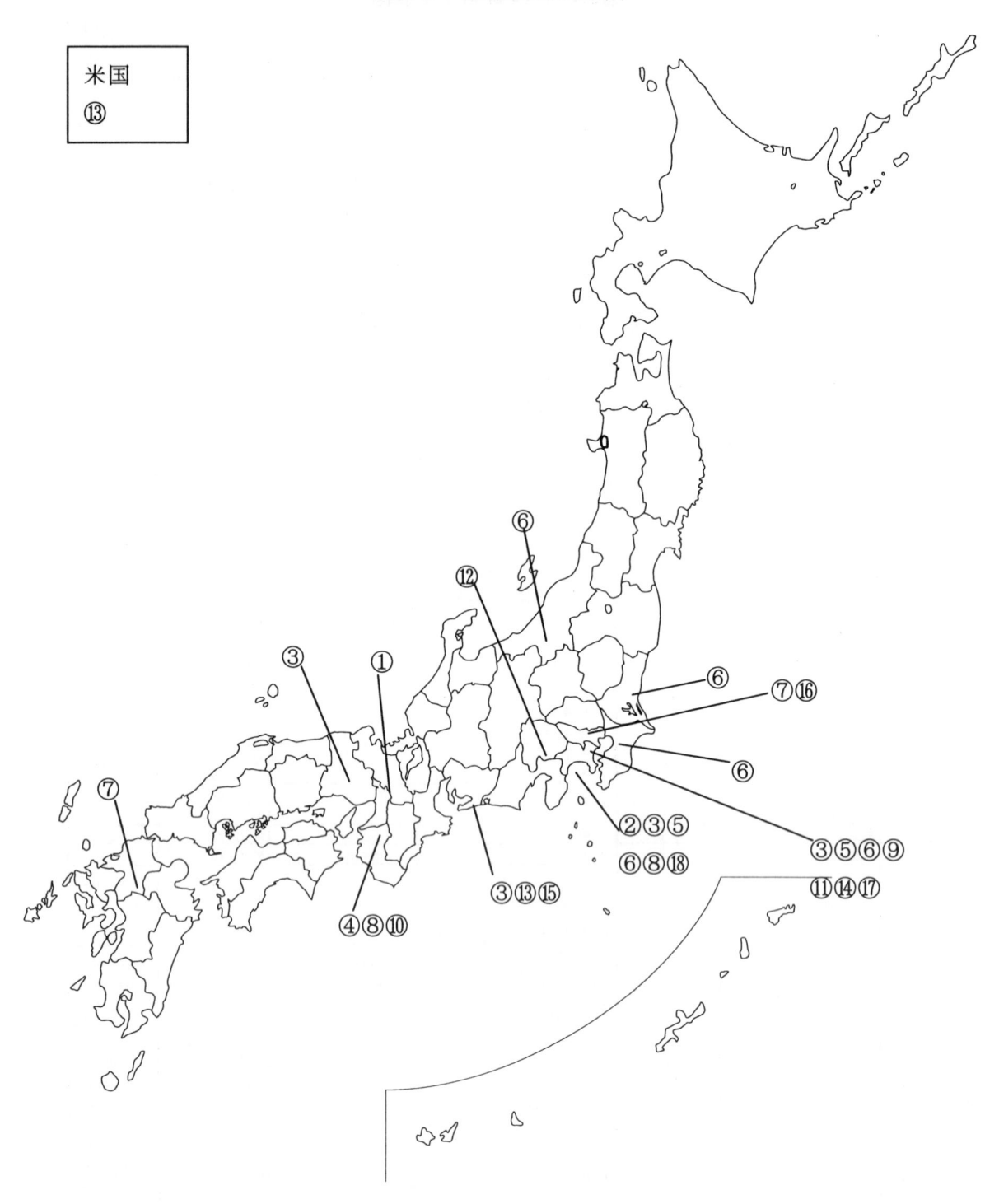

図3.9-1 技術開発拠点図

米国
⑬

表3.9-1 技術開発拠点一覧表

| no. | 企業名 | 出願件数 | 事業所名 | 住所 | 発明者数 |
|---|---|---|---|---|---|
| 1 | オムロン | 21 | 本社 | 京都府 | 28 |
| 2 | 富士電機 | 15 | 本社 | 神奈川県 | 14 |
| 3 | 三菱電機 | 13 | 三菱電機 | 愛知県 | 1 |
|   |   |   | 本社 | 東京都 | 4 |
|   |   |   | 制御製作所 | 兵庫県 | 1 |
|   |   |   | 姫路製作所 | 兵庫県 | 1 |
|   |   |   | 北伊丹製作所 | 兵庫県 | 1 |
|   |   |   | 名古屋製作所 | 愛知県 | 2 |
|   |   |   | 通信システム研究所 | 神奈川県 | 1 |
|   |   |   | エル・エス・アイ研究所 | 兵庫県 | 2 |
|   |   |   | 三菱電機メカトロニクスソフトウェア | 愛知県 | 3 |
|   |   |   | 三菱電機エンジニアリング | 愛知県 | 2 |
| 4 | 松下電工 | 13 | 本社 | 大阪府 | 17 |
| 5 | 東芝 | 10 | 府中工場 | 東京都 | 8 |
|   |   |   | 柳町工場 | 神奈川県 | 1 |
|   |   |   | 横浜事業所 | 神奈川県 | 1 |
|   |   |   | 研究開発センター | 神奈川県 | 1 |
| 6 | 日立製作所 | 9 | 大みか工場 | 茨城県 | 1 |
|   |   |   | 産業機器事業部 | 千葉県 | 3 |
|   |   |   | 産業機器事業部 | 新潟県 | 1 |
|   |   |   | 日立研究所 | 茨城県 | 7 |
|   |   |   | 那珂工場 | 茨城県 | 2 |
|   |   |   | 自動車機器事業部 | 茨城県 | 2 |
|   |   |   | 生産技術研究所 | 神奈川県 | 4 |
|   |   |   | デバイス開発センタ | 東京都 | 4 |
| 7 | 安川電機 | 8 | 本社 | 福岡県 | 9 |
|   |   |   | 小倉工場 | 福岡県 | 1 |
|   |   |   | 東京工場 | 埼玉県 | 1 |
| 8 | 松下電器産業 | 5 | 本社 | 大阪府 | 5 |
|   |   |   | 松下技研 | 神奈川県 | 1 |
| 9 | 横河電機 | 3 | 本社 | 東京都 | 3 |
| 10 | キーエンス | 4 | 本社 | 大阪府 | 6 |
| 11 | エフ エフ シー | 3 | 本社 | 東京都 | 4 |
| 12 | ファナック | 3 | 本社 | 山梨県 | 5 |
| 13 | デンソー | 3 | 本社 | 愛知県 | 5 |
|   |   |   | デンソー・アメリカ | 米国 | 2 |
| 14 | キヤノン | 2 | 本社 | 東京都 | 2 |
| 15 | トヨタ自動車 | 2 | 本社 | 愛知県 | 2 |
| 16 | 本田技研工業 | 2 | ホンダエンジニアリング | 埼玉県 | 4 |
| 17 | 明電舎 | 2 | 本社 | 東京都 | 2 |
| 18 | 日産自動車 | 1 | 本社 | 神奈川県 | 1 |

## 3.10 生産管理との連携技術

図3.10-1 技術開発拠点図

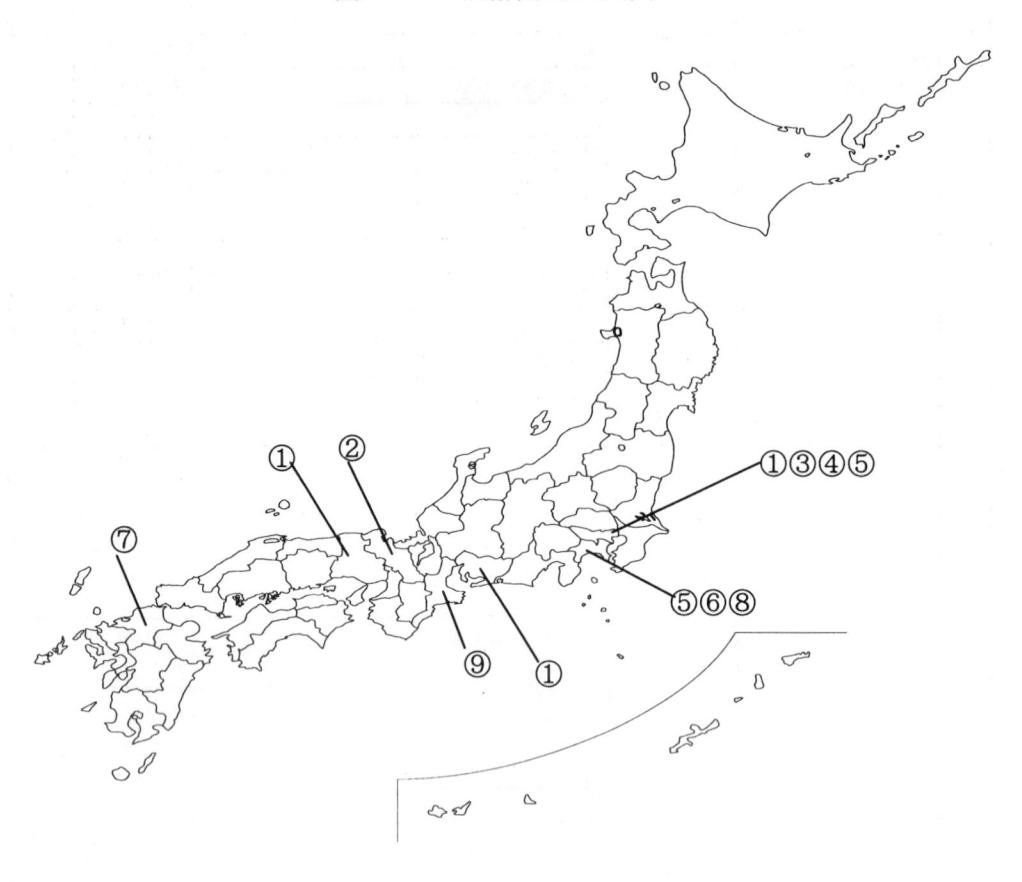

表3.10-1 技術開発拠点一覧表

| no. | 企業名 | 出願件数 | 事業所名 | 住所 | 発明者数 |
|---|---|---|---|---|---|
| 1 | 三菱電機 | 5 | 本社 | 東京都 | 1 |
| | | | 北伊丹製作所 | 兵庫県 | 1 |
| | | | 三菱電機メカトロニクスソフトウェア | 愛知県 | 2 |
| | | | 三菱電機エンジニアリング | 東京都 | 2 |
| | | | 三菱電機エンジニアリング | 愛知県 | 1 |
| 2 | オムロン | 3 | 本社 | 京都府 | 6 |
| 3 | キヤノン | 3 | 本社 | 東京都 | 5 |
| 4 | 横河電機 | 3 | 本社 | 東京都 | 5 |
| 5 | 東芝 | 3 | 府中工場 | 東京都 | 3 |
| | | | 生産技術研究所 | 神奈川県 | 3 |
| 6 | 日産自動車 | 2 | 本社 | 神奈川県 | 2 |
| 7 | 安川電機 | 1 | 本社 | 福岡県 | 1 |
| 8 | 富士電機 | 1 | 本社 | 神奈川県 | 3 |
| 9 | 本田技研工業 | 1 | 鈴鹿製作所 | 三重県 | 2 |

## 資料

1. 工業所有権総合情報館と特許流通促進事業
2. 特許流通アドバイザー一覧
3. 特許電子図書館情報検索指導アドバイザー一覧
4. 知的所有権センター一覧
5. 平成13年度25技術テーマの特許流通の概要
6. 特許番号一覧

# 資料1．工業所有権総合情報館と特許流通促進事業

　特許庁工業所有権総合情報館は、明治20年に特許局官制が施行され、農商務省特許局庶務部内に図書館を置き、図書等の保管・閲覧を開始したことにより、組織上のスタートを切りました。

　その後、我が国が明治32年に「工業所有権の保護等に関するパリ同盟条約」に加入することにより、同条約に基づく公報等の閲覧を行う中央資料館として、国際的な地位を獲得しました。

　平成9年からは、工業所有権相談業務と情報流通業務を新たに加え、総合的な情報提供機関として、その役割を果たしております。さらに平成13年4月以降は、独立行政法人工業所有権総合情報館として生まれ変わり、より一層の利用者ニーズに機敏に対応する業務運営を目指し、特許公報等の情報提供及び工業所有権に関する相談等による出願人支援、審査審判協力のための図書等の提供、開放特許活用等の特許流通促進事業を推進しております。

## 1　事業の概要

### (1) 内外国公報類の収集・閲覧

　下記の公報閲覧室でどなたでも内外国公報等の調査を行うことができる環境と体制を整備しています。

| 閲覧室 | 所在地 | TEL |
| --- | --- | --- |
| 札幌閲覧室 | 北海道札幌市北区北7条西2-8　北ビル7F | 011-747-3061 |
| 仙台閲覧室 | 宮城県仙台市青葉区本町3-4-18　太陽生命仙台本町ビル7F | 022-711-1339 |
| 第一公報閲覧室 | 東京都千代田区霞が関3-4-3　特許庁2F | 03-3580-7947 |
| 第二公報閲覧室 | 東京都千代田区霞が関1-3-1　経済産業省別館1F | 03-3581-1101（内線3819） |
| 名古屋閲覧室 | 愛知県名古屋市中区栄2-10-19　名古屋商工会議所ビルB2F | 052-223-5764 |
| 大阪閲覧室 | 大阪府大阪市天王寺区伶人町2-7　関西特許情報センター1F | 06-4305-0211 |
| 広島閲覧室 | 広島県広島市中区上八丁堀6-30　広島合同庁舎3号館 | 082-222-4595 |
| 高松閲覧室 | 香川県高松市林町2217-15　香川産業頭脳化センタービル2F | 087-869-0661 |
| 福岡閲覧室 | 福岡県福岡市博多区博多駅東2-6-23　住友博多駅前第2ビル2F | 092-414-7101 |
| 那覇閲覧室 | 沖縄県那覇市前島3-1-15　大同生命那覇ビル5F | 098-867-9610 |

### (2) 審査審判用図書等の収集・閲覧

　審査に利用する図書等を収集・整理し、特許庁の審査に提供すると同時に、「図書閲覧室（特許庁2F）」において、調査を希望する方々へ提供しています。【TEL：03-3592-2920】

### (3) 工業所有権に関する相談

　相談窓口（特許庁2F）を開設し、工業所有権に関する一般的な相談に応じています。

手紙、電話、e-mail等による相談も受け付けています。
　【TEL：03-3581-1101(内線2121～2123)】【FAX：03-3502-8916】
　【e-mail：PA8102@ncipi.jpo.go.jp】

(4) 特許流通の促進
　特許権の活用を促進するための特許流通市場の整備に向け、各種事業を行っています。
（詳細は2項参照）【TEL：03-3580-6949】

## 2　特許流通促進事業

　先行き不透明な経済情勢の中、企業が生き残り、発展して行くためには、新しいビジネスの創造が重要であり、その際、知的資産の活用、とりわけ技術情報の宝庫である特許の活用がキーポイントとなりつつあります。

　また、企業が技術開発を行う場合、まず自社で開発を行うことが考えられますが、商品のライフサイクルの短縮化、技術開発のスピードアップ化が求められている今日、外部からの技術を積極的に導入することも必要になってきています。

　このような状況下、特許庁では、特許の流通を通じた技術移転・新規事業の創出を促進するため、特許流通促進事業を展開していますが、2001年4月から、これらの事業は、特許庁から独立をした「独立行政法人　工業所有権総合情報館」が引き継いでいます。

(1) 特許流通の促進
① 特許流通アドバイザー
　全国の知的所有権センター・TLO等からの要請に応じて、知的所有権や技術移転についての豊富な知識・経験を有する専門家を特許流通アドバイザーとして派遣しています。
　知的所有権センターでは、地域の活用可能な特許の調査、当該特許の提供支援及び大学・研究機関が保有する特許と地域企業との橋渡しを行っています。（資料2参照）

② 特許流通促進説明会
　地域特性に合った特許情報の有効活用の普及・啓発を図るため、技術移転の実例を紹介しながら特許流通のプロセスや特許電子図書館を利用した特許情報検索方法等を内容とした説明会を開催しています。

(2) 開放特許情報等の提供
① 特許流通データベース
　活用可能な開放特許を産業界、特に中小・ベンチャー企業に円滑に流通させ実用化を推進していくため、企業や研究機関・大学等が保有する提供意思のある特許をデータベース化し、インターネットを通じて公開しています。（http://www.ncipi.go.jp）

② 開放特許活用例集
　特許流通データベースに登録されている開放特許の中から製品化ポテンシャルが高い案

件を選定し、これら有用な開放特許を有効に使ってもらうためのビジネスアイデア集を作成しています。

③ 特許流通支援チャート
　企業が新規事業創出時の技術導入・技術移転を図る上で指標となりうる国内特許の動向を技術テーマごとに、分析したものです。出願上位企業の特許取得状況、技術開発課題に対応した特許保有状況、技術開発拠点等を紹介しています。

④ 特許電子図書館情報検索指導アドバイザー
　知的財産権及びその情報に関する専門的知識を有するアドバイザーを全国の知的所有権センターに派遣し、特許情報の検索に必要な基礎知識から特許情報の活用の仕方まで、無料でアドバイス・相談を行っています。(資料3参照)

(3) 知的財産権取引業の育成
① 知的財産権取引業者データベース
　特許を始めとする知的財産権の取引や技術移転の促進には、欧米の技術移転先進国に見られるように、民間の仲介事業者の存在が不可欠です。こうした民間ビジネスが質・量ともに不足し、社会的認知度も低いことから、事業者の情報を収集してデータベース化し、インターネットを通じて公開しています。

② 国際セミナー・研修会等
　著名海外取引業者と我が国取引業者との情報交換、議論の場（国際セミナー）を開催しています。また、産学官の技術移転を促進して、企業の新商品開発や技術力向上を促進するために不可欠な、技術移転に携わる人材の育成を目的とした研修事業を開催しています。

## 資料2．特許流通アドバイザー一覧 （平成14年3月1日現在）

○経済産業局特許室および知的所有権センターへの派遣

| 派遣先 | 氏名 | 所在地 | TEL |
|---|---|---|---|
| 北海道経済産業局特許室 | 杉谷 克彦 | 〒060-0807 札幌市北区北7条西2丁目8番地1北ビル7階 | 011-708-5783 |
| 北海道知的所有権センター<br>(北海道立工業試験場) | 宮本 剛汎 | 〒060-0819 札幌市北区北19条西11丁目<br>北海道立工業試験場内 | 011-747-2211 |
| 東北経済産業局特許室 | 三澤 輝起 | 〒980-0014 仙台市青葉区本町3-4-18<br>太陽生命仙台本町ビル7階 | 022-223-9761 |
| 青森県知的所有権センター<br>((社)発明協会青森県支部) | 内藤 規雄 | 〒030-0112 青森市大字八ツ役字芦谷202-4<br>青森県産業技術開発センター内 | 017-762-3912 |
| 岩手県知的所有権センター<br>(岩手県工業技術センター) | 阿部 新喜司 | 〒020-0852 盛岡市飯岡新田3-35-2<br>岩手県工業技術センター内 | 019-635-8182 |
| 宮城県知的所有権センター<br>(宮城県産業技術総合センター) | 小野 賢悟 | 〒981-3206 仙台市泉区明通二丁目2番地<br>宮城県産業技術総合センター内 | 022-377-8725 |
| 秋田県知的所有権センター<br>(秋田県工業技術センター) | 石川 順三 | 〒010-1623 秋田市新屋町字砂奴寄4-11<br>秋田県工業技術センター内 | 018-862-3417 |
| 山形県知的所有権センター<br>(山形県工業技術センター) | 冨樫 富雄 | 〒990-2473 山形市松栄1-3-8<br>山形県産業創造支援センター内 | 023-647-8130 |
| 福島県知的所有権センター<br>((社)発明協会福島県支部) | 相澤 正彬 | 〒963-0215 郡山市待池台1-12<br>福島県ハイテクプラザ内 | 024-959-3351 |
| 関東経済産業局特許室 | 村上 義英 | 〒330-9715 さいたま市上落合2-11<br>さいたま新都心合同庁舎1号館 | 048-600-0501 |
| 茨城県知的所有権センター<br>((財)茨城県中小企業振興公社) | 齋藤 幸一 | 〒312-0005 ひたちなか市新光町38<br>ひたちなかテクノセンタービル内 | 029-264-2077 |
| 栃木県知的所有権センター<br>((社)発明協会栃木県支部) | 坂本 武 | 〒322-0011 鹿沼市白桑田516-1<br>栃木県工業技術センター内 | 0289-60-1811 |
| 群馬県知的所有権センター<br>((社)発明協会群馬県支部) | 三田 隆志 | 〒371-0845 前橋市鳥羽町190<br>群馬県工業試験場内 | 027-280-4416 |
| | 金井 澄雄 | 〒371-0845 前橋市鳥羽町190<br>群馬県工業試験場内 | 027-280-4416 |
| 埼玉県知的所有権センター<br>(埼玉県工業技術センター) | 野口 満 | 〒333-0848 川口市芝下1-1-56<br>埼玉県工業技術センター内 | 048-269-3108 |
| | 清水 修 | 〒333-0848 川口市芝下1-1-56<br>埼玉県工業技術センター内 | 048-269-3108 |
| 千葉県知的所有権センター<br>((社)発明協会千葉県支部) | 稲谷 稔宏 | 〒260-0854 千葉市中央区長洲1-9-1<br>千葉県庁南庁舎内 | 043-223-6536 |
| | 阿草 一男 | 〒260-0854 千葉市中央区長洲1-9-1<br>千葉県庁南庁舎内 | 043-223-6536 |
| 東京都知的所有権センター<br>(東京都城南地域中小企業振興センター) | 鷹見 紀彦 | 〒144-0035 大田区南蒲田1-20-20<br>城南地域中小企業振興センター内 | 03-3737-1435 |
| 神奈川県知的所有権センター支部<br>((財)神奈川高度技術支援財団) | 小森 幹雄 | 〒213-0012 川崎市高津区坂戸3-2-1<br>かながわサイエンスパーク内 | 044-819-2100 |
| 新潟県知的所有権センター<br>((財)信濃川テクノポリス開発機構) | 小林 靖幸 | 〒940-2127 長岡市新産4-1-9<br>長岡地域技術開発振興センター内 | 0258-46-9711 |
| 山梨県知的所有権センター<br>(山梨県工業技術センター) | 廣川 幸生 | 〒400-0055 甲府市大津町2094<br>山梨県工業技術センター内 | 055-220-2409 |
| 長野県知的所有権センター<br>((社)発明協会長野県支部) | 徳永 正明 | 〒380-0928 長野市若里1-18-1<br>長野県工業試験場内 | 026-229-7688 |
| 静岡県知的所有権センター<br>((社)発明協会静岡県支部) | 神長 邦雄 | 〒421-1221 静岡市牧ヶ谷2078<br>静岡工業技術センター内 | 054-276-1516 |
| | 山田 修寧 | 〒421-1221 静岡市牧ヶ谷2078<br>静岡工業技術センター内 | 054-276-1516 |
| 中部経済産業局特許室 | 原口 邦弘 | 〒460-0008 名古屋市中区栄2-10-19<br>名古屋商工会議所ビルB2F | 052-223-6549 |
| 富山県知的所有権センター<br>(富山県工業技術センター) | 小坂 郁雄 | 〒933-0981 高岡市二上町150<br>富山県工業技術センター内 | 0766-29-2081 |
| 石川県知的所有権センター<br>(財)石川県産業創出支援機構 | 一丸 義次 | 〒920-0223 金沢市戸水町イ65番地<br>石川県地場産業振興センター新館1階 | 076-267-8117 |
| 岐阜県知的所有権センター<br>(岐阜県科学技術振興センター) | 松永 孝義 | 〒509-0108 各務原市須衛町4-179-1<br>テクノプラザ5F | 0583-79-2250 |
| | 木下 裕雄 | 〒509-0108 各務原市須衛町4-179-1<br>テクノプラザ5F | 0583-79-2250 |
| 愛知県知的所有権センター<br>(愛知県工業技術センター) | 森 孝和 | 〒448-0003 刈谷市一ツ木町西新割<br>愛知県工業技術センター内 | 0566-24-1841 |
| | 三浦 元久 | 〒448-0003 刈谷市一ツ木町西新割<br>愛知県工業技術センター内 | 0566-24-1841 |

| 派遣先 | 氏名 | 所在地 | TEL |
|---|---|---|---|
| 三重県知的所有権センター<br>(三重県工業技術総合研究所) | 馬渡 建一 | 〒514-0819 津市高茶屋5－5－45<br>三重県科学振興センター工業研究部内 | 059-234-4150 |
| 近畿経済産業局特許室 | 下田 英宣 | 〒543-0061 大阪市天王寺区伶人町2－7<br>関西特許情報センター1階 | 06-6776-8491 |
| 福井県知的所有権センター<br>(福井県工業技術センター) | 上坂 旭 | 〒910-0102 福井市川合鷲塚町61字北稲田10<br>福井県工業技術センター内 | 0776-55-2100 |
| 滋賀県知的所有権センター<br>(滋賀県工業技術センター) | 新屋 正男 | 〒520-3004 栗東市上砥山232<br>滋賀県工業技術総合センター別館内 | 077-558-4040 |
| 京都府知的所有権センター<br>((社)発明協会京都支部) | 衣川 清彦 | 〒600-8813 京都市下京区中堂寺南町17番地<br>京都リサーチパーク京都高度技術研究所ビル4階 | 075-326-0066 |
| 大阪府知的所有権センター<br>(大阪府立特許情報センター) | 大空 一博 | 〒543-0061 大阪市天王寺区伶人町2－7<br>関西特許情報センター内 | 06-6772-0704 |
| | 梶原 淳治 | 〒577-0809 東大阪市永和1-11-10 | 06-6722-1151 |
| 兵庫県知的所有権センター<br>((財)新産業創造研究機構) | 園田 憲一 | 〒650-0047 神戸市中央区港島南町1－5－2<br>神戸キメックセンタービル6F | 078-306-6808 |
| | 島田 一男 | 〒650-0047 神戸市中央区港島南町1－5－2<br>神戸キメックセンタービル6F | 078-306-6808 |
| 和歌山県知的所有権センター<br>((社)発明協会和歌山県支部) | 北澤 宏造 | 〒640-8214 和歌山県寄合町25<br>和歌山県発明館4階 | 073-432-0087 |
| 中国経済産業局特許室 | 木村 郁男 | 〒730-8531 広島市中区上八丁堀6－30<br>広島合同庁舎3号館1階 | 082-502-6828 |
| 鳥取県知的所有権センター<br>((社)発明協会鳥取支部) | 五十嵐 善司 | 〒689-1112 鳥取市若葉台南7－5－1<br>新産業創造センター1階 | 0857-52-6728 |
| 島根県知的所有権センター<br>((社)発明協会島根支部) | 佐野 馨 | 〒690-0816 島根県松江市北陵町1<br>テクノアークしまね内 | 0852-60-5146 |
| 岡山県知的所有権センター<br>((社)発明協会岡山支部) | 横田 悦造 | 〒701-1221 岡山市芳賀5301<br>テクノサポート岡山内 | 086-286-9102 |
| 広島県知的所有権センター<br>((社)発明協会広島県支部) | 壹岐 正弘 | 〒730-0052 広島市中区千田町3－13－11<br>広島発明会館2階 | 082-544-2066 |
| 山口県知的所有権センター<br>((社)発明協会山口県支部) | 滝川 尚久 | 〒753-0077 山口市熊野町1-10 NPYビル10階<br>(財)山口県産業技術開発機構内 | 083-922-9927 |
| 四国経済産業局特許室 | 鶴野 弘章 | 〒761-0301 香川県高松市林町2217－15<br>香川産業頭脳化センタービル2階 | 087-869-3790 |
| 徳島県知的所有権センター<br>((社)発明協会徳島県支部) | 武岡 明夫 | 〒770-8021 徳島市雑賀町西開11－2<br>徳島県立工業技術センター内 | 088-669-0117 |
| 香川県知的所有権センター<br>((社)発明協会香川県支部) | 谷田 吉成 | 〒761-0301 香川県高松市林町2217－15<br>香川産業頭脳化センタービル2階 | 087-869-9004 |
| | 福家 康矩 | 〒761-0301 香川県高松市林町2217－15<br>香川産業頭脳化センタービル2階 | 087-869-9004 |
| 愛媛県知的所有権センター<br>((社)発明協会愛媛県支部) | 川野 辰己 | 〒791-1101 松山市久米窪田町337－1<br>テクノプラザ愛媛 | 089-960-1489 |
| 高知県知的所有権センター<br>((財)高知県産業振興センター) | 吉本 忠男 | 〒781-5101 高知市布師田3992－2<br>高知県中小企業会館2階 | 0888-46-7087 |
| 九州経済産業局特許室 | 簗田 克志 | 〒812-8546 福岡市博多区博多駅東2－11－1<br>福岡合同庁舎内 | 092-436-7260 |
| 福岡県知的所有権センター<br>((社)発明協会福岡県支部) | 道津 毅 | 〒812-0013 福岡市博多区博多駅東2－6－23<br>住友博多駅前第2ビル1階 | 092-415-6777 |
| 福岡県知的所有権センター北九州支部<br>((株)北九州テクノセンター) | 沖 宏治 | 〒804-0003 北九州市戸畑区中原新町2－1<br>(株)北九州テクノセンター内 | 093-873-1432 |
| 佐賀県知的所有権センター<br>(佐賀県工業技術センター) | 光武 章二 | 〒849-0932 佐賀市鍋島町大字八戸溝114<br>佐賀県工業技術センター内 | 0952-30-8161 |
| | 村上 忠郎 | 〒849-0932 佐賀市鍋島町大字八戸溝114<br>佐賀県工業技術センター内 | 0952-30-8161 |
| 長崎県知的所有権センター<br>((社)発明協会長崎県支部) | 嶋北 正俊 | 〒856-0026 大村市池田2－1303－8<br>長崎県工業技術センター内 | 0957-52-1138 |
| 熊本県知的所有権センター<br>((社)発明協会熊本県支部) | 深見 毅 | 〒862-0901 熊本市東町3－11－38<br>熊本県工業技術センター内 | 096-331-7023 |
| 大分県知的所有権センター<br>(大分県産業科学技術センター) | 古崎 宣 | 〒870-1117 大分市高江西1－4361－10<br>大分県産業科学技術センター内 | 097-596-7121 |
| 宮崎県知的所有権センター<br>((社)発明協会宮崎県支部) | 久保田 英世 | 〒880-0303 宮崎県宮崎郡佐土原町東上那珂16500-2<br>宮崎県工業技術センター内 | 0985-74-2953 |
| 鹿児島県知的所有権センター<br>(鹿児島県工業技術センター) | 山田 式典 | 〒899-5105 鹿児島県姶良郡隼人町小田1445-1<br>鹿児島県工業技術センター内 | 0995-64-2056 |
| 沖縄総合事務局特許室 | 下司 義雄 | 〒900-0016 那覇市前島3－1－15<br>大同生命那覇ビル5階 | 098-867-3293 |
| 沖縄県知的所有権センター<br>(沖縄県工業技術センター) | 木村 薫 | 〒904-2234 具志川市州崎12－2<br>沖縄県工業技術センター内1階 | 098-939-2372 |

## ○技術移転機関(TLO)への派遣

| 派遣先 | 氏名 | 所在地 | TEL |
|---|---|---|---|
| 北海道ティー・エル・オー(株) | 山田 邦重 | 〒060-0808 札幌市北区北8条西5丁目<br>北海道大学事務局分館2館 | 011-708-3633 |
|  | 岩城 全紀 | 〒060-0808 札幌市北区北8条西5丁目<br>北海道大学事務局分館2館 | 011-708-3633 |
| (株)東北テクノアーチ | 井硲 弘 | 〒980-0845 仙台市青葉区荒巻字青葉468番地<br>東北大学未来科学技術共同センター | 022-222-3049 |
| (株)筑波リエゾン研究所 | 関 淳次 | 〒305-8577 茨城県つくば市天王台1-1-1<br>筑波大学共同研究棟A303 | 0298-50-0195 |
|  | 綾 紀元 | 〒305-8577 茨城県つくば市天王台1-1-1<br>筑波大学共同研究棟A303 | 0298-50-0195 |
| (財)日本産業技術振興協会<br>産総研イノベーションズ | 坂 光 | 〒305-8568 茨城県つくば市梅園1-1-1<br>つくば中央第二事業所D-7階 | 0298-61-5210 |
| 日本大学国際産業技術・ビジネス育成センタ | 斎藤 光史 | 〒102-8275 東京都千代田区九段南4-8-24 | 03-5275-8139 |
|  | 加根魯 和宏 | 〒102-8275 東京都千代田区九段南4-8-24 | 03-5275-8139 |
| 学校法人早稲田大学知的財産センター | 菅野 淳 | 〒162-0041 東京都新宿区早稲田鶴巻町513<br>早稲田大学研究開発センター120-1号館1F | 03-5286-9867 |
|  | 風間 孝彦 | 〒162-0041 東京都新宿区早稲田鶴巻町513<br>早稲田大学研究開発センター120-1号館1F | 03-5286-9867 |
| (財)理工学振興会 | 鷹巣 征行 | 〒226-8503 横浜市緑区長津田町4259<br>フロンティア創造共同研究センター内 | 045-921-4391 |
|  | 北川 謙一 | 〒226-8503 横浜市緑区長津田町4259<br>フロンティア創造共同研究センター内 | 045-921-4391 |
| よこはまティーエルオー(株) | 小原 郁 | 〒240-8501 横浜市保土ヶ谷区常盤台79-5<br>横浜国立大学共同研究推進センター内 | 045-339-4441 |
| 学校法人慶応義塾大学知的資産センター | 道井 敏 | 〒108-0073 港区三田2-11-15<br>三田川崎ビル3階 | 03-5427-1678 |
|  | 鈴木 泰 | 〒108-0073 港区三田2-11-15<br>三田川崎ビル3階 | 03-5427-1678 |
| 学校法人東京電機大学産官学交流センタ | 河村 幸夫 | 〒101-8457 千代田区神田錦町2-2 | 03-5280-3640 |
| タマティーエルオー(株) | 古瀬 武弘 | 〒192-0083 八王子市旭町9-1<br>八王子スクエアビル11階 | 0426-31-1325 |
| 学校法人明治大学知的資産センター | 竹田 幹男 | 〒101-8301 千代田区神田駿河台1-1 | 03-3296-4327 |
| (株)山梨ティー・エル・オー | 田中 正男 | 〒400-8511 甲府市武田4-3-11<br>山梨大学地域共同開発研究センター内 | 055-220-8760 |
| (財)浜松科学技術研究振興会 | 小野 義光 | 〒432-8561 浜松市城北3-5-1 | 053-412-6703 |
| (財)名古屋産業科学研究所 | 杉本 勝 | 〒460-0008 名古屋市中区栄二丁目十番十九号<br>名古屋商工会議所ビル | 052-223-5691 |
|  | 小西 富雅 | 〒460-0008 名古屋市中区栄二丁目十番十九号<br>名古屋商工会議所ビル | 052-223-5694 |
| 関西ティー・エル・オー(株) | 山田 富義 | 〒600-8813 京都市下京区中堂寺南町17<br>京都リサーチパークサイエンスセンタービル1号館2階 | 075-315-8250 |
|  | 斎田 雄一 | 〒600-8813 京都市下京区中堂寺南町17<br>京都リサーチパークサイエンスセンタービル1号館2階 | 075-315-8250 |
| (財)新産業創造研究機構 | 井上 勝彦 | 〒650-0047 神戸市中央区港島南町1-5-2<br>神戸キメックセンタービル6F | 078-306-6805 |
|  | 長冨 弘充 | 〒650-0047 神戸市中央区港島南町1-5-2<br>神戸キメックセンタービル6F | 078-306-6805 |
| (財)大阪産業振興機構 | 有馬 秀平 | 〒565-0871 大阪府吹田市山田丘2-1<br>大阪大学先端科学技術共同研究センター4F | 06-6879-4196 |
| (有)山口ティー・エル・オー | 松本 孝三 | 〒755-8611 山口県宇部市常盤台2-16-1<br>山口大学地域共同開発研究センター内 | 0836-22-9768 |
|  | 熊原 尋美 | 〒755-8611 山口県宇部市常盤台2-16-1<br>山口大学地域共同開発研究センター内 | 0836-22-9768 |
| (株)テクノネットワーク四国 | 佐藤 博正 | 〒760-0033 香川県高松市丸の内2-5<br>ヨンデンビル別館4F | 087-811-5039 |
| (株)北九州テクノセンター | 乾 全 | 〒804-0003 北九州市戸畑区中原新町2番1号 | 093-873-1448 |
| (株)産学連携機構九州 | 堀 浩一 | 〒812-8581 福岡市東区箱崎6-10-1<br>九州大学技術移転推進室内 | 092-642-4363 |
| (財)くまもとテクノ産業財団 | 桂 真郎 | 〒861-2202 熊本県上益城郡益城町田原2081-10 | 096-289-2340 |

## 資料3. 特許電子図書館情報検索指導アドバイザー一覧 （平成14年3月1日現在）

○知的所有権センターへの派遣

| 派 遣 先 | 氏 名 | 所 在 地 | TEL |
|---|---|---|---|
| 北海道知的所有権センター<br>(北海道立工業試験場) | 平野 徹 | 〒060-0819 札幌市北区北19条西11丁目 | 011-747-2211 |
| 青森県知的所有権センター<br>((社)発明協会青森県支部) | 佐々木 泰樹 | 〒030-0112 青森市第二問屋町4-11-6 | 017-762-3912 |
| 岩手県知的所有権センター<br>(岩手県工業技術センター) | 中嶋 孝弘 | 〒020-0852 盛岡市飯岡新田3-35-2 | 019-634-0684 |
| 宮城県知的所有権センター<br>(宮城県産業技術総合センター) | 小林 保 | 〒981-3206 仙台市泉区明通2-2 | 022-377-8725 |
| 秋田県知的所有権センター<br>(秋田県工業技術センター) | 田嶋 正夫 | 〒010-1623 秋田市新屋町字砂奴寄4-11 | 018-862-3417 |
| 山形県知的所有権センター<br>(山形県工業技術センター) | 大澤 忠行 | 〒990-2473 山形市松栄1-3-8 | 023-647-8130 |
| 福島県知的所有権センター<br>((社)発明協会福島県支部) | 栗田 広 | 〒963-0215 郡山市待池台1-12<br>福島県ハイテクプラザ内 | 024-963-0242 |
| 茨城県知的所有権センター<br>((財)茨城県中小企業振興公社) | 猪野 正己 | 〒312-0005 ひたちなか市新光町38<br>ひたちなかテクノセンタービル1階 | 029-264-2211 |
| 栃木県知的所有権センター<br>((社)発明協会栃木県支部) | 中里 浩 | 〒322-0011 鹿沼市白桑田516-1<br>栃木県工業技術センター内 | 0289-65-7550 |
| 群馬県知的所有権センター<br>((社)発明協会群馬県支部) | 神林 賢蔵 | 〒371-0845 前橋市烏羽町190<br>群馬県工業試験場内 | 027-254-0627 |
| 埼玉県知的所有権センター<br>((社)発明協会埼玉県支部) | 田中 廣雅 | 〒331-8669 さいたま市桜木町1-7-5<br>ソニックシティ10階 | 048-644-4806 |
| 千葉県知的所有権センター<br>((社)発明協会千葉県支部) | 中原 照義 | 〒260-0854 千葉市中央区長洲1-9-1<br>千葉県庁南庁舎R3階 | 043-223-7748 |
| 東京都知的所有権センター<br>((社)発明協会東京支部) | 福澤 勝義 | 〒105-0001 港区虎ノ門2-9-14 | 03-3502-5521 |
| 神奈川県知的所有権センター<br>(神奈川県産業技術総合研究所) | 森 啓次 | 〒243-0435 海老名市下今泉705-1 | 046-236-1500 |
| 神奈川県知的所有権センター支部<br>((財)神奈川高度技術支援財団) | 大井 隆 | 〒213-0012 川崎市高津区坂戸3-2-1<br>かながわサイエンスパーク西棟205 | 044-819-2100 |
| 神奈川県知的所有権センター支部<br>((社)発明協会神奈川県支部) | 蓮見 亮 | 〒231-0015 横浜市中区尾上町5-80<br>神奈川中小企業センター10階 | 045-633-5055 |
| 新潟県知的所有権センター<br>((財)信濃川テクノポリス開発機構) | 石谷 速夫 | 〒940-2127 長岡市新産4-1-9 | 0258-46-9711 |
| 山梨県知的所有権センター<br>(山梨県工業技術センター) | 山下 知 | 〒400-0055 甲府市大津町2094 | 055-243-6111 |
| 長野県知的所有権センター<br>((社)発明協会長野県支部) | 岡田 光正 | 〒380-0928 長野市若里1-18-1<br>長野県工業試験場内 | 026-228-5559 |
| 静岡県知的所有権センター<br>((社)発明協会静岡県支部) | 吉井 和夫 | 〒421-1221 静岡市牧ヶ谷2078<br>静岡工業技術センター資料館内 | 054-278-6111 |
| 富山県知的所有権センター<br>(富山県工業技術センター) | 齋藤 靖雄 | 〒933-0981 高岡市二上町150 | 0766-29-1252 |
| 石川県知的所有権センター<br>(財)石川県産業創出支援機構 | 辻 寛司 | 〒920-0223 金沢市戸水町イ65番地<br>石川県地場産業振興センター | 076-267-5918 |
| 岐阜県知的所有権センター<br>(岐阜県科学技術振興センター) | 林 邦明 | 〒509-0108 各務原市須衛町4-179-1<br>テクノプラザ5F | 0583-79-2250 |
| 愛知県知的所有権センター<br>(愛知県工業技術センター) | 加藤 英昭 | 〒448-0003 刈谷市一ツ木町西新割 | 0566-24-1841 |
| 三重県知的所有権センター<br>(三重県工業技術総合研究所) | 長峰 隆 | 〒514-0819 津市高茶屋5-5-45 | 059-234-4150 |
| 福井県知的所有権センター<br>(福井県工業技術センター) | 川・好昭 | 〒910-0102 福井市川合鷲塚町61字北稲田10 | 0776-55-1195 |
| 滋賀県知的所有権センター<br>(滋賀県工業技術センター) | 森 久子 | 〒520-3004 栗東市上砥山232 | 077-558-4040 |
| 京都府知的所有権センター<br>((社)発明協会京都支部) | 中野 剛 | 〒600-8813 京都市下京区中堂寺南町17<br>京都リサーチパーク内 京都高度技研ビル4階 | 075-315-8686 |
| 大阪府知的所有権センター<br>(大阪府立特許情報センター) | 秋田 伸一 | 〒543-0061 大阪市天王寺区伶人町2-7 | 06-6771-2646 |
| 大阪府知的所有権センター支部<br>((社)発明協会大阪支部知的財産センター) | 戎 邦夫 | 〒564-0062 吹田市垂水町3-24-1<br>シンプレス江坂ビル2階 | 06-6330-7725 |
| 兵庫県知的所有権センター<br>((社)発明協会兵庫県支部) | 山口 克己 | 〒654-0037 神戸市須磨区行平町3-1-31<br>兵庫県立産業技術センター4階 | 078-731-5847 |
| 奈良県知的所有権センター<br>(奈良県工業技術センター) | 北田 友彦 | 〒630-8031 奈良市柏木町129-1 | 0742-33-0863 |

| 派遣先 | 氏名 | 所在地 | TEL |
|---|---|---|---|
| 和歌山県知的所有権センター<br>((社)発明協会和歌山県支部) | 木村 武司 | 〒640-8214 和歌山県寄合町25<br>和歌山市発明館4階 | 073-432-0087 |
| 鳥取県知的所有権センター<br>((社)発明協会鳥取県支部) | 奥村 隆一 | 〒689-1112 鳥取市若葉台南7-5-1<br>新産業創造センター1階 | 0857-52-6728 |
| 島根県知的所有権センター<br>((社)発明協会島根県支部) | 門脇 みどり | 〒690-0816 島根県松江市北陵町1番地<br>テクノアークしまね1F内 | 0852-60-5146 |
| 岡山県知的所有権センター<br>((社)発明協会岡山県支部) | 佐藤 新吾 | 〒701-1221 岡山市芳賀5301<br>テクノサポート岡山内 | 086-286-9656 |
| 広島県知的所有権センター<br>((社)発明協会広島県支部) | 若木 幸蔵 | 〒730-0052 広島市中区千田町3-13-11<br>広島発明会館内 | 082-544-0775 |
| 広島県知的所有権センター支部<br>((社)発明協会広島支部備後支会) | 渡部 武徳 | 〒720-0067 福山市西町2-10-1 | 0849-21-2349 |
| 広島県知的所有権センター支部<br>(呉地域産業振興センター) | 三上 達矢 | 〒737-0004 呉市阿賀南2-10-1 | 0823-76-3766 |
| 山口県知的所有権センター<br>((社)発明協会山口県支部) | 大段 恭二 | 〒753-0077 山口市熊野町1-10 NPYビル10階 | 083-922-9927 |
| 徳島県知的所有権センター<br>((社)発明協会徳島県支部) | 平野 稔 | 〒770-8021 徳島市雑賀町西開11-2<br>徳島県立工業技術センター内 | 088-636-3388 |
| 香川県知的所有権センター<br>((社)発明協会香川県支部) | 中元 恒 | 〒761-0301 香川県高松市林町2217-15<br>香川産業頭脳化センタービル2階 | 087-869-9005 |
| 愛媛県知的所有権センター<br>((社)発明協会愛媛県支部) | 片山 忠徳 | 〒791-1101 松山市久米窪田町337-1<br>テクノプラザ愛媛 | 089-960-1118 |
| 高知県知的所有権センター<br>(高知県工業技術センター) | 柏井 富雄 | 〒781-5101 高知市布師田3992-3 | 088-845-7664 |
| 福岡県知的所有権センター<br>((社)発明協会福岡県支部) | 浦井 正章 | 〒812-0013 福岡市博多区博多駅東2-6-23<br>住友博多駅前第2ビル2階 | 092-474-7255 |
| 福岡県知的所有権センター北九州支部<br>((株)北九州テクノセンター) | 重藤 務 | 〒804-0003 北九州市戸畑区中原新町2-1 | 093-873-1432 |
| 佐賀県知的所有権センター<br>(佐賀県工業技術センター) | 塚島 誠一郎 | 〒849-0932 佐賀市鍋島町八戸溝114 | 0952-30-8161 |
| 長崎県知的所有権センター<br>((社)発明協会長崎県支部) | 川添 早苗 | 〒856-0026 大村市池田2-1303-8<br>長崎県工業技術センター内 | 0957-52-1144 |
| 熊本県知的所有権センター<br>((社)発明協会熊本県支部) | 松山 彰雄 | 〒862-0901 熊本市東町3-11-38<br>熊本県工業技術センター内 | 096-360-3291 |
| 大分県知的所有権センター<br>(大分県産業科学技術センター) | 鎌田 正道 | 〒870-1117 大分市高江西1-4361-10 | 097-596-7121 |
| 宮崎県知的所有権センター<br>((社)発明協会宮崎県支部) | 黒田 護 | 〒880-0303 宮崎県宮崎郡佐土原町東上那珂16500-2<br>宮崎県工業技術センター内 | 0985-74-2953 |
| 鹿児島県知的所有権センター<br>(鹿児島県工業技術センター) | 大井 敏民 | 〒899-5105 鹿児島県姶良郡隼人町小田1445-1 | 0995-64-2445 |
| 沖縄県知的所有権センター<br>(沖縄県工業技術センター) | 和田 修 | 〒904-2234 具志川市字州崎12-2<br>中城湾港新港地区トロピカルテクノパーク内 | 098-929-0111 |

## 資料4．知的所有権センター一覧 （平成14年3月1日現在）

| 都道府県 | 名称 | 所在地 | TEL |
|---|---|---|---|
| 北海道 | 北海道知的所有権センター<br>（北海道立工業試験場） | 〒060-0819 札幌市北区北19条西11丁目 | 011-747-2211 |
| 青森県 | 青森県知的所有権センター<br>（(社)発明協会青森支部） | 〒030-0112 青森市第二問屋町4-11-6 | 017-762-3912 |
| 岩手県 | 岩手県知的所有権センター<br>（岩手県工業技術センター） | 〒020-0852 盛岡市飯岡新田3-35-2 | 019-634-0684 |
| 宮城県 | 宮城県知的所有権センター<br>（宮城県産業技術総合センター） | 〒981-3206 仙台市泉区明通2-2 | 022-377-8725 |
| 秋田県 | 秋田県知的所有権センター<br>（秋田県工業技術センター） | 〒010-1623 秋田市新屋町字砂奴寄4-11 | 018-862-3417 |
| 山形県 | 山形県知的所有権センター<br>（山形県工業技術センター） | 〒990-2473 山形市松栄1-3-8 | 023-647-8130 |
| 福島県 | 福島県知的所有権センター<br>（(社)発明協会福島支部） | 〒963-0215 郡山市待池台1-12<br>福島県ハイテクプラザ内 | 024-963-0242 |
| 茨城県 | 茨城県知的所有権センター<br>（(財)茨城県中小企業振興公社） | 〒312-0005 ひたちなか市新光町38<br>ひたちなかテクノセンタービル1階 | 029-264-2211 |
| 栃木県 | 栃木県知的所有権センター<br>（(社)発明協会栃木県支部） | 〒322-0011 鹿沼市白桑田516-1<br>栃木県工業技術センター内 | 0289-65-7550 |
| 群馬県 | 群馬県知的所有権センター<br>（(社)発明協会群馬県支部） | 〒371-0845 前橋市鳥羽町190<br>群馬県工業試験場内 | 027-254-0627 |
| 埼玉県 | 埼玉県知的所有権センター<br>（(社)発明協会埼玉支部） | 〒331-8669 さいたま市桜木町1-7-5<br>ソニックシティ10階 | 048-644-4806 |
| 千葉県 | 千葉県知的所有権センター<br>（(社)発明協会千葉県支部） | 〒260-0854 千葉市中央区長洲1-9-1<br>千葉県庁南庁舎R3階 | 043-223-7748 |
| 東京都 | 東京都知的所有権センター<br>（(社)発明協会東京支部） | 〒105-0001 港区虎ノ門2-9-14 | 03-3502-5521 |
| 神奈川県 | 神奈川県知的所有権センター<br>（神奈川県産業技術総合研究所） | 〒243-0435 海老名市下今泉705-1 | 046-236-1500 |
| | 神奈川県知的所有権センター支部<br>（(財)神奈川高度技術支援財団） | 〒213-0012 川崎市高津区坂戸3-2-1<br>かながわサイエンスパーク西棟205 | 044-819-2100 |
| | 神奈川県知的所有権センター支部<br>（(社)発明協会神奈川県支部） | 〒231-0015 横浜市中区尾上町5-80<br>神奈川中小企業センター10階 | 045-633-5055 |
| 新潟県 | 新潟県知的所有権センター<br>（(財)信濃川テクノポリス開発機構） | 〒940-2127 長岡市新産4-1-9 | 0258-46-9711 |
| 山梨県 | 山梨県知的所有権センター<br>（山梨県工業技術センター） | 〒400-0055 甲府市大津町2094 | 055-243-6111 |
| 長野県 | 長野県知的所有権センター<br>（(社)発明協会長野県支部） | 〒380-0928 長野市若里1-18-1<br>長野県工業試験場内 | 026-228-5559 |
| 静岡県 | 静岡県知的所有権センター<br>（(社)発明協会静岡県支部） | 〒421-1221 静岡市牧ヶ谷2078<br>静岡工業技術センター資料館内 | 054-278-6111 |
| 富山県 | 富山県知的所有権センター<br>（富山県工業技術センター） | 〒933-0981 高岡市二上町150 | 0766-29-1252 |
| 石川県 | 石川県知的所有権センター<br>(財)石川県産業創出支援機構 | 〒920-0223 金沢市戸水町イ65番地<br>石川県地場産業振興センター | 076-267-5918 |
| 岐阜県 | 岐阜県知的所有権センター<br>（岐阜県科学技術振興センター） | 〒509-0108 各務原市須衛町4-179-1<br>テクノプラザ5F | 0583-79-2250 |
| 愛知県 | 愛知県知的所有権センター<br>（愛知県工業技術センター） | 〒448-0003 刈谷市一ツ木町西新割 | 0566-24-1841 |
| 三重県 | 三重県知的所有権センター<br>（三重県工業技術総合研究所） | 〒514-0819 津市高茶屋5-5-45 | 059-234-4150 |
| 福井県 | 福井県知的所有権センター<br>（福井県工業技術センター） | 〒910-0102 福井市川合鷲塚町61字北稲田10 | 0776-55-1195 |
| 滋賀県 | 滋賀県知的所有権センター<br>（滋賀県工業技術センター） | 〒520-3004 栗東市上砥山232 | 077-558-4040 |
| 京都府 | 京都府知的所有権センター<br>（(社)発明協会京都支部） | 〒600-8813 京都市下京区中堂寺南町17<br>京都リサーチパーク内 京都高度技研ビル4階 | 075-315-8686 |
| 大阪府 | 大阪府知的所有権センター<br>（大阪府立特許情報センター） | 〒543-0061 大阪市天王寺区伶人町2-7 | 06-6771-2646 |
| | 大阪府知的所有権センター支部<br>（(社)発明協会大阪支部知的財産センター） | 〒564-0062 吹田市垂水町3-24-1<br>シンプレス江坂ビル2階 | 06-6330-7725 |
| 兵庫県 | 兵庫県知的所有権センター<br>（(社)発明協会兵庫県支部） | 〒654-0037 神戸市須磨区行平町3-1-31<br>兵庫県立産業技術センター4階 | 078-731-5847 |

| 都道府県 | 名　称 | 所　在　地 | TEL |
|---|---|---|---|
| 奈良県 | 奈良県知的所有権センター<br>(奈良県工業技術センター) | 〒630-8031 奈良市柏木町129-1 | 0742-33-0863 |
| 和歌山県 | 和歌山県知的所有権センター<br>((社)発明協会和歌山県支部) | 〒640-8214 和歌山市寄合町25<br>和歌山市発明館4階 | 073-432-0087 |
| 鳥取県 | 鳥取県知的所有権センター<br>((社)発明協会鳥取県支部) | 〒689-1112 鳥取市若葉台南7-5-1<br>新産業創造センター1階 | 0857-52-6728 |
| 島根県 | 島根県知的所有権センター<br>((社)発明協会島根県支部) | 〒690-0816 島根県松江市北陵町1番地<br>テクノアークしまね1F内 | 0852-60-5146 |
| 岡山県 | 岡山県知的所有権センター<br>((社)発明協会岡山県支部) | 〒701-1221 岡山市芳賀5301<br>テクノサポート岡山内 | 086-286-9656 |
| 広島県 | 広島県知的所有権センター<br>((社)発明協会広島県支部) | 〒730-0052 広島市中区千田町3-13-11<br>広島発明会館内 | 082-544-0775 |
|  | 広島県知的所有権センター支部<br>((社)発明協会広島県支部備後支会) | 〒720-0067 福山市西町2-10-1 | 0849-21-2349 |
|  | 広島県知的所有権センター支部<br>(呉地域産業振興センター) | 〒737-0004 呉市阿賀南2-10-1 | 0823-76-3766 |
| 山口県 | 山口県知的所有権センター<br>((社)発明協会山口県支部) | 〒753-0077 山口市熊野町1-10 NPYビル10階 | 083-922-9927 |
| 徳島県 | 徳島県知的所有権センター<br>((社)発明協会徳島県支部) | 〒770-8021 徳島市雑賀町西開11-2<br>徳島県立工業技術センター内 | 088-636-3388 |
| 香川県 | 香川県知的所有権センター<br>((社)発明協会香川県支部) | 〒761-0301 香川県高松市林町2217-15<br>香川産業頭脳化センタービル2階 | 087-869-9005 |
| 愛媛県 | 愛媛県知的所有権センター<br>((社)発明協会愛媛県支部) | 〒791-1101 松山市久米窪田町337-1<br>テクノプラザ愛媛 | 089-960-1118 |
| 高知県 | 高知県知的所有権センター<br>(高知県工業技術センター) | 〒781-5101 高知市布師田3992-3 | 088-845-7664 |
| 福岡県 | 福岡県知的所有権センター<br>((社)発明協会福岡県支部) | 〒812-0013 福岡市博多区博多駅東2-6-23<br>住友博多駅前第2ビル2階 | 092-474-7255 |
|  | 福岡県知的所有権センター北九州支部<br>((株)北九州テクノセンター) | 〒804-0003 北九州市戸畑区中原新町2-1 | 093-873-1432 |
| 佐賀県 | 佐賀県知的所有権センター<br>(佐賀県工業技術センター) | 〒849-0932 佐賀市鍋島町八戸溝114 | 0952-30-8161 |
| 長崎県 | 長崎県知的所有権センター<br>((社)発明協会長崎県支部) | 〒856-0026 大村市池田2-1303-8<br>長崎県工業技術センター内 | 0957-52-1144 |
| 熊本県 | 熊本県知的所有権センター<br>((社)発明協会熊本県支部) | 〒862-0901 熊本市東町3-11-38<br>熊本県工業技術センター内 | 096-360-3291 |
| 大分県 | 大分県知的所有権センター<br>(大分県産業科学技術センター) | 〒870-1117 大分市高江西1-4361-10 | 097-596-7121 |
| 宮崎県 | 宮崎県知的所有権センター<br>((社)発明協会宮崎県支部) | 〒880-0303 宮崎県宮崎郡佐土原町東上那珂16500-2<br>宮崎県工業技術センター内 | 0985-74-2953 |
| 鹿児島県 | 鹿児島県知的所有権センター<br>(鹿児島県工業技術センター) | 〒899-5105 鹿児島県姶良郡隼人町小田1445-1 | 0995-64-2445 |
| 沖縄県 | 沖縄県知的所有権センター<br>(沖縄県工業技術センター) | 〒904-2234 具志川市宇州崎12-2<br>中城湾港新港地区トロピカルテクノパーク内 | 098-929-0111 |

## 資料5．平成13年度25技術テーマの特許流通の概要

### 5.1 アンケート送付先と回収率

　平成13年度は、25の技術テーマにおいて「特許流通支援チャート」を作成し、その中で特許流通に対する意識調査として各技術テーマの出願件数上位企業を対象としてアンケート調査を行った。平成13年12月7日に郵送によりアンケートを送付し、平成14年1月31日までに回収されたものを対象に解析した。
　表5.1-1に、アンケート調査表の回収状況を示す。送付数578件、回収数306件、回収率52.9%であった。

表5.1-1 アンケートの回収状況

| 送付数 | 回収数 | 未回収数 | 回収率 |
|---|---|---|---|
| 578 | 306 | 272 | 52.9% |

　表5.1-2に、業種別の回収状況を示す。各業種を一般系、機械系、化学系、電気系と大きく4つに分類した。以下、「○○系」と表現する場合は、各企業の業種別に基づく分類を示す。それぞれの回収率は、一般系56.5%、機械系63.5%、化学系41.1%、電気系51.6%であった。

表5.1-2 アンケートの業種別回収件数と回収率

| 業種と回収率 | 業種 | 回収件数 |
|---|---|---|
| 一般系<br>48/85=56.5% | 建設 | 5 |
| | 窯業 | 12 |
| | 鉄鋼 | 6 |
| | 非鉄金属 | 17 |
| | 金属製品 | 2 |
| | その他製造業 | 6 |
| 化学系<br>39/95=41.1% | 食品 | 1 |
| | 繊維 | 12 |
| | 紙・パルプ | 3 |
| | 化学 | 22 |
| | 石油・ゴム | 1 |
| 機械系<br>73/115=63.5% | 機械 | 23 |
| | 精密機器 | 28 |
| | 輸送機器 | 22 |
| 電気系<br>146/283=51.6% | 電気 | 144 |
| | 通信 | 2 |

図 5.1 に、全回収件数を母数にして業種別に回収率を示す。全回収件数に占める業種別の回収率は電気系 47.7%、機械系 23.9%、一般系 15.7%、化学系 12.7%である。

図 5.1 回収件数の業種別比率

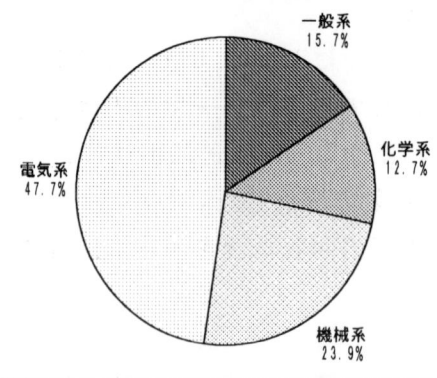

| 一般系 | 化学系 | 機械系 | 電気系 | 合計 |
|---|---|---|---|---|
| 48 | 39 | 73 | 146 | 306 |

表 5.1-3 に、技術テーマ別の回収件数と回収率を示す。この表では、技術テーマを一般分野、化学分野、機械分野、電気分野に分類した。以下、「○○分野」と表現する場合は、技術テーマによる分類を示す。回収率の最も良かった技術テーマは焼却炉排ガス処理技術の 71.4%で、最も悪かったのは有機 EL 素子の 34.6%である。

表 5.1-3 テーマ別の回収件数と回収率

| 分野 | 技術テーマ名 | 送付数 | 回収数 | 回収率 |
|---|---|---|---|---|
| 一般分野 | カーテンウォール | 24 | 13 | 54.2% |
| | 気体膜分離装置 | 25 | 12 | 48.0% |
| | 半導体洗浄と環境適応技術 | 23 | 14 | 60.9% |
| | 焼却炉排ガス処理技術 | 21 | 15 | 71.4% |
| | はんだ付け鉛フリー技術 | 20 | 11 | 55.0% |
| 化学分野 | プラスティックリサイクル | 25 | 15 | 60.0% |
| | バイオセンサ | 24 | 16 | 66.7% |
| | セラミックスの接合 | 23 | 12 | 52.2% |
| | 有機ＥＬ素子 | 26 | 9 | 34.6% |
| | 生分解ポリエステル | 23 | 12 | 52.2% |
| | 有機導電性ポリマー | 24 | 15 | 62.5% |
| | リチウムポリマー電池 | 29 | 13 | 44.8% |
| 機械分野 | 車いす | 21 | 12 | 57.1% |
| | 金属射出成形技術 | 28 | 14 | 50.0% |
| | 微細レーザ加工 | 20 | 10 | 50.0% |
| | ヒートパイプ | 22 | 10 | 45.5% |
| 電気分野 | 圧力センサ | 22 | 13 | 59.1% |
| | 個人照合 | 29 | 12 | 41.4% |
| | 非接触型ＩＣカード | 21 | 10 | 47.6% |
| | ビルドアップ多層プリント配線板 | 23 | 11 | 47.8% |
| | 携帯電話表示技術 | 20 | 11 | 55.0% |
| | アクティブマトリックス液晶駆動技術 | 21 | 12 | 57.1% |
| | プログラム制御技術 | 21 | 12 | 57.1% |
| | 半導体レーザの活性層 | 22 | 11 | 50.0% |
| | 無線ＬＡＮ | 21 | 11 | 52.4% |

## 5.2 アンケート結果
### 5.2.1 開放特許に関して
#### (1) 開放特許と非開放特許

他者にライセンスしてもよい特許を「開放特許」、ライセンスの可能性のない特許を「非開放特許」と定義した。その上で、各技術テーマにおける保有特許のうち、自社での実施状況と開放状況について質問を行った。

306件中257件の回答があった（回答率84.0%）。保有特許件数に対する開放特許件数の割合を開放比率とし、保有特許件数に対する非開放特許件数の割合を非開放比率と定義した。

図5.2.1-1に、業種別の特許の開放比率と非開放比率を示す。全体の開放比率は58.3%で、業種別では一般系が37.1%、化学系が20.6%、機械系が39.4%、電気系が77.4%である。化学系（20.6%）の企業の開放比率は、化学分野における開放比率（図5.2.1-2）の最低値である「生分解ポリエステル」の22.6%よりさらに低い値となっている。これは、化学分野においても、機械系、電気系の企業であれば、保有特許について比較的開放的であることを示唆している。

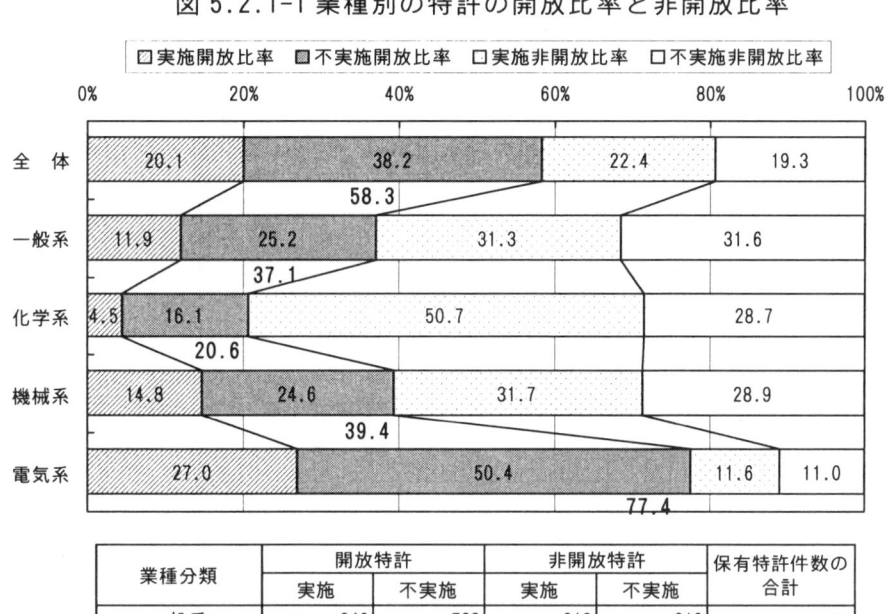

図5.2.1-1 業種別の特許の開放比率と非開放比率

| 業種分類 | 開放特許 実施 | 開放特許 不実施 | 非開放特許 実施 | 非開放特許 不実施 | 保有特許件数の合計 |
|---|---|---|---|---|---|
| 一般系 | 346 | 732 | 910 | 918 | 2,906 |
| 化学系 | 90 | 323 | 1,017 | 576 | 2,006 |
| 機械系 | 494 | 821 | 1,058 | 964 | 3,337 |
| 電気系 | 2,835 | 5,291 | 1,218 | 1,155 | 10,499 |
| 全体 | 3,765 | 7,167 | 4,203 | 3,613 | 18,748 |

図5.2.1-2に、技術テーマ別の開放比率と非開放比率を示す。

開放比率（実施開放比率と不実施開放比率を加算。）が高い技術テーマを見てみると、最高値は「個人照合」の84.7%で、次いで「はんだ付け鉛フリー技術」の83.2%、「無線LAN」の82.4%、「携帯電話表示技術」の80.0%となっている。一方、低い方から見ると、「生分解ポリエステル」の22.6%で、次いで「カーテンウォール」の29.3%、「有機EL」の30.5%である。

図5.2.1-2 技術テーマ別の開放比率と非開放比率

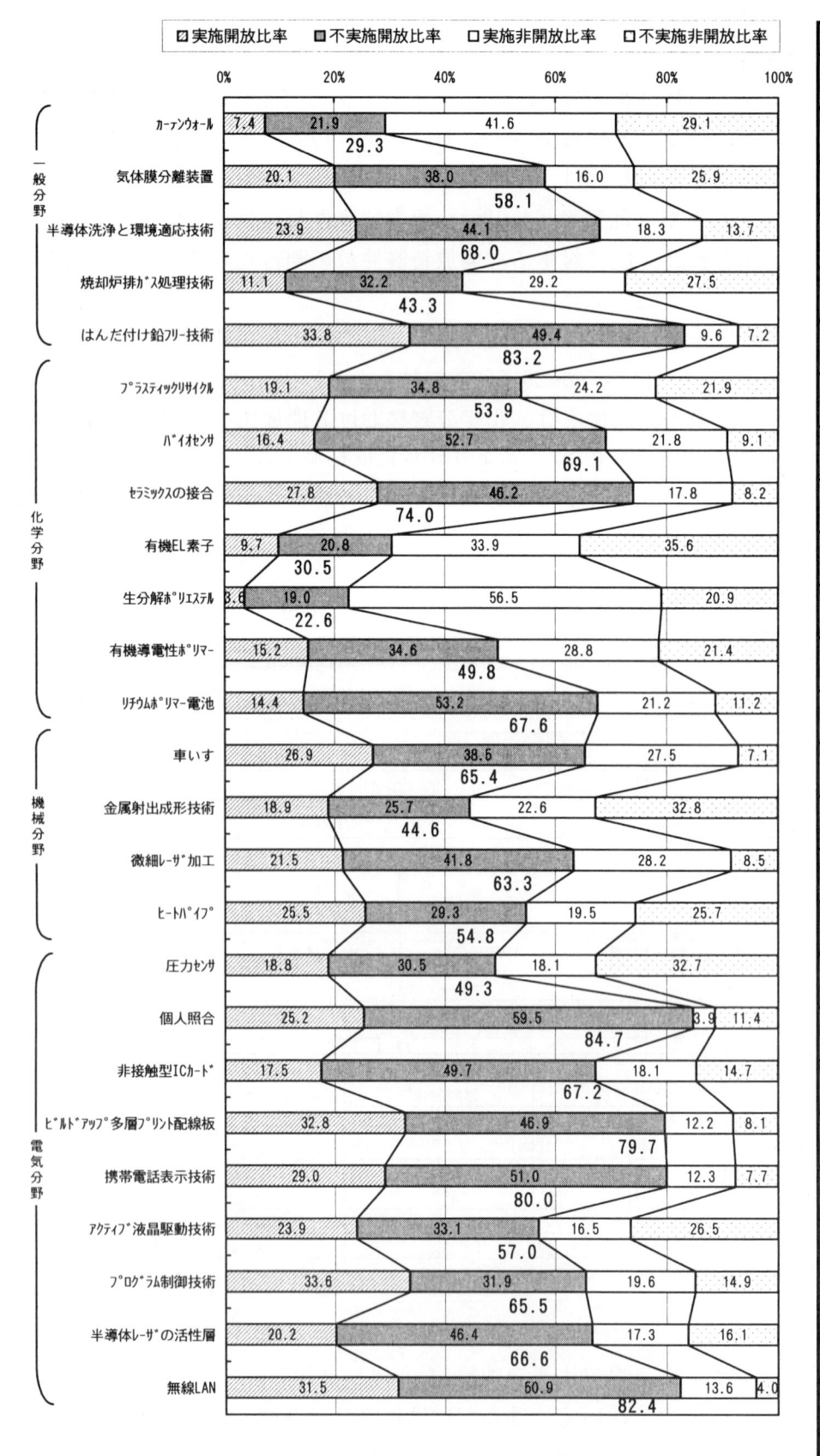

| 分野 | 技術テーマ | 実施開放比率 | 不実施開放比率 | 実施非開放比率 | 不実施非開放比率 | 開放特許 実施 | 開放特許 不実施 | 非開放特許 実施 | 非開放特許 不実施 | 保有特許件数の合計 |
|---|---|---|---|---|---|---|---|---|---|---|
| 一般分野 | カーテンウォール | 7.4 | 21.9 (29.3) | 41.6 | 29.1 | 67 | 198 | 376 | 264 | 905 |
| | 気体膜分離装置 | 20.1 | 38.0 (58.1) | 16.0 | 25.9 | 88 | 166 | 70 | 113 | 437 |
| | 半導体洗浄と環境適応技術 | 23.9 | 44.1 (68.0) | 18.3 | 13.7 | 155 | 286 | 119 | 89 | 649 |
| | 焼却炉排ガス処理技術 | 11.1 | 32.2 (43.3) | 29.2 | 27.5 | 133 | 387 | 351 | 330 | 1,201 |
| | はんだ付け鉛フリー技術 | 33.8 | 49.4 (83.2) | 9.6 | 7.2 | 139 | 204 | 40 | 30 | 413 |
| 化学分野 | プラスティックリサイクル | 19.1 | 34.8 (53.9) | 24.2 | 21.9 | 196 | 357 | 248 | 225 | 1,026 |
| | バイオセンサ | 16.4 | 52.7 (69.1) | 21.8 | 9.1 | 106 | 340 | 141 | 59 | 646 |
| | セラミックスの接合 | 27.8 | 46.2 (74.0) | 17.8 | 8.2 | 145 | 241 | 93 | 42 | 521 |
| | 有機EL素子 | 9.7 | 20.8 (30.5) | 33.9 | 35.6 | 90 | 193 | 316 | 332 | 931 |
| | 生分解ポリエステル | 3.6 | 19.0 (22.6) | 56.5 | 20.9 | 28 | 147 | 437 | 162 | 774 |
| | 有機導電性ポリマー | 15.2 | 34.6 (49.8) | 28.8 | 21.4 | 125 | 285 | 237 | 176 | 823 |
| | リチウムポリマー電池 | 14.4 | 53.2 (67.6) | 21.2 | 11.2 | 140 | 515 | 205 | 108 | 968 |
| 機械分野 | 車いす | 26.9 | 38.5 (65.4) | 27.5 | 7.1 | 107 | 154 | 110 | 28 | 399 |
| | 金属射出成形技術 | 18.9 | 25.7 (44.6) | 22.6 | 32.8 | 147 | 200 | 175 | 255 | 777 |
| | 微細レーザ加工 | 21.5 | 41.8 (63.3) | 28.2 | 8.5 | 68 | 133 | 89 | 27 | 317 |
| | ヒートパイプ | 25.5 | 29.3 (54.8) | 19.5 | 25.7 | 215 | 248 | 164 | 217 | 844 |
| 電気分野 | 圧力センサ | 18.8 | 30.5 (49.3) | 18.1 | 32.7 | 164 | 267 | 158 | 286 | 875 |
| | 個人照合 | 25.2 | 59.5 (84.7) | 3.9 | 11.4 | 220 | 521 | 34 | 100 | 875 |
| | 非接触型ICカード | 17.5 | 49.7 (67.2) | 18.1 | 14.7 | 140 | 398 | 145 | 117 | 800 |
| | ビルドアップ多層プリント配線板 | 32.8 | 46.9 (79.7) | 12.2 | 8.1 | 177 | 254 | 66 | 44 | 541 |
| | 携帯電話表示技術 | 29.0 | 51.0 (80.0) | 12.3 | 7.7 | 235 | 414 | 100 | 62 | 811 |
| | アクティブ液晶駆動技術 | 23.9 | 33.1 (57.0) | 16.5 | 26.5 | 252 | 349 | 174 | 278 | 1,053 |
| | プログラム制御技術 | 33.6 | 31.9 (65.5) | 19.6 | 14.9 | 280 | 265 | 163 | 124 | 832 |
| | 半導体レーザの活性層 | 20.2 | 46.4 (66.6) | 17.3 | 16.1 | 123 | 282 | 105 | 99 | 609 |
| | 無線LAN | 31.5 | 50.9 (82.4) | 13.6 | 4.0 | 227 | 367 | 98 | 29 | 721 |
| | 合計 | | | | | 3,767 | 7,171 | 4,214 | 3,596 | 18,748 |

図5.2.1-3は、業種別に、各企業の特許の開放比率を示したものである。

開放比率は、化学系で最も低く、電気系で最も高い。機械系と一般系はその中間に位置する。推測するに、化学系の企業では、保有特許は「物質特許」である場合が多く、自社の市場独占を確保するため、特許を開放しづらい状況にあるのではないかと思われる。逆に、電気・機械系の企業は、商品のライフサイクルが短いため、せっかく取得した特許も短期間で新技術と入れ替える必要があり、不実施となった特許を開放特許として供出やすい環境にあるのではないかと考えられる。また、より効率性の高い技術開発を進めるべく他社とのアライアンスを目的とした開放特許戦略を採るケースも、最近出てきているのではないだろうか。

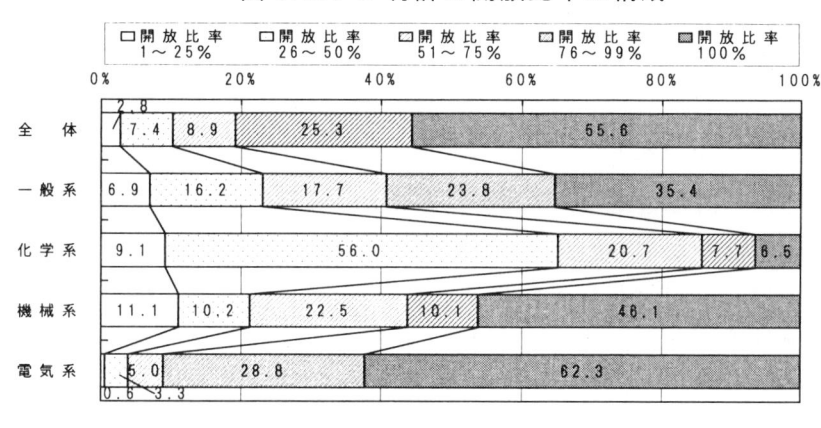

図5.2.1-3 特許の開放比率の構成

| 業種 | 開放比率 1〜25% | 開放比率 26〜50% | 開放比率 51〜75% | 開放比率 76〜99% | 開放比率 100% |
|---|---|---|---|---|---|
| 全体 | 2.8 | 7.4 | 8.9 | 25.3 | 55.6 |
| 一般系 | 6.9 | 16.2 | 17.7 | 23.8 | 35.4 |
| 化学系 | 9.1 | 56.0 | 20.7 | 7.7 | 6.5 |
| 機械系 | 11.1 | 10.2 | 22.5 | 10.1 | 46.1 |
| 電気系 | 0.6 | 3.3 | 5.0 | 28.8 | 62.3 |

図5.2.1-4に、業種別の自社実施比率と不実施比率を示す。全体の自社実施比率は42.5%で、業種別では化学系55.2%、機械系46.5%、一般系43.2%、電気系38.6%である。化学系の企業は、自社実施比率が高く開放比率が低い。電気・機械系の企業は、その逆で自社実施比率が低く開放比率は高い。自社実施比率と開放比率は、反比例の関係にあるといえる。

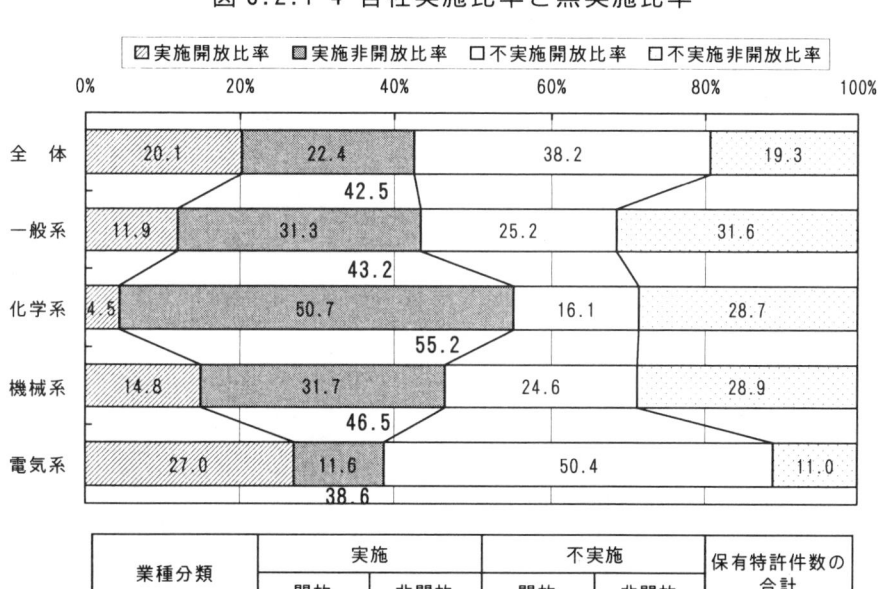

図5.2.1-4 自社実施比率と無実施比率

| 業種 | 実施開放比率 | 実施非開放比率 | 不実施開放比率 | 不実施非開放比率 | 自社実施比率 |
|---|---|---|---|---|---|
| 全体 | 20.1 | 22.4 | 38.2 | 19.3 | 42.5 |
| 一般系 | 11.9 | 31.3 | 25.2 | 31.6 | 43.2 |
| 化学系 | 4.5 | 50.7 | 16.1 | 28.7 | 55.2 |
| 機械系 | 14.8 | 31.7 | 24.6 | 28.9 | 46.5 |
| 電気系 | 27.0 | 11.6 | 50.4 | 11.0 | 38.6 |

| 業種分類 | 実施 開放 | 実施 非開放 | 不実施 開放 | 不実施 非開放 | 保有特許件数の合計 |
|---|---|---|---|---|---|
| 一般系 | 346 | 910 | 732 | 918 | 2,906 |
| 化学系 | 90 | 1,017 | 323 | 576 | 2,006 |
| 機械系 | 494 | 1,058 | 821 | 964 | 3,337 |
| 電気系 | 2,835 | 1,218 | 5,291 | 1,155 | 10,499 |
| 全体 | 3,765 | 4,203 | 7,167 | 3,613 | 18,748 |

## （2）非開放特許の理由

開放可能性のない特許の理由について質問を行った（複数回答）。

| 質問内容 | 一般系 | 化学系 | 機械系 | 電気系 | 全体 |
|---|---|---|---|---|---|
| ・独占的排他権の行使により、ライバル企業を排除するため（ライバル企業排除） | 36.3% | 36.7% | 36.4% | 34.5% | 36.0% |
| ・他社に対する技術の優位性の喪失（優位性喪失） | 31.9% | 31.6% | 30.5% | 29.9% | 30.9% |
| ・技術の価値評価が困難なため（価値評価困難） | 12.1% | 16.5% | 15.3% | 13.8% | 14.4% |
| ・企業秘密がもれるから（企業秘密） | 5.5% | 7.6% | 3.4% | 14.9% | 7.5% |
| ・相手先を見つけるのが困難であるため（相手先探し） | 7.7% | 5.1% | 8.5% | 2.3% | 6.1% |
| ・ライセンス経験不足等のため提供に不安があるから（経験不足） | 4.4% | 0.0% | 0.8% | 0.0% | 1.3% |
| ・その他 | 2.1% | 2.5% | 5.1% | 4.6% | 3.8% |

図5.2.1-5は非開放特許の理由の内容を示す。

「ライバル企業の排除」が最も多く36.0%、次いで「優位性喪失」が30.9%と高かった。特許権を「技術の市場における排他的独占権」として充分に行使していることが伺える。「価値評価困難」は14.4%となっているが、今回の「特許流通支援チャート」作成にあたり分析対象とした特許は直近10年間だったため、登録前の特許が多く、権利範囲が未確定なものが多かったためと思われる。

電気系の企業で「企業秘密がもれるから」という理由が14.9%と高いのは、技術のライフサイクルが短く新技術開発が激化しており、さらに、技術自体が模倣されやすいことが原因であるのではないだろうか。

化学系の企業で「企業秘密がもれるから」という理由が7.6%と高いのは、物質特許のノウハウ漏洩に細心の注意を払う必要があるためと思われる。

機械系や一般系の企業で「相手先探し」が、それぞれ8.5%、7.7%と高いことは、これらの分野で技術移転を仲介する者の活躍できる潜在性が高いことを示している。

なお、その他の理由としては、「共同出願先との調整」が12件と多かった。

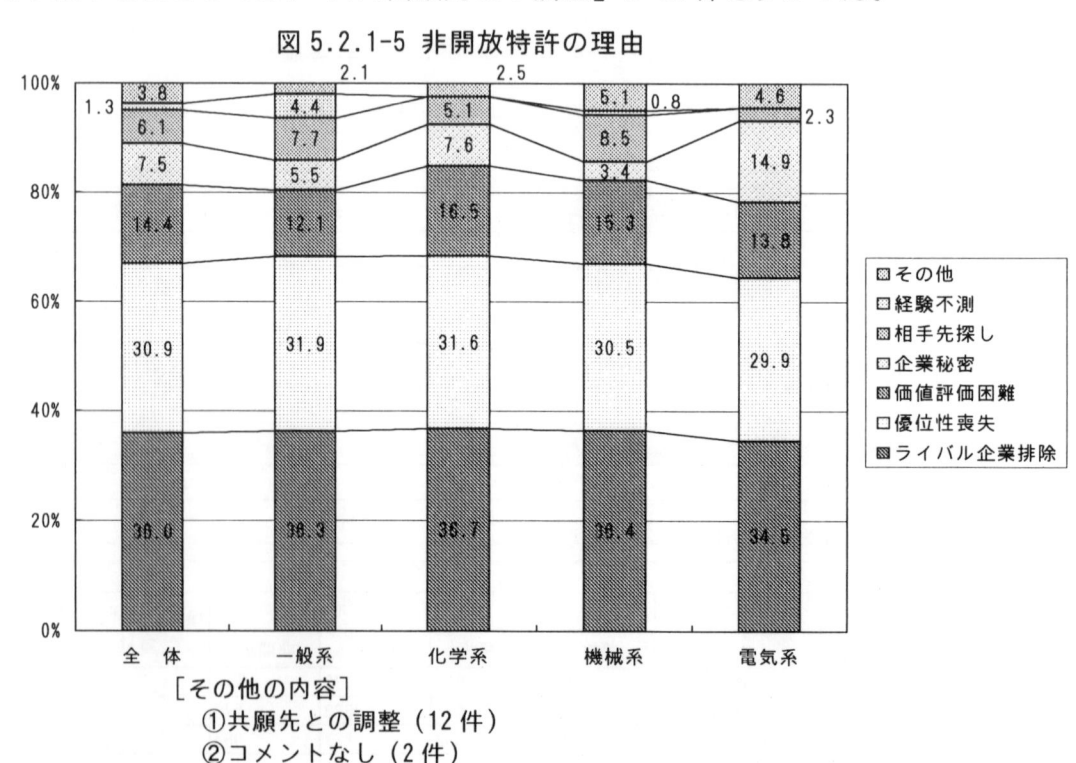

図5.2.1-5 非開放特許の理由

［その他の内容］
①共願先との調整（12件）
②コメントなし（2件）

## 5.2.2 ライセンス供与に関して
### (1) ライセンス活動

ライセンス供与の活動姿勢について質問を行った。

| 質問内容 | 一般系 | 化学系 | 機械系 | 電気系 | 全体 |
|---|---|---|---|---|---|
| ・特許ライセンス供与のための活動を積極的に行っている（積極的） | 2.0% | 15.8% | 4.3% | 8.9% | 7.5% |
| ・特許ライセンス供与のための活動を行っている（普通） | 36.7% | 15.8% | 25.7% | 57.7% | 41.2% |
| ・特許ライセンス供与のための活動はやや消極的である（消極的） | 24.5% | 13.2% | 14.3% | 10.4% | 14.0% |
| ・特許ライセンス供与のための活動を行っていない（しない） | 36.8% | 55.2% | 55.7% | 23.0% | 37.3% |

その結果を、図5.2.2-1 ライセンス活動に示す。306件中295件の回答であった（回答率96.4％）。

何らかの形で特許ライセンス活動を行っている企業は62.7％を占めた。そのうち、比較的積極的に活動を行っている企業は48.7％に上る（「積極的」＋「普通」）。これは、技術移転を仲介する者の活躍できる潜在性がかなり高いことを示唆している。

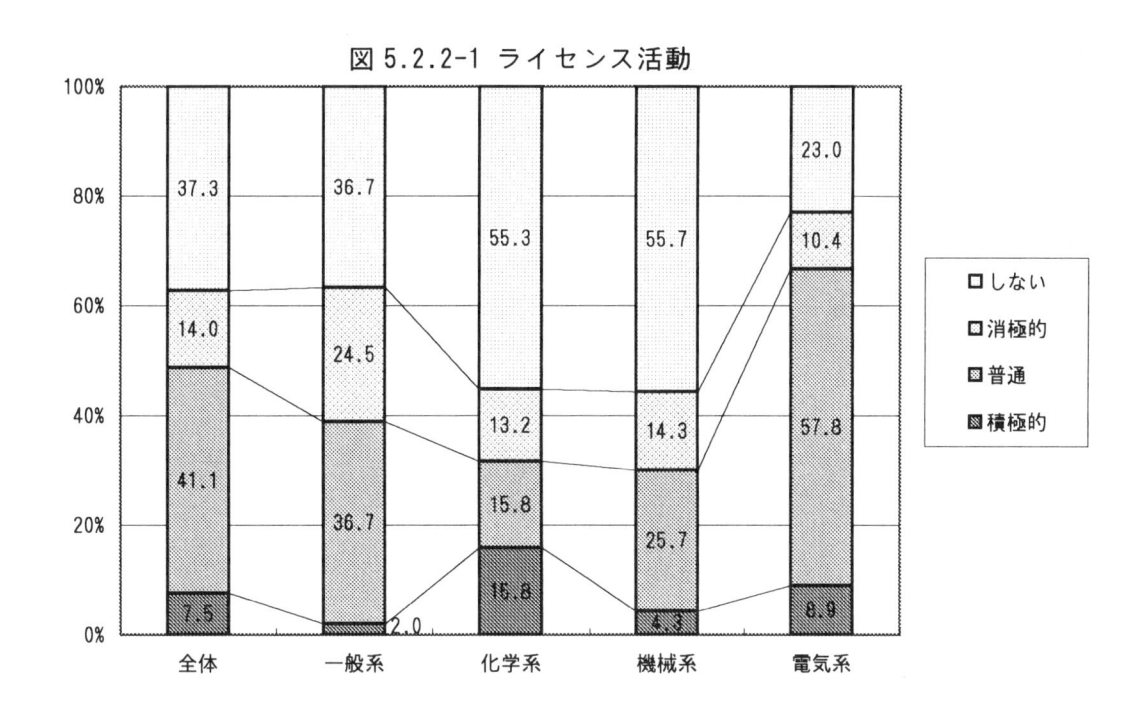

図5.2.2-1 ライセンス活動

## (2) ライセンス実績

ライセンス供与の実績について質問を行った。

| 質問内容 | 一般系 | 化学系 | 機械系 | 電気系 | 全体 |
|---|---|---|---|---|---|
| ・供与実績はないが今後も行う方針(実績無し今後も実施) | 54.5% | 48.0% | 43.6% | 74.6% | 58.3% |
| ・供与実績があり今後も行う方針(実績有り今後も実施) | 72.2% | 61.5% | 95.5% | 67.3% | 73.5% |
| ・供与実績はなく今後は不明(実績無し今後は不明) | 36.4% | 24.0% | 46.1% | 20.3% | 30.8% |
| ・供与実績はあるが今後は不明(実績有り今後は不明) | 27.8% | 38.5% | 4.5% | 30.7% | 25.5% |
| ・供与実績はなく今後も行わない方針(実績無し今後も実施せず) | 9.1% | 28.0% | 10.3% | 5.1% | 10.9% |
| ・供与実績はあるが今後は行わない方針(実績有り今後は実施せず) | 0.0% | 0.0% | 0.0% | 2.0% | 1.0% |

図5.2.2-2に、ライセンス実績を示す。306件中295件の回答があった(回答率96.4%)。ライセンス実績有りとライセンス実績無しを分けて示す。

「供与実績があり、今後も実施」は73.5%と非常に高い割合であり、特許ライセンスの有効性を認識した企業はさらにライセンス活動を活発化させる傾向にあるといえる。また、「供与実績はないが、今後は実施」が58.3%あり、ライセンスに対する関心の高まりが感じられる。

機械系や一般系の企業で「実績有り今後も実施」がそれぞれ90%、70%を越えており、他業種の企業よりもライセンスに対する関心が非常に高いことがわかる。

図5.2.2-2 ライセンス実績

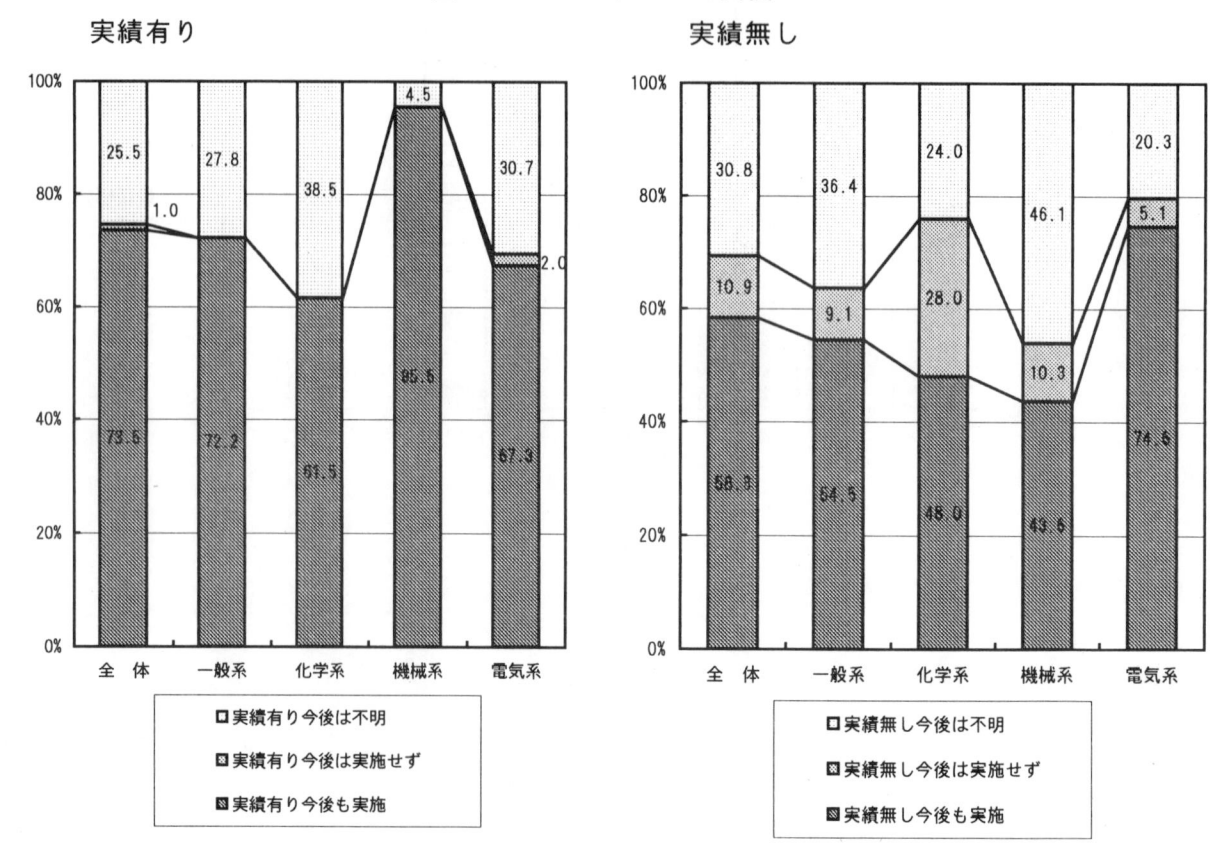

## (3) ライセンス先の見つけ方

ライセンス供与の実績があると 5.2.2 項の(2)で回答したテーマ出願人にライセンス先の見つけ方について質問を行った(複数回答)。

| 質問内容 | 一般系 | 化学系 | 機械系 | 電気系 | 全体 |
|---|---|---|---|---|---|
| ・先方からの申し入れ(申入れ) | 27.8% | 43.2% | 37.7% | 32.0% | 33.7% |
| ・権利侵害調査の結果(侵害発) | 22.2% | 10.8% | 17.4% | 21.3% | 19.3% |
| ・系列企業の情報網 (内部情報) | 9.7% | 10.8% | 11.6% | 11.5% | 11.0% |
| ・系列企業を除く取引先企業 (外部情報) | 2.8% | 10.8% | 8.7% | 10.7% | 8.3% |
| ・新聞、雑誌、TV、インターネット等 (メディア) | 5.6% | 2.7% | 2.9% | 12.3% | 7.3% |
| ・イベント、展示会等(展示会) | 12.5% | 5.4% | 7.2% | 3.3% | 6.7% |
| ・特許公報 | 5.6% | 5.4% | 2.9% | 1.6% | 3.3% |
| ・相手先に相談できる人がいた等(人的ネットワーク) | 1.4% | 8.2% | 7.3% | 0.8% | 3.3% |
| ・学会発表、学会誌(学会) | 5.6% | 8.2% | 1.4% | 1.6% | 2.7% |
| ・データベース(DB) | 6.8% | 2.7% | 0.0% | 0.0% | 1.7% |
| ・国・公立研究機関(官公庁) | 0.0% | 0.0% | 0.0% | 3.3% | 1.3% |
| ・弁理士、特許事務所(特許事務所) | 0.0% | 0.0% | 2.9% | 0.0% | 0.7% |
| ・その他 | 0.0% | 0.0% | 0.0% | 1.6% | 0.7% |

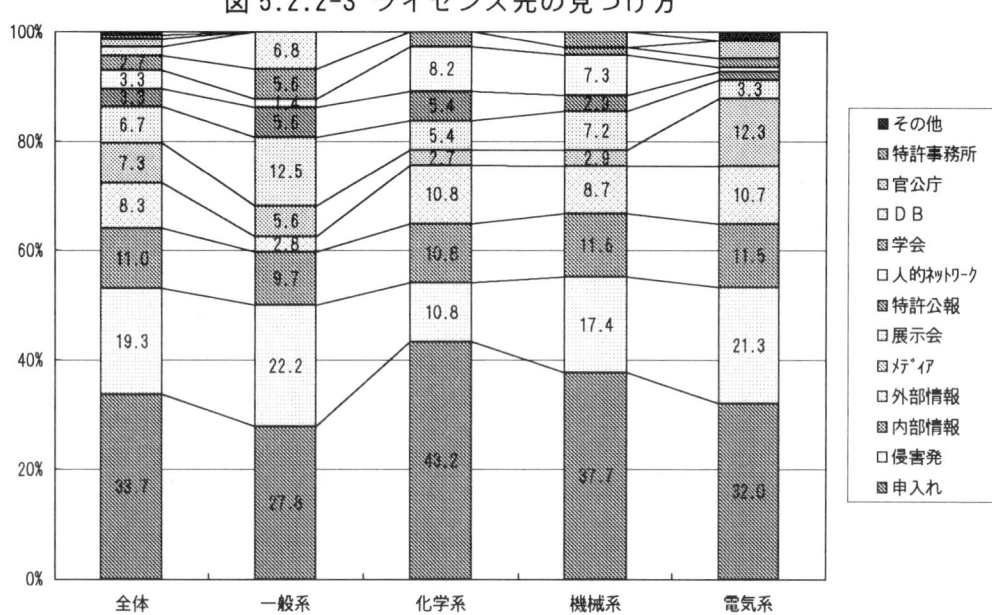

その結果を、図5.2.2-3 ライセンス先の見つけ方に示す。「申入れ」が33.7%と最も多く、次いで侵害警告を発した「侵害発」が19.3%、「内部情報」によりものが11.0%、「外部情報」によるものが8.3%であった。特許流通データベースなどの「DB」からは1.7%であった。化学系において、「申入れ」が40%を越えている。

図 5.2.2-3 ライセンス先の見つけ方

〔その他の内容〕
①関係団体 (2件)

## (4) ライセンス供与の不成功理由

5.2.2項の(1)でライセンス活動をしていると答えて、ライセンス実績の無いテーマ出願人に、その不成功理由について質問を行った。

| 質問内容 | 一般系 | 化学系 | 機械系 | 電気系 | 全体 |
|---|---|---|---|---|---|
| ・相手先が見つからない（相手先探し） | 58.8% | 57.9% | 68.0% | 73.0% | 66.7% |
| ・情勢（業績・経営方針・市場など）が変化した（情勢変化） | 8.8% | 10.5% | 16.0% | 0.0% | 6.4% |
| ・ロイヤリティーの折り合いがつかなかった（ロイヤリティー） | 11.8% | 5.3% | 4.0% | 4.8% | 6.4% |
| ・当該特許だけでは、製品化が困難と思われるから（製品化困難） | 3.2% | 5.0% | 7.7% | 1.6% | 3.6% |
| ・供与に伴う技術移転（試作や実証試験等）に時間がかかっており、まだ、供与までに至らない（時間浪費） | 0.0% | 0.0% | 0.0% | 4.8% | 2.1% |
| ・ロイヤリティー以外の契約条件で折り合いがつかなかった（契約条件） | 3.2% | 5.0% | 0.0% | 0.0% | 1.4% |
| ・相手先の技術消化力が低かった（技術消化力不足） | 0.0% | 10.0% | 0.0% | 0.0% | 1.4% |
| ・新技術が出現した（新技術） | 3.2% | 5.3% | 0.0% | 0.0% | 1.3% |
| ・相手先の秘密保持に信頼が置けなかった（機密漏洩） | 3.2% | 0.0% | 0.0% | 0.0% | 0.7% |
| ・相手先がグランド・バックを認めなかった（グランドバック） | 0.0% | 0.0% | 0.0% | 0.0% | 0.0% |
| ・交渉過程で不信感が生まれた（不信感） | 0.0% | 0.0% | 0.0% | 0.0% | 0.0% |
| ・競合技術に遅れをとった（競合技術） | 0.0% | 0.0% | 0.0% | 0.0% | 0.0% |
| ・その他 | 9.7% | 0.0% | 3.9% | 15.8% | 10.0% |

その結果を、図5.2.2-4 ライセンス供与の不成功理由に示す。約66.7%は「相手先探し」と回答している。このことから、相手先を探す仲介者および仲介を行うデータベース等のインフラの充実が必要と思われる。電気系の「相手先探し」は73.0%を占めていて他の業種より多い。

図5.2.2-4 ライセンス供与の不成功理由

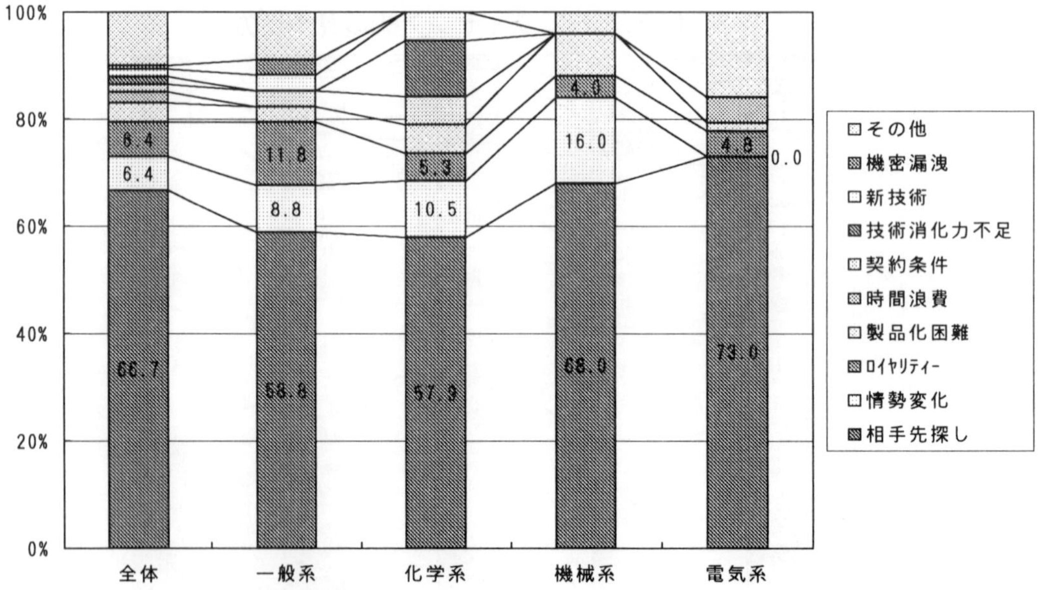

〔その他の内容〕
①単独での技術供与でない
②活動を開始してから時間が経っていない
③当該分野では未登録が多い（3件）
④市場未熟
⑤業界の動向（規格等）
⑥コメントなし（6件）

### 5.2.3 技術移転の対応
**(1) 申し入れ対応**

技術移転してもらいたいと申し入れがあった時、どのように対応するかについて質問を行った。

| 質問内容 | 一般系 | 化学系 | 機械系 | 電気系 | 全体 |
|---|---|---|---|---|---|
| ・とりあえず、話を聞く（話を聞く） | 44.3% | 70.3% | 54.9% | 56.8% | 55.8% |
| ・積極的に交渉していく（積極交渉） | 51.9% | 27.0% | 39.5% | 40.7% | 40.6% |
| ・他社への特許ライセンスの供与は考えていないので、断る（断る） | 3.8% | 2.7% | 2.8% | 2.5% | 2.9% |
| ・その他 | 0.0% | 0.0% | 2.8% | 0.0% | 0.7% |

その結果を、図5.2.3-1 ライセンス申し入れ対応に示す。「話を聞く」が55.8％であった。次いで「積極交渉」が40.6％であった。「話を聞く」と「積極交渉」で96.4％という高率であり、中小企業側からみた場合は、ライセンス供与の申し入れを積極的に行っても断られるのはわずか2.9％しかないということを示している。一般系の「積極交渉」が他の業種より高い。

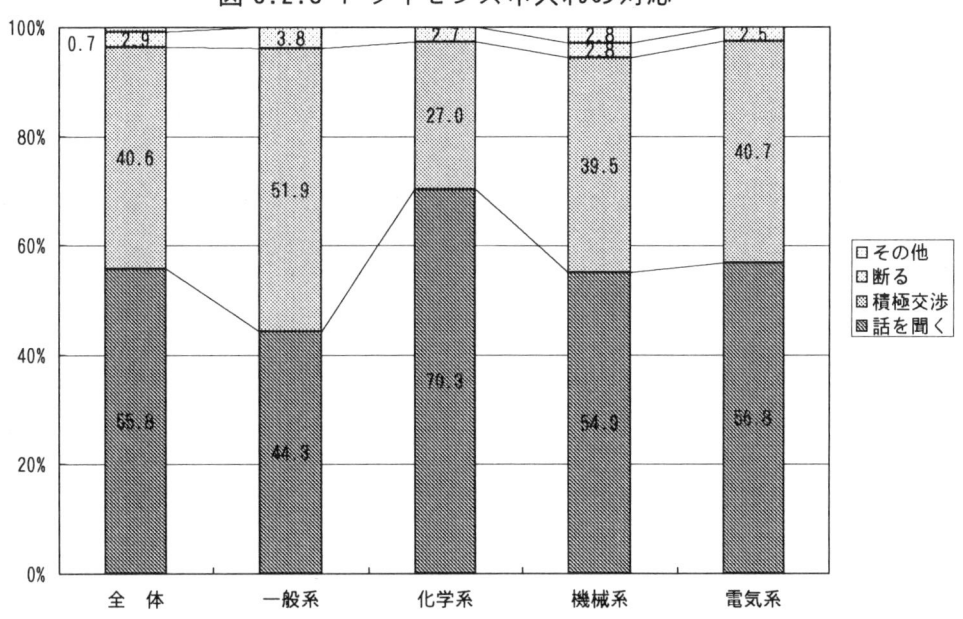

図5.2.3-1 ライセンス申入れの対応

### (2) 仲介の必要性

ライセンスの仲介の必要性があるかについて質問を行った。

| 質問内容 | 一般系 | 化学系 | 機械系 | 電気系 | 全体 |
|---|---|---|---|---|---|
| ・自社内にそれに相当する機能があるから不要（社内機能あるから不要） | 36.6% | 48.7% | 62.4% | 53.8% | 52.0% |
| ・現在はレベルが低いので不要（低レベル仲介で不要） | 1.9% | 0.0% | 1.4% | 1.7% | 1.5% |
| ・適切な仲介者がいれば使っても良い（適切な仲介者で検討） | 44.2% | 45.9% | 27.5% | 40.2% | 38.5% |
| ・公的支援機関に仲介等を必要とする（公的仲介が必要） | 17.3% | 5.4% | 8.7% | 3.4% | 7.6% |
| ・民間仲介業者に仲介等を必要とする（民間仲介が必要） | 0.0% | 0.0% | 0.0% | 0.9% | 0.4% |

図 5.2.3-2 に仲介の必要性の内訳を示す。「社内機能あるから不要」が 52.0％を占め、最も多い。アンケートの配布先は大手企業が大部分であったため、自社において知財管理、技術移転機能が整備されている企業が 50％以上を占めることを意味している。

次いで「適切な仲介者で検討」が 38.5％、「公的仲介が必要」が 7.6％、「民間仲介が必要」が 0.4％となっている。これらを加えると仲介の必要を感じている企業は 46.5％に上る。

自前で知財管理や知財戦略を立てることができない中小企業や一部の大企業では、技術移転・仲介者の存在が必要であると推測される。

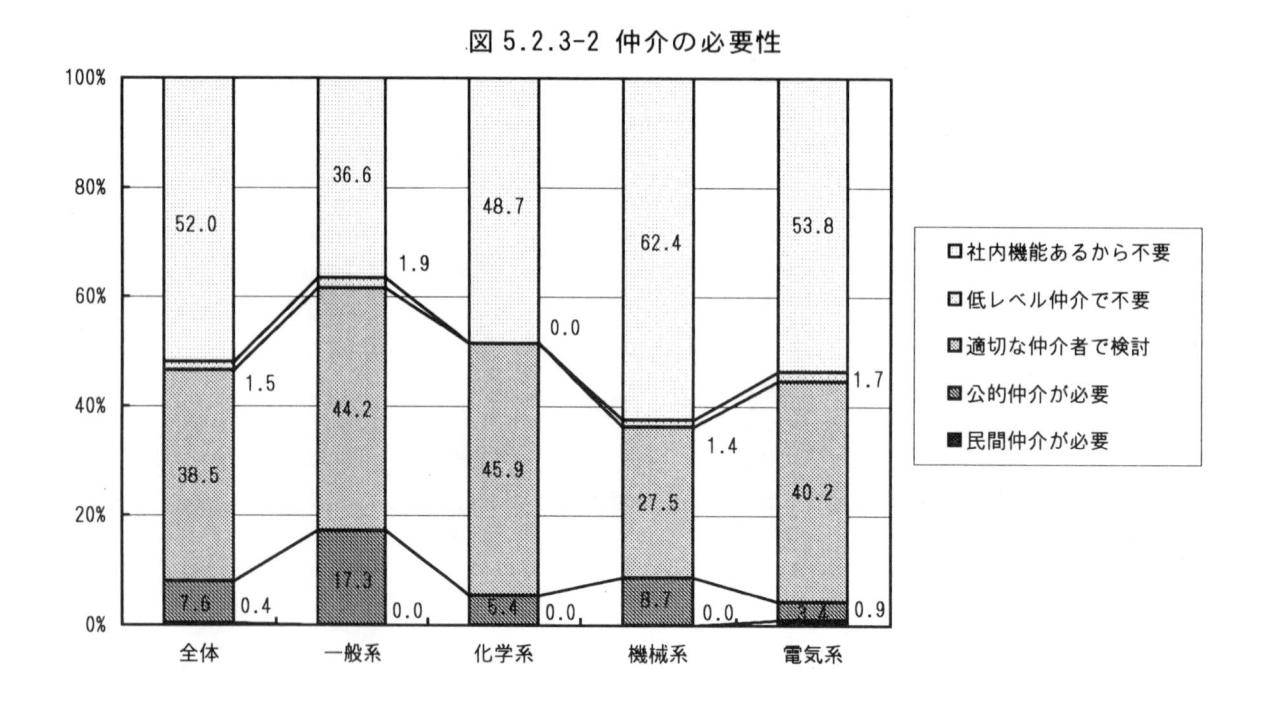

図 5.2.3-2 仲介の必要性

### 5.2.4 具体的事例
#### (1) テーマ特許の供与実績

技術テーマの分析の対象となった特許一覧表を掲載し(テーマ特許)、具体的にどの特許の供与実績があるかについて質問を行った。

| 質問内容 | 一般系 | 化学系 | 機械系 | 電気系 | 全体 |
|---|---|---|---|---|---|
| ・有る | 12.8% | 12.9% | 13.6% | 18.8% | 15.7% |
| ・無い | 72.3% | 48.4% | 39.4% | 34.2% | 44.1% |
| ・回答できない(回答不可) | 14.9% | 38.7% | 47.0% | 47.0% | 40.2% |

図5.2.4-1に、テーマ特許の供与実績を示す。

「有る」と回答した企業が15.7%であった。「無い」と回答した企業が44.1%あった。「回答不可」と回答した企業が40.2%とかなり多かった。これは個別案件ごとにアンケートを行ったためと思われる。ライセンス自体、企業秘密であり、他者に情報を漏洩しない場合が多い。

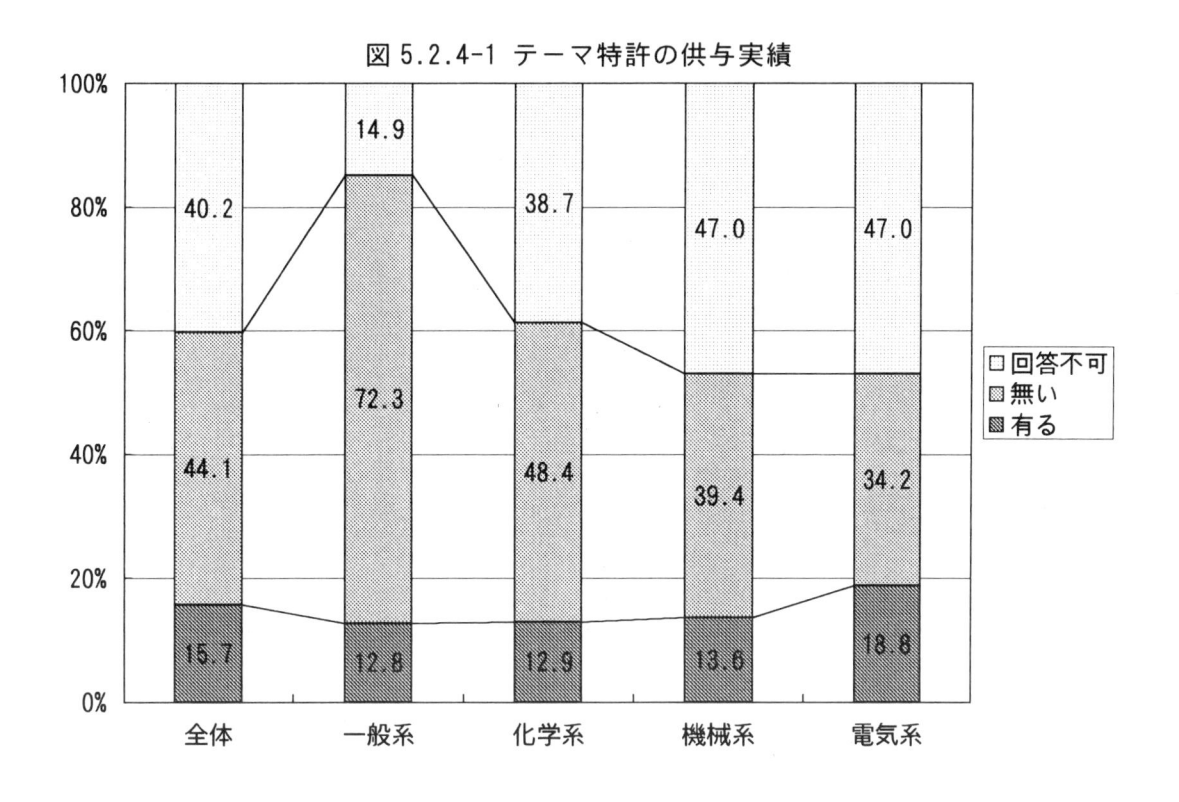

図5.2.4-1 テーマ特許の供与実績

### (2) テーマ特許を適用した製品

「特許流通支援チャート」に収蔵した特許（出願）を適用した製品の有無について質問を行った。

| 質問内容 | 一般系 | 化学系 | 機械系 | 電気系 | 全体 |
|---|---|---|---|---|---|
| ・回答できない(回答不可) | 27.9% | 34.4% | 44.3% | 53.2% | 44.6% |
| ・有る。 | 51.2% | 43.8% | 39.3% | 37.1% | 40.8% |
| ・無い。 | 20.9% | 21.8% | 16.4% | 9.7% | 14.6% |

図5.2.4-2に、テーマ特許を適用した製品の有無について結果を示す。

「有る」が40.8％、「回答不可」が44.6％、「無い」が14.6％であった。一般系と化学系で「有る」と回答した企業が多かった。

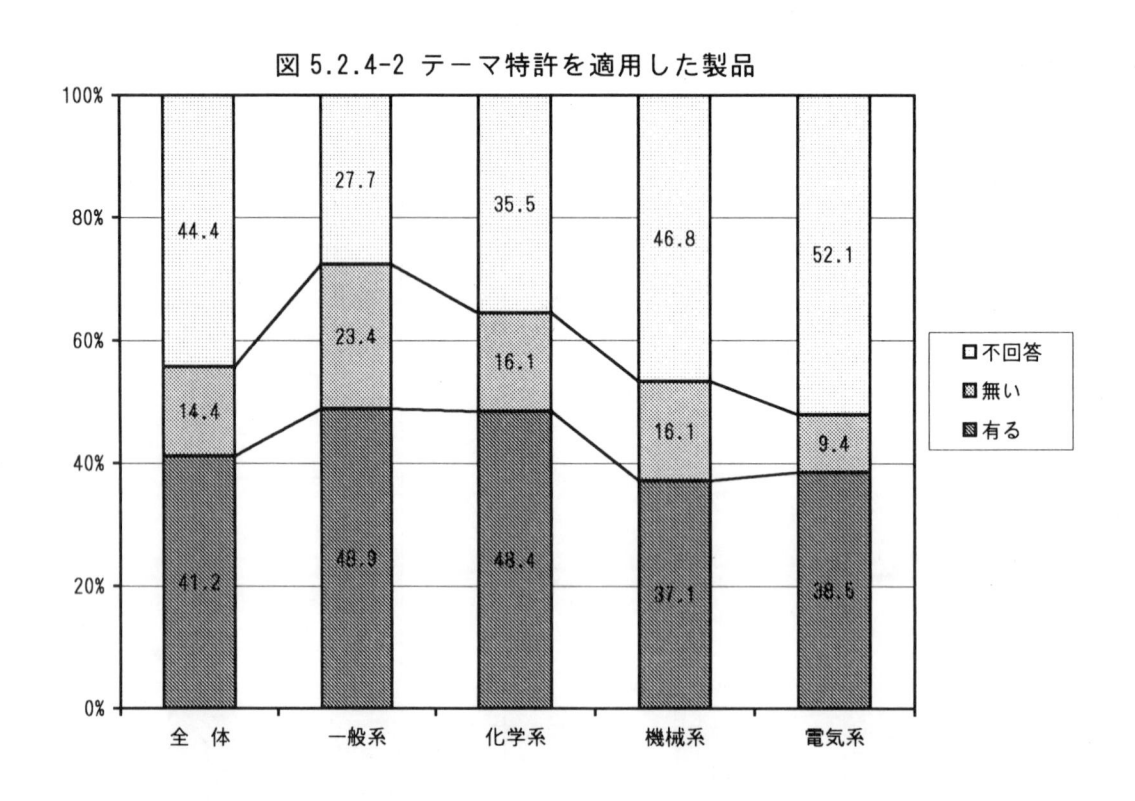

図5.2.4-2 テーマ特許を適用した製品

## 5.3 ヒアリング調査

アンケートによる調査において、5.2.2 の(2)項でライセンス実績に関する質問を行った。その結果、回収数 306 件中 295 件の回答を得、そのうち「供与実績あり、今後も積極的な供与活動を実施したい」という回答が全テーマ合計で 25.4%(延べ 75 出願人)あった。これから重複を排除すると 43 出願人となった。

この 43 出願人を候補として、ライセンスの実態に関するヒアリング調査を行うこととした。ヒアリングの目的は技術移転が成功した理由をできるだけ明らかにすることにある。

表 5.3 にヒアリング出願人の件数を示す。43 出願人のうちヒアリングに応じてくれた出願人は 11 出願人(26.5%)であった。テーマ別且つ出願人別では延べ 15 出願人であった。ヒアリングは平成 14 年 2 月中旬から下旬にかけて行った。

表 5.3 ヒアリング出願人の件数

| ヒアリング候補<br>出願人数 | ヒアリング<br>出願人数 | ヒアリング<br>テーマ出願人数 |
| --- | --- | --- |
| 43 | 11 | 15 |

### 5.3.1 ヒアリング総括

表 5.3 に示したようにヒアリングに応じてくれた出願人が 43 出願人中わずか 11 出願人(25.6%)と非常に少なかったのは、ライセンス状況およびその経緯に関する情報は企業秘密に属し、通常は外部に公表しないためであろう。さらに、11 出願人に対するヒアリング結果も、具体的なライセンス料やロイヤリティーなど核心部分については充分な回答をもらうことができなかった。

このため、今回のヒアリング調査は、対象母数が少なく、その結果も特許流通および技術移転プロセスについて全体の傾向をあらわすまでには至っておらず、いくつかのライセンス実績の事例を紹介するに留まらざるを得なかった。

### 5.3.2 ヒアリング結果

表 5.3.2-1 にヒアリング結果を示す。

技術移転のライセンサーはすべて大企業であった。

ライセンシーは、大企業が 8 件、中小企業が 3 件、子会社が 1 件、海外が 1 件、不明が 2 件であった。

技術移転の形態は、ライセンサーからの「申し出」によるものと、ライセンシーからの「申し入れ」によるものの 2 つに大別される。「申し出」が 3 件、「申し入れ」が 7 件、「不明」が 2 件であった。

「申し出」の理由は、3 件とも事業移管や事業中止に伴いライセンサーが技術を使わなくなったことによるものであった。このうち 1 件は、中小企業に対するライセンスであった。この中小企業は保有技術の水準が高かったため、スムーズにライセンスが行われたとのことであった。

「ノウハウを伴わない」技術移転は 3 件で、「ノウハウを伴う」技術移転は 4 件であった。

「ノウハウを伴わない」場合のライセンシーは、3 件のうち 1 件は海外の会社、1 件が中小企業、残り 1 件が同業種の大企業であった。

大手同士の技術移転だと、技術水準が似通っている場合が多いこと、特許性の評価やノウハウの要・不要、ライセンス料やロイヤリティー額の決定などについて経験に基づき判断できるため、スムーズに話が進むという意見があった。

中小企業への移転は、ライセンサーもライセンシーも同業種で技術水準も似通っていたため、ノウハウの供与の必要はなかった。中小企業と技術移転を行う場合、ノウハウ供与を伴う必要があることが、交渉の障害となるケースが多いとの意見があった。

「ノウハウを伴う」場合の4件のライセンサーはすべて大企業であった。ライセンシーは大企業が1件、中小企業が1件、不明が2件であった。

「ノウハウを伴う」ことについて、ライセンサーは、時間や人員が避けないという理由で難色を示すところが多い。このため、中小企業に技術移転を行う場合は、ライセンシー側の技術水準を重視すると回答したところが多かった。

ロイヤリティーは、イニシャルとランニングに分かれる。イニシャルだけの場合は4件、ランニングだけの場合は6件、双方とも含んでいる場合は4件であった。ロイヤリティーの形態は、双方の企業の合意に基づき決定されるため、技術移転の内容によりケースバイケースであると回答した企業がほとんどであった。

中小企業へ技術移転を行う場合には、イニシャルロイヤリティーを低く抑えており、ランニングロイヤリティーとセットしている。

ランニングロイヤリティーのみと回答した6件の企業であっても、「ノウハウを伴う」技術移転の場合にはイニシャルロイヤリティーを必ず要求するとすべての企業が回答している。中小企業への技術移転を行う際に、このイニシャルロイヤリティーの額をどうするか折り合いがつかず、不成功になった経験を持っていた。

表 5.3.2-1 ヒアリング結果

| 導入企業 | 移転の申入れ | ノウハウ込み | イニシャル | ランニング |
|---|---|---|---|---|
| ― | ライセンシー | ○ | 普通 | ― |
| ― | ― | ○ | 普通 | ― |
| 中小 | ライセンシー | × | 低 | 普通 |
| 海外 | ライセンシー | × | 普通 | ― |
| 大手 | ライセンシー | ― | ― | 普通 |
| 大手 | ライセンシー | ― | ― | 普通 |
| 大手 | ライセンシー | ― | ― | 普通 |
| 大手 | ― | ― | ― | 普通 |
| 中小 | ライセンサー | ― | ― | 普通 |
| 大手 | ― | ― | 普通 | 低 |
| 大手 | ― | ○ | 普通 | 普通 |
| 大手 | ライセンサー | ― | 普通 | ― |
| 子会社 | ライセンサー | ― | ― | ― |
| 中小 | ― | ○ | 低 | 高 |
| 大手 | ライセンシー | × | ― | 普通 |

＊ 特許技術提供企業はすべて大手企業である。

(注)
ヒアリングの結果に関する個別のお問い合わせについては、回答をいただいた企業とのお約束があるため、応じることはできません。予めご了承ください。

## 資料6．特許番号一覧

前述の主要企業20社を除いた、21社以降50社の企業に関する出願リストを表6.-1に示す。表6.-1は、技術要素ごとに階層化された技術開発課題に対応した公報番号を記載したものである。ここで、公報番号横の括弧内数字は、表6.-2に示す企業連絡先のNo.に対応しており、（図）と記載したものはプログラム制御に特徴の有る発明で、図6.-1に代表図面を併載した。

表6.-1 出願件数上位50社の出願リスト(1/2)

| 技術要素 | | 課題 | 公報番号(企業番号) | | | |
|---|---|---|---|---|---|---|
| グローバル化・高速化 | グローバル化 | ほかの制御手段との連携化 | 特開平 7-319518(23) | 特開平 9-160613(24) | 特開平10-333731(28) | 特開平 9-179608(32) |
| | | | 特許第2530585号(42) | 特開平11-119810(45) | | |
| | | システム構成の変化に対応 | 特開2000-315108(47) | | | |
| | | 性能向上 | 特開2000-231405(27) | 特開平 9- 16221(43) | | |
| | 上位コンピュータによる統合運転 | ワークの変更に対応 | 特許第2967776号(38)(図) | | | |
| | PLCのグローバル化対応 | ユーザプログラムの簡素化 | 特開平11-327611(22,33) | 特開平 7-319517(23) | 特開平10-198407(25) | 特開平11- 15507(31) |
| | | システム構成の変化に対応 | 特開平 6-119013(29) | 特開平 8- 16220(44) | | |
| | | 性能向上 | 特開2000-200105(27) | 特開2001- 42906(27) | 特許第2940841号(29) | 特開平10-171509(32) |
| | | | 特開平 7-168610(42) | 特許第2710151号(42) | 特許第2946101号(44) | |
| | | スキャンタイムの短縮化 | 特許第3095276号(25) | 特開平 5-100721(29) | | |
| ネットワーク化 | ネットワーク化 | 通信の安定化など | 特開平 8-265870(22) | 特開平 6-161520(23) | 特開平11-205392(26) | 特開平 9-266501(36) |
| | | | 特開平 8-116579(50) | 特開平 8-125709(50) | | |
| | | システム構成の変化に対応 | 特許第3128854号(28) | 特開平 5-216515(42) | | |
| | | 複数の通信仕様に対応 | 特開平10-143211(22,33) | 特開平 6-266421(23) | 特許第3085403号(25) | 特開平10-254513(27) |
| | | | 特開2000-214913(30) | | | |
| | | 高速化 | 特開平 8-305421(40) | | | |
| | 複数PLC間・マルチCPU間通信 | 分散化制御・通信の安定化 | 特開平 7-152422(21) | 特開平 7-199795(23) | 特開平 9- 73305(25) | 特開平10-268923(26) |
| | | | 特開平11-167406(30) | 特開2000-181517(30) | 特許第3200829号(41) | 特許第2722281号(44) |
| | | | 特開平11-312007(49) | | | |
| | | システム構成の変化に対応 | 特開平 9-154184(28) | 特開平 7-319515(30) | 特開平11-161308(30) | 特開平 8-314510(40) |
| | | 複数の通信仕様に対応 | 特許第3221496号(29) | | | |
| | PLC構成ユニット間通信 | ユニット機種の認識・通信の安定化など | 特開2000-305611(31) | | | |
| | | I/Oの遠隔化など | 特開平 8-185332(21) | 特開平 9-160612(21) | 特許第2796217号(22)(図) | 特開平10- 91222(26) |
| | | | 特許第2840463号(29) | 特開平 8-190408(30) | 特開平 9- 97102(30) | 特開平 8-247600(36) |
| | | | 特開平 7-152314(41) | 特開平 7- 28393(41) | 特開平10-333702(41) | |
| | | プログラムローデリングの安定化 | 特許第2625565号(22) | | | |
| | | 高速化 | 特開平10-312202(22,33) | 特開平 5-224711(23) | | |
| プログラム作成 | プログラム開発・作成 | プログラム作成・変更の容易化 | 特許第2540660号(21) | 特開平10-228303(22) | 特開平 6-202712(23) | 特開2000-181513(23) |
| | | | 特開2001- 22410(23) | 特許第3053265号(25) | 特開平 9-244714(25) | 特開平11- 85232(26) |
| | | | 特開平 9-134209(27) | 特開平11-327615(27) | 特開平10-228303(33) | 特開平 9-128016(34) |
| | | | 特開平 9-128021(34) | 特開平10-133717(34) | 特許第2530380号(35) | 特開平10- 74105(37) |
| | | | 特許第2976974号(38) | 特開平 8-227304(40) | 特開平 9- 62310(46) | 特開平10- 20905(46) |
| | | プログラム開発の容易化 | 特許第2538531号(21)(図) | 特許第2538532号(21) | 特許第2918709号(21) | 特開2000-311007(21) |
| | | | 特開平 6-202711(23) | 特開2001- 22411(23) | 特開2000-357005(25) | 特許第2880330号(25) |
| | | | 特開平 7- 28390(26) | 特開平 8-329018(28) | 特開平 8-286716(29) | 特許第2984369号(29) |
| | | | 特開平 9-128017(31) | 特開平10-124115(32) | 特開平 8-194522(34) | 特開2001-109514(45) |
| | | | 特開平 8-227301(48) | | | |
| | | プログラム入力の容易化 | 特開平 8-115119(21) | | | |
| | デバッグ | プログラム作成時のデバッグの容易化 | 特開平 8-234806(21) | 特開平 6-242808(24,45) | 特開2001- 92504(24) | 特許第3083012号(26) |
| | | | 特開平 9-160702(31) | 特開平 6-289913(34) | 特開平11-316601(34) | 特開2000-293208(35) |
| | | | 特開平 9-258973(37) | 特開2000-222008(37) | 特開平10- 63310(39) | 特開平 9-167012(48) |
| | | | 特開平10-149208(49) | | | |
| | | システム変更に対応したデバッグの容易化 | 特許第2951751号(25) | | | |

表6.-1 出願件数上位50社の出願リスト(2/2)

| 技術要素 | | 課題 | 公報番号(企業番号) | | | |
|---|---|---|---|---|---|---|
| 小型化 | 小型化 | コンパクト化 | 特開平 8-202478(39) | 特開平10- 11131(46) | | |
| | | 高密度化 | 特許第2624876号(22) | 特許第2700977号(42)(図) | | |
| RUN中変更 | RUN中のプログラム変更 | プログラム変更の高速化 | 特許第2846760号(49)(図) | | | |
| | | 動作中処理への影響減 | 特開平10-301605(22,33) | | | |
| | RUN中の設定変更 | 設定定数変更 | 特許第2875841号(25) | | | |
| 監視・安全 | 監視 | 障害の検出 | 特許第3040443号(21) | 特許第2851502号(22) | 特開平11-212606(22,33) | 特許第3174246号(28) |
| | | | 特開平11-167401(30) | 特開平 8-339202(35) | 特開平10- 27009(36) | 特開2001-154732(39) |
| | | | 特開平11-225153(47) | | | |
| | | 障害検出後の処理 | 特許第2939300号(21) | 特許第3195000号(21) | 特開平 9-219746(28) | 特許第2548479号(50)(図) |
| | | | 特開平 7-129206(21) | 特許第2628776号(22) | 特開平 8-179816(32) | 特許第2907273号(38) |
| | | 障害の分析 | 特開2000-235527(38) | 特開平11-110011(39) | 特開平 9-330121(40) | 特許第2835907号(43) |
| | | | 特開平10-198421(45) | 特開平 9- 34512(46) | | |
| | | 監視全体の制御 | 特開2000-267726(24) | 特開平11- 3107(48) | | |
| | 安全 | 障害の予防 | 特開平 9- 44373(21) | 特開平 5-265517(29) | | |
| | | 操作性向上 | 特開平 8-211902(24) | 特許第2820548号(24) | 特開2000-132205(35) | 特開平10-260707(39) |
| | | | 特開2000-137520(40) | | | |
| 信頼性 | 信頼性 | 可用性向上 | 特許第2603356号(22) | 特開平 9-297606(23) | 特許第3026885号(26) | 特開平 6-195113(26) |
| | | | 特開平10- 63331(31) | 特開平11-353011(31) | 特開平 8-234813(32) | 特開平10-260705(32) |
| | | | 特開平11-270742(32) | 特開2001-159904(32) | 特開平11-280692(36) | 特開平10- 39904(37) |
| | | | 特許第2943867号(38)(図) | 特開平10-133966(39) | 特許第3203953号(41) | 特開平 9- 16222(43) |
| | | | 特許第2799104号(49) | | | |
| | | 障害回復処理 | 特許第2820547号(24) | | | |
| | | 保守性向上 | 特開2000- 10607(24) | 特開2000- 50497(31) | 特開2000-101588(36) | |
| 表示 | 稼動状態の表示 | 指定・設定の容易化 | 特開平 8-161005(35) | | | |
| | | 表示画面の視認性向上 | 特開平11-175114(37) | | | |
| | | 保守性向上 | 特開平 5-274010(21) | 特開平11-237906(27) | 特開平 9-101817(35) | 特開平11-327612(37) |
| | | | 特開平 8-227305(40) | 特開平10-260864(47) | | |
| | | 高速化 | 特開平 9- 34532(21) | | | |
| | | 高信頼性 | 特開2000-267709(47) | | | |
| | | 外部機器との整合性向上 | 特開平 7- 64477(23) | 特開平 8-314533(35) | | |
| | | 実行中のアドレス把握 | 特開平 7- 64478(23) | 特開平11- 7309(23) | | |
| | 動作プログラムの表示 | 保守性の向上 | 特許第2761316号(22)(図) | | | |
| 特殊機能 | 構成・機能設定など | 構成・機能設定の容易化 | 特開平10- 97310(22,33) | 特許第2820549号(24) | 特開2001-184113(27) | 特開平10-228352(28) |
| | | | 特開平 9-236368(36) | | | |
| | | 性能機能向上 | 特開平 8-272408(31) | | | |
| | | 設計効率向上 | 特許第3189937号(43) | | | |
| | 割込み | 応答性改善 | 特開2001- 92505(48) | | | |
| | | 割込端子数制限緩和 | 特許第3170765号(26)(図) | | | |
| | ジャンプ | 高速化・多機能化 | 特許第2533072号(41) | | | |
| | タイマ | 精度向上 | 特開2000- 61775(27) | 特開平10-105418(50) | | |
| | | タイマ数拡大 | 特許第2810578号(22) | | | |
| | 現代制御理論適用 | 制御精度の向上 | 特開平10-220521(24) | 特開平 8-190401(34) | | |
| 生産管理との連携 | 生産管理との連携 | 計画作成簡単化 | 特開平10-247104(24) | 特許第2739858号(38)(図) | | |
| | | 加工効率向上 | 特開平 8-185204(43) | | | |
| | | 搬送効率向上 | 特開平 8-118209(28) | | | |
| | | 変化・変更に対する柔軟性 | 特開平 8-314508(28) | 特開平 8-202408(44) | | |

220

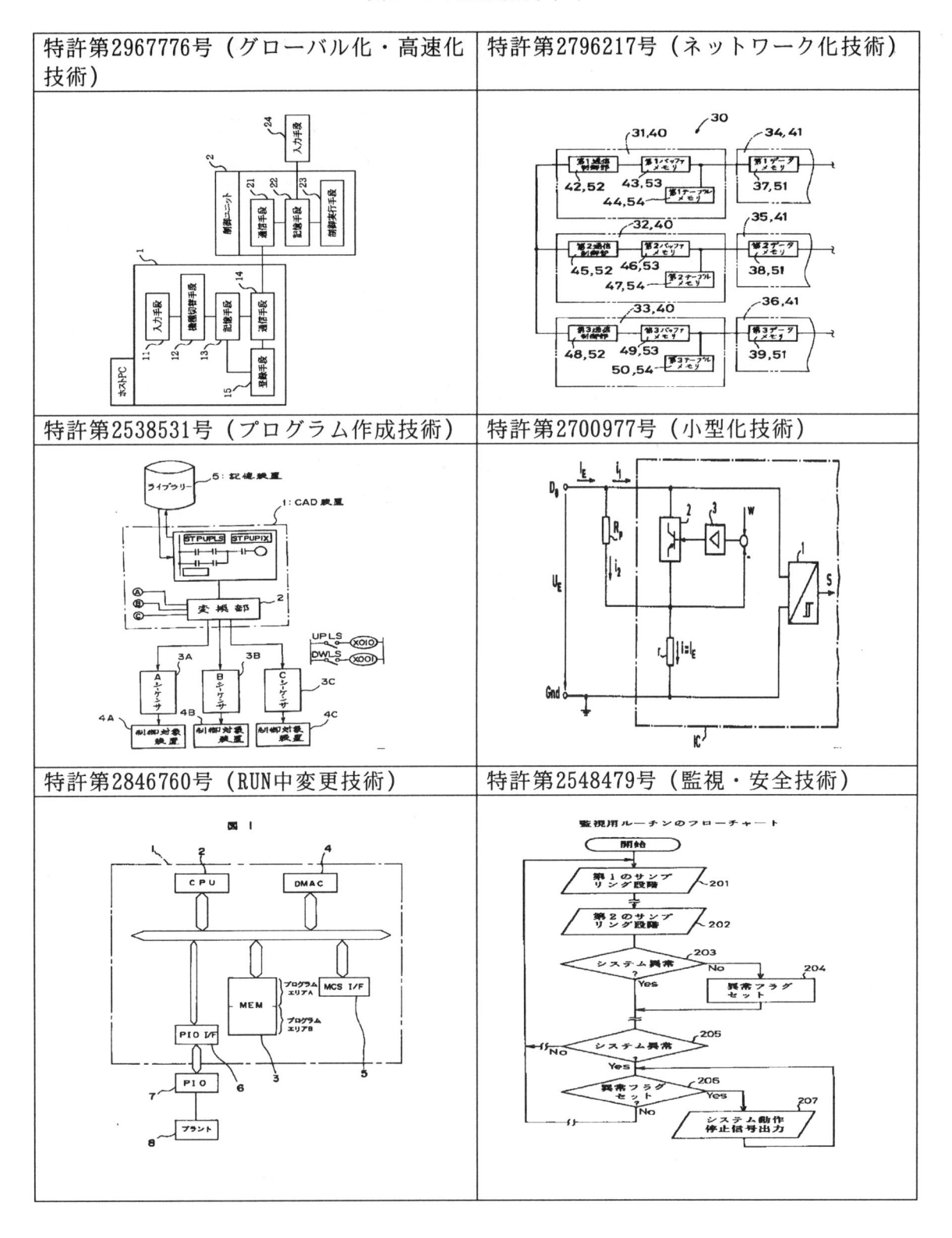

図6.-1 代表図面(1/2)

| 特許第2967776号（グローバル化・高速化技術） | 特許第2796217号（ネットワーク化技術） |
|---|---|
| 特許第2538531号（プログラム作成技術） | 特許第2700977号（小型化技術） |
| 特許第2846760号（RUN中変更技術） | 特許第2548479号（監視・安全技術） |

図6.-1 代表図面(2/2)

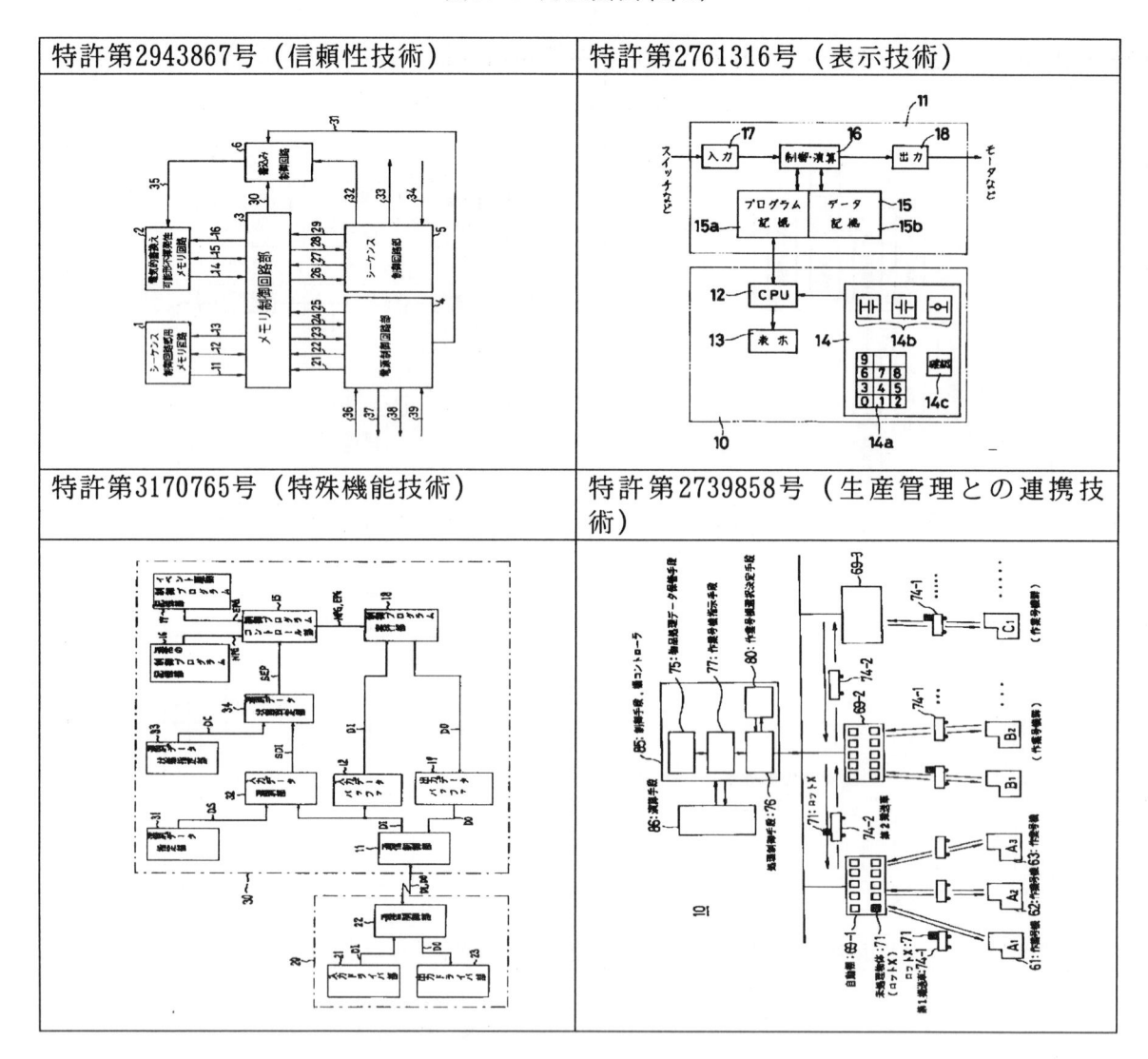

| 特許第2943867号（信頼性技術） | 特許第2761316号（表示技術） |
|---|---|
| 特許第3170765号（特殊機能技術） | 特許第2739858号（生産管理との連携技術） |

222

表6.-2 企業連絡先

| NO. | 企業名 | 出願件数 | 住所（本社等の代表的住所） | TEL | 技術移転窓口 | TEL |
|---|---|---|---|---|---|---|
| 21 | マツダ | 17 | 〒100-0011 東京都千代田区内幸町1-1-7 | 03-3508-5031 | 知的財産部 | 082-287-4278 |
| 22 | シャープ | 16 | 〒545-8522 大阪府大阪市阿倍野区長池町22-22 | 06-6621-1221 | 知的財産権本部第三ライセンス部 | 06-6606-6495 |
| 23 | 光洋電子工業 | 15 | 〒187-0004 東京都小平市天神町1-171 | 03-5225-1581 | | |
| 24 | 三菱重工業 | 11 | 〒100-8315 東京都千代田区丸の内2-5-1 | 03-3212-3111 | 技術本部知的財産部企画・渉外グループ | 045-224-9070 |
| 25 | 日立京葉エンジニアリング | 10 | 〒275-0001 千葉県習志野市東習志野7-1-1 | 047-477-3111 | | |
| 26 | オークマ | 9 | 〒480-0193 愛知県丹羽郡大口町下小口5-25-1 | 0587-95-7820 | | |
| 27 | 東芝機械 | 9 | 〒410-8510 静岡県沼津市大岡2068-3 | 0559-26-5141 | | |
| 28 | 富士通 | 9 | 〒100-8211 東京都千代田区丸の内1-6-1 | 03-3216-3211 | | |
| 29 | アレン ブラッドリー（米国） | 8 | 1201 South Second Street Milwaukee,WI 53204-2496 USA | 1.414.385.2000 | | |
| 30 | オリンパス光学工業 | 8 | 〒163-0914 東京都新宿区西新宿2-3-1 新宿モノリス | 03-3340-2111 | 法務・知的財産本部 特許渉外室 | 044-754-3042 |
| 31 | 山武 | 8 | 〒150-8316 東京都渋谷区渋谷2-12-19 | 03-3486-2031 | 知的財産部 知的財産グループ | 0426-91-7437 |
| 32 | 島津製作所 | 8 | 〒604-8511 京都府京都市中京区西ノ京桑原町1 | 075-823-1111 | 法務知的財産室 | 03-3486-2411 |
| 33 | シャープマニファクチャリング | 7 | 〒581-8581 大阪府八尾市跡部本町4-1-33 | 0729-91-0682 | 法務・知的財産部 | 075-823-1415 |
| 34 | 新日本製鉄 | 7 | 〒100-8071 東京都千代田区大手町2-6-3 | 03-3242-4111 | | |
| 35 | 日立情報制御システム | 7 | 〒319-1293 茨城県日立市大みか町5-2-1 | 0294-53-1211 | | |
| 36 | 三洋電機 | 6 | 〒570-8677 大阪府守口市京阪本通2-5-5 | 06-6991-1181 | 知的財産センター | 06-6994-3644 |
| 37 | 東洋電機製造 | 6 | 〒104-0031 東京都中央区京橋2-9-2 第一ぬ利彦ビル | 03-3535-0631 | | |
| 38 | 日本電気 | 6 | 〒108-8001 東京都港区芝5-7-1 | 03-3454-1111 | 知的財産部渉外部 | 03-3798-6989 |
| 39 | 日立那珂エレクトロニクス | 6 | 〒319-0316 茨城県東茨城郡内原町三場500 | 029-257-5100 | | |
| 40 | 豊和工業 | 6 | 〒452-8601 愛知県西春日井郡大口町大字岩波ヶ口1900 | 052-408-1001 | | |
| 41 | 理化工業 | 6 | 〒146-8515 東京都大田区久が原5-16-6 | 03-3751-8111 | | |
| 42 | シーメンス（ドイツ） | 5 | 〒141-8641 東京都品川区東五反田3-20-14 | 03-5423-8500 | | |
| 43 | 矢崎総業 | 5 | 〒108-8333 東京都港区三田1-4-28 三田国際ビル17F | 03-3455-8811 | | |
| 44 | 小松製作所（コマツ） | 4 | 〒107-8414 東京都港区赤坂2-3-6 | 03-5561-2616 | | |
| 45 | 石川島播磨重工業 | 4 | 〒100-8182 東京都千代田区大手町2-2-1 新大手町ビル | 03-3244-5111 | | |
| 46 | 東芝エンジニアリング | 4 | 〒212-8551 神奈川県川崎市幸区堀川町66-2 | 044-548-7777 | | |
| 47 | 日本電気エンジニアリング | 4 | 〒108-0023 東京都港区芝浦3-18-21 | 03-5445-4411 | | |
| 48 | 日立エンジニアリング | 4 | 〒317-0073 茨城県日立市幸町3-2-1 | 0294-24-1111 | | |
| 49 | 日立プロセスコンピュータエンジニアリング | 4 | 〒319-1221 茨城県日立市大みか町1-9-11 スミレ第一ビル1F | 0294-52-8360 | | |
| 50 | 富士通テン | 4 | 〒652-8510 兵庫県神戸市兵庫区御所通1-2-28 | 078-671-5081 | | |

特許流通支援チャート 電気 7
# プログラム制御技術

| 2002年（平成14年）6月29日　初版発行 |
|---|

| 編集 | 独立行政法人 |
| ©2002 | 工業所有権総合情報館 |
| 発行 | 社団法人　発明協会 |

| 発行所 | 社団法人　発明協会 |

〒105-0001　東京都港区虎ノ門2−9−14
電　話　03(3502)5433（編集）
電　話　03(3502)5491（販売）
ＦＡＸ　03(5512)7567（販売）

ISBN4-8271-0665-7 C3033　　印刷：株式会社　野毛印刷社
Printed in Japan

乱丁・落丁本はお取替えいたします。
本書の全部または一部の無断複写複製
を禁じます（著作権法上の例外を除く）。

発明協会HP：http://www.jiii.or.jp/

平成13年度「特許流通支援チャート」作成一覧

| 電気 | 技術テーマ名 |
|---|---|
| 1 | 非接触型ICカード |
| 2 | 圧力センサ |
| 3 | 個人照合 |
| 4 | ビルドアップ多層プリント配線板 |
| 5 | 携帯電話表示技術 |
| 6 | アクティブマトリクス液晶駆動技術 |
| 7 | プログラム制御技術 |
| 8 | 半導体レーザの活性層 |
| 9 | 無線LAN |

| 機械 | 技術テーマ名 |
|---|---|
| 1 | 車いす |
| 2 | 金属射出成形技術 |
| 3 | 微細レーザ加工 |
| 4 | ヒートパイプ |

| 化学 | 技術テーマ名 |
|---|---|
| 1 | プラスチックリサイクル |
| 2 | バイオセンサ |
| 3 | セラミックスの接合 |
| 4 | 有機EL素子 |
| 5 | 生分解性ポリエステル |
| 6 | 有機導電性ポリマー |
| 7 | リチウムポリマー電池 |

| 一般 | 技術テーマ名 |
|---|---|
| 1 | カーテンウォール |
| 2 | 気体膜分離装置 |
| 3 | 半導体洗浄と環境適応技術 |
| 4 | 焼却炉排ガス処理技術 |
| 5 | はんだ付け鉛フリー技術 |